最新修訂版

建築材料

從營建程序「基礎工程→結構工程→內外裝工程→設備外構工程」全覽**材料特性**、**用途工法**、**現場施工細部**全圖解

Area045——編著

洪淳瀅——譯

推薦序 （順序依照姓名筆劃排列）

　　本書由九位日本神奈川縣橫濱地區之建築家共同執筆，分成五章、110小節，其編排方式係以一頁文字解說，搭配一頁圖解說明方式，以幫助讀者了解各種建築材料特性。本書之住宅結構體主要以柱梁工法（軸組式工法）、框組壁工法（2×4工法）、及原木層疊工法建築為主體，說明其如何搭配不同的建築材料。住宅之省能源、長壽命化係居住者所期待，為達成其目標建築材料之木材、木質材料須經防腐、防蟻處理、耐燃・防火被覆處理。而在結構體則須考量到耐震、隔震、抗風設計，且整體須有防濕層與氣密層的施作，其施工方法在書中均有敘述。本書適合於建築相關專業人員、建築及材料科學相關科系同學閱讀。

王松永

日本東京大學農學博士
臺大森林環境暨資源學系名譽教授
中華木質構造建築協會名譽理事長

　　國內一直都沒有一本專門為建築材料所撰寫的書籍，因此當出版社邀請我撰文推薦時便二話不說答應了。而這本書也完全符合我的期待，全書是依循建造工序流程，逐一介紹各項施工過程中所使用的建築材料、及工法。豐富的圖表及現場施工圖、細部解說圖，將材料種類、用途與繁瑣的工法整理得相當有系統，解說也清楚易懂。本書亦可做為相關從業者之間的溝通橋梁。在此極力推薦給建築相關從業者、有意踏入建築領域的讀者。

王振榮

台北市建築材料商業同業公會理事長

城邦文化‧易博士出版社邀請我撰文來為本書推薦。我自日本東京大學建築系材料研畢業回國，即一直在國立台灣科技大學營建系、建築系任教，而講授「營建材料」、「建築材料」課程迄今也三十餘載了。在整理教材過程中參看過許多材料相關書籍，其中大部分的書籍採平鋪直入直接介紹各種材料性質、性能，多少有難與建築連結之處。本書以建築之各種建築工程項目為架構，配合用於其中之各類材料說明，讓讀者能更容易切入了解，實為一大特色。日文原著名為「世界で一番やさしい建築材料最新改訂版」，如同書名一般，書本內容配合圖像的確非常淺顯易懂，相信對於入門者是一本非常適合閱讀的書籍。書中有許多法令、標準及規範的描述可以對照國內資料，要躋身於工程技術強國，此一部分的建立更不可少，期望大家讀後建立的專業學識也將對台灣建築有更多的貢獻。

林慶元

社團法人台灣防火材料協會榮譽理事長
台灣科技大學建築系教授

建築不只是視覺比例的美學探討。基礎巧妙地連結建築和環境，讓生活和大地同脈動；結構是建築空間性的骨架，展現人類存在的意志；屋頂和壁體讓身體免於外部的侵擾，並透過窗戶，連接著內外的關係；內部裝修演繹細膩的材料構成，容納著生活的溫度與質感；設備管線是建築中的背景，靜靜地運作日常所需。這些建築構成的元素涉及更深層次的意義，也是形成建築空間的基礎。本書詳盡地從整體性的構法至施作細節上的工法，透過建材知識與特性的差異、不同文化的使用空間特質到涉及使用的管理與維護，細膩地比較與詳

述建築構成的知識，不僅是建築專業者重要的工具書；也是任何一位對建築構成感興趣的讀者，一塊邁向真實的敲門磚。

陳宣誠

中原大學建築系助理教授

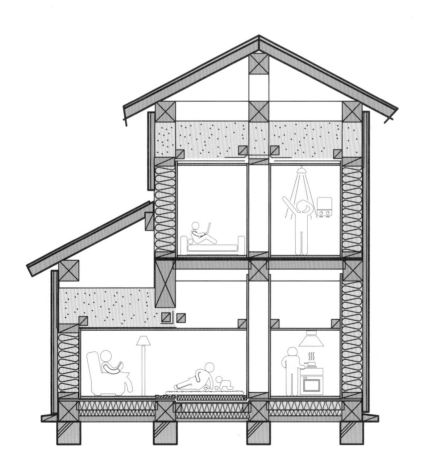

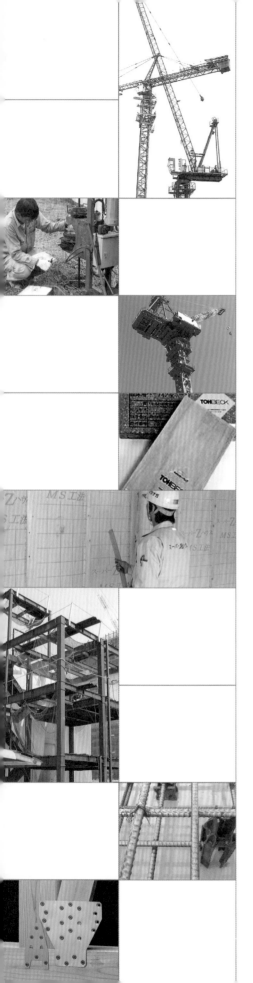

目錄 contents

推薦序 3

1 地盤・基礎・臨時工程

2 結構工程

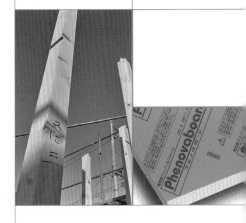

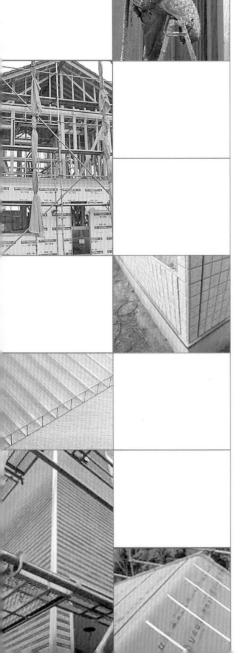

4 內裝材料・室內裝修工程

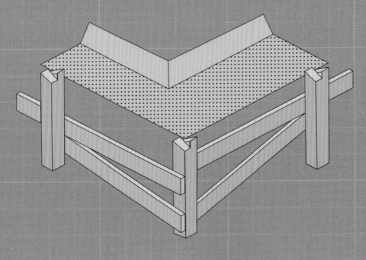

地盤・基礎・臨時工程

1

001

測量・調查工程

地盤調查

Point 除了確保建築物的結構強度外，還必須正確掌握地盤特性。

在設計建築物的結構強度時，必須先確認地耐力的強度。地盤調查就是為了取得地耐力強度資料所進行的調查。

地耐力與容許應力

地盤是由支撐上部結構體的地耐力、容許應力（地盤支撐力）、以及地盤變形或下沉量的容許值而定的。在日本建設省的告示[1]中，明確規範了不同地耐力所適用的基礎種類，所以在進行基礎的規劃時，必須依據當中容許應力的資料來設計。容許應力值是透過地盤調查計算出來，或是從不同地盤推導出的長期容許應力而算定，目前日本在建築基準法施行令[1]中有明文規定。

另外，日本住宅保證檢查機構（簡稱JIO, Japan Inspection Organization）在住宅瑕疵擔保責任保險（相當於台灣的房屋瑕疵擔保責任保險）的施工基準裡，也記載必須針對建築用地內四處以上（原則上以建築物的四個角落為主）進行地盤調查，以此判斷容許應力值，由此可知，地盤調查相當地重要。

地盤調查的種類

關於地盤調查的種類與方法，日本國土交通省告示[2]中也有具體明文記載。

瑞典式探測試驗，雖然原本只是鑽探調查時的一種輔助方法，但經過改良後，現在已經成為JIS[2]認可的試驗方式之一。由於這種調查方式比較簡便、且費用便宜，所以一般的獨棟住宅大多會選用這種方式。瑞典式探測試驗是利用秤錘重量將螺旋狀鑽頭的前端貫入地底，依據貫入的下沉量換算出N值；或是在夯錘的重量上再另行回轉施力，從貫入地底的半回轉次數（簡稱Nsw，即轉盤回轉180度計算為一次）換算出N值（表1）。

另外，根據地盤條件的不同，有時也會進行平板載重等試驗。平板載重試驗也是JIS認可的試驗方法，做法是在建築基地上挖出坑洞後，在坑洞底部放置直徑30公分的水平載重板，接著再分階段逐漸增加載重，以測定的下沉量變化計算出地盤的容許應力值（圖1）。

原注：
※1.平成十二年（二〇〇〇年）日本建設省告示第一三四七號。日本建設省於二〇〇一年與運輸省、國土廳、北海道開發廳統合，設置「國土交通省」，其職責相當於台灣的交通部。
※2.平成十三年（二〇〇一年）日本國土交通省告示第一一一三號。
譯注：
1.台灣在「建築物基礎構造設計規範」中，規定基礎構材的設計，凡是需要計算應力者，都要依照規定計算出容許應力值，以此設計建築物的結構強度。
2. JIS（Japanese Industrial Standards，日本工業規格）是日本工業標準化法的規定。由日本工業標準調查會組織制定和審議，涉及到各個工業領域，為日本國家級標準中最重要、最權威的標準。

▶ 表1 地盤調查方法的主要種類

調查類別	調查方法與步驟	調查處所・時間・費用	優點與缺點
瑞典式探測試驗（SS試驗）JIS A 1221	• 將前端裝有螺旋鑽頭的測定桿垂直立於地面上，分階段放上銅製夯錘，然後觀察測定桿自然沉陷的狀態。 • 當夯錘加重至100公斤仍然沒有自然沉陷時，須再指派兩位作業員協力轉動上方的轉盤，強制將鑽探機前端貫入地盤下方約25公分深處，並記錄轉動過程中轉盤的半回轉次數（每轉動180度計算為1次）。	• 調查處所：二～五個位置。 • 調查時間：一塊住宅用地約兩小時左右。 • 費用：一塊住宅用地約四～五萬日圓。每增加一處，約增加五千日圓。	• 透過測量出數個位置，可進行數據比較和分析，藉以判斷地盤的平衡度與土質情況，必要時也能繼續測量到更深處（可測量的深度大約為10公尺左右）。 • 可換算出N值。 • 進行貫入時，滾動的石塊或硬質地層會造成阻礙，而無法測定（因無法確認樁基礎的支撐層）。 • 是鑽探、標準貫入試驗的輔助調查。
標準貫入試驗 JIS A 1219	• 透過鑽探工程挖掘出深55公分的孔洞，再往洞底往下預鑽15公分深，之後將地整平。接著，將夯錘自75公分高的地方自由落下，撞擊測定桿頂部的錘擊處，測量地盤對貫入的抵抗情形。 • 將前端的標準貫入試驗用的取樣器打入地盤下方約30公分處，計算所需的撞擊次數，接著取出取樣器中的土壤，做為土質調查的樣本。	• 調查處所：往地底深處鑽探，每1公尺實施一次調查。	• 當只調查一個位置時，會出現無法判斷地層傾斜度的情形。
平板載重試驗	• 在結構體地基底部掘一個溝槽，將載重板水平放置好，再分階段增加載重，測定每一次加重的下沉量以求得支撐力。 • 每個階段大約進行30分鐘左右，持續進行八個階段以上的載重處理。當達到目標載重後，同樣再分階段除去載重。	• 調查處所・時間：一個位置大約需要半天～一天左右。 • 費用：一個位置需要二十萬日圓左右。	• 當只調查一個位置時，會無法判斷地層的傾斜度。 • 因為載重板小，所以增加載重時所產生的應力，也僅及於深度較淺的地層而已。因此，測量出的數值會比實際建築物的下沉量來得小。

▶ 圖1 瑞典式探測試驗

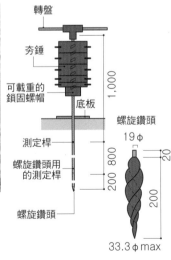

轉盤
夯錘
可載重的鎖固螺帽
底板
螺旋鑽頭
測定桿
螺旋鑽頭用的測定桿
螺旋鑽頭
19 φ
1,000
200 800
200
20
33.3 φ max

（單位：公釐；φ直徑）

▶ 圖2 平板載重試驗

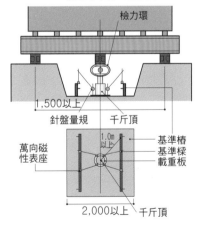

載重（礫石、鋼筋等）
檢力環
1,500以上
針盤量規　千斤頂
萬向磁性表座
1.0m以上
基準樁
基準樑
載重板
2,000以上　千斤頂

地質調查

Point 如果需要進行地盤深部調查時，可採用鑽探調查。

採取瑞典式探測試驗或平板載重試驗時，地盤以下的深層土質、以及地盤下方的地層結構為何，都無法清楚得知。因此，為了進一步調查地盤下方的土質與地層結構，必須採用鑽探調查法來挖掘與取樣，進行更精密的調查。

標準貫入試驗

利用鑽探調查進行的各種試驗，正是有關地盤硬度、密度等力學特性的調查。透過試驗過程中取樣的樣本，便可清楚了解土壤的種類與地層結構。

具體的調查方式是，先將鑽探地盤到試驗所需的深度（約55公分深），再於這個挖掘出的孔洞底部放置好取樣器，並往下預鑽15公分深之後，將63.5公斤的夯錘自75公分高的地方自由落下，撞擊測定桿頂部，然後根據每一次的錘擊，測定出取樣器貫入30公分時所需的錘擊次數（N值）。

地盤支撐力

雖然錘擊次數的N值愈大，就代表地盤支撐力（容許應力值）愈大，但也必須注意因土質不同而產生的差異。砂質土的N值大約要錘擊5～10次左右，才會相當於長期容許支撐力50kN/m^2，而黏性土卻只要錘擊4～8次就能達到相同程度。一般而言，當長期容許支撐力的數值在30kN/m^{2}以下、N值在5以下（砂質土）或3以下（黏性土）時，通常會歸類為軟弱地盤（表1）。

土質柱狀圖

所謂的土質柱狀圖，就是將透過標準貫入試驗等所取得的抽樣資料，以一公尺為基本單位，記錄而成的地盤結構剖面圖。而且，除了記錄N值外，土質名稱、各地層的厚度、色調、以及目視所見的樣本狀態、或是孔內的地下水位等，也都要記錄下來。不過，由於這試驗是以定點試驗的方式進行，若是調查處所的數量較少時，就無法從中判讀出地層的傾斜度了（表2）。

▶ 表1 預估地盤支撐力與簡易判斷法

硬度		長期容許支撐力（kN/m²）	N值（次）	一般耐壓強度（kN/m²）	簡易判斷法
砂質土	中	100	10～20	—	用鏟子施力便可挖掘。
	鬆散	50	5～10	—	用鏟子可輕易挖掘。
	非常鬆散	30 >	5 >	—	容易打入鋼筋等。
黏性土	硬	100	8～15	100～250	用鏟子使勁施力才可稍微挖掘。
	中	50	4～8	50～100	用鏟子施力便可挖掘。
	軟	20	2～4	25～50	用鏟子便可輕易挖掘。
	很軟	0	0～2	25 >	容易打入鋼筋等。
壤土	微軟	100	3～5	100～150	—
	軟	50	3 >	100 >	—

出處：『〔新編〕建築材料・施工』鹿島座談會

▶ 表2 土質柱狀圖的範例

標尺 m	地層厚度 m	地層厚度 m	深度 m	柱狀圖	土質區分	記錄	深度 m	0～10	10～20	20～30	撞擊次數／貫入量	N值（0／10／20／30／40）
1					表土	直到30公分深的地方都混有雜物		1	1		2	
	1.55	1.55	1.55			以較深的表土為主體					40	
2								0	1		1	
						混有腐植質		15	25		40	
3					凝灰質黏土	混有雲母片		0	1		1	
								15	25		40	
4											1	
	4.55	3.00	4.55								35	
5											1	
											40	
6						附著力大					1	
						混有腐植質					35	
7						黏土					1	
											30	
8											2	
											30	
9	9.15	4.6	9.15								15	
											30	
10											20	
											30	
11					砂	中砂					35	
											30	
12											35	
											30	
13	13	3.85	13								50	
											30	
14						砂礫						

測量・調查工程

測量

Point 在設計或施工之前，基地圖都必須以實際測量為基礎，確認清楚現況。

地籍圖與測量圖

日本的地籍圖，是源自於明治時代（1868～1912年）土地稅制改革時，申請登記在地籍登記簿上的同相地圖（縮尺比例不那麼精確，一筆一筆描繪物形、畫出大致的形狀）。由於這種同相地圖經常與實際建築基地的形狀與面積有所出入，所以在設計或施工時，還是得依據實際測量準備好基地圖。

基地測量圖的確認事項

在開始動工前，要先確認清楚建築基地與道路之間的界線（公有地與私有地的地界）、以及建築基地與相鄰土地之間的界線（私有地與私有地的地界）。為了避免日後發生紛爭，必要時也需視情況集合道路管理機關、鄰地所有人等一起列席會議，共同進行界線的確認。

在基地測量圖裡，必須載明方位及前面道路的寬度，並且設定好做為基準點的測量基準；當前述條件都齊全後，後續如果基地內發生高低差的情形，重要位置的水平便得再重新測量，就連基地與道路、基地與鄰地之間的高低差，也都要全部確認清楚。另外，為了確認

電力、瓦斯、上下水道等設備的引入位置等，也要在基地測量圖上標示清楚電線桿與公共設施的位置。

測量機器與測量方法

以往是利用定規或卷尺、鋼捲尺、經緯儀（轉鏡儀）、水平儀等機器進行平板儀測量（Plane Table Surveying）後，才繪製成現況圖，但近年來已由應用電子技術的機械取而代之，改為使用CAD繪圖軟體製圖；現代的測量技術可說是已經達到相當精準的程度（圖1）。

平面測量的方法，有使用經緯儀來測角的導線測量（多角測量）、三角測量、以及測量三角形三邊距離的三邊測量等方法。而使用光波測距儀（又稱電子測距儀，簡稱EDM，Electronic Distance Measuring Device）進行的三邊測量，精確度會比三角測量還要高。但不論採用哪一種測量方法，都應先就建築基地的形狀、以及基地內有無構造物或樹木等障礙物之類的各種條件，充分考量後再做決定。

● 圖1 測量機器的範例

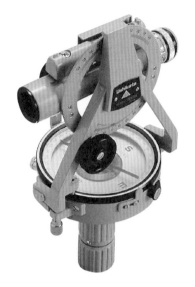

Pocket Compass LS-25 level tracon

經緯儀

雖然磁方位角與地形傾斜角都是以目視方式來辨別，因此測角的精準度較低，但由於機體結構輕便、操作簡單，因此常被用來測量住宅基地等。由於現在的羅盤已不再具有原本可測量距離的功能，所以多與鋼捲尺或光波測距儀合併使用。又稱為轉鏡儀。

（照片：牛方商會）

PL1

水平儀

把望遠鏡與水準器設置在三腳架上的機身，可做水平式迴轉，而且當測量點上也設有測尺時，就能目視讀取測量物的高度。近來的產品愈來愈多採用數位顯示介面。大多與經緯儀合併使用。

（照片：SOKKIA）

DIOR3002S

光波測距儀

以雷射光照向測量目標，再從反射回來的光線相位值[3]計算出距離。因為相當於是以光的一波長做為最小尺度，所以測量的精確度相當高。

（照片：LEICA）

NET1200

全站測量儀

簡稱全站儀。是在經緯儀上加裝光波測距儀、或設有記錄功能的電子光學機器。可同時測量角度與距離，精確度非常高。

（照片：SOKKIA）

譯注：
3. 光的相位是指光波在前進時，光子振動所呈現交替的波形變化。

解體・處理

解體・處理

Point 日本為了防止建築廢棄物過度增加，於二〇〇〇年
制定了資源回收再利用法[4]。

資源回收再利用法

根據日本環境省（相當於台灣的環保署）所統計的數據，因建設施工所產生的建築廢棄物數量，大約占了產業廢棄物中被排出與最終處理量的兩成左右。更令人擔憂的是，在非法丟棄的數量中，建築廢棄物甚至占了六成。由於日本昭和四十年代（一九六五～一九七四年）所建造的建築物目前正逢都更時期，所以更需要積極地尋求適當處理大量建築廢棄物的方法。

為了促進廢棄物的再資源化，日本於二〇〇〇年制定了資源回收再利用法，並且指定有義務實施個別解體、再資源化處理的工程類型。因此，該類工程在締結承包合約時，有義務把解體工程及再資源化等所需的費用明確標示出來（表1）。

特定的建築材料

日本環境省指定的特定建築材料包含了：混凝土（包含預鑄板）、由混凝土與鐵所製成的建築材料、木材、以及瀝青混凝土等，並持續推動這些建築材料再資源化效率的提升。

個別解體與再資源化

在解體工程方面，登記的合法業者有義務在動工的七日前，向日本都道府縣知事（地方政府）提出個別解體計畫申請書。解體時必須依照規定的基準分類進行，將特定的建築材料回收再利用（再資源化），其他的建築廢棄物則是進行焚化或掩埋等處理。其中，木材的分類與處理方法，則是目前最受關注的課題之一。

關於新建工程的其他課題

在了解資源回收再利用法的主旨後，往後進行新建、或擴建、改建工程時，最好能避免使用複合材料。相對地，活用可再生利用的材料、以及對於不同耐用年限的部材在施工方法上的考量等，也都成為今後的重要課題。

譯注：
4.我國的資源回收再利用法於中華民國九十一年七月三日公布，後一年施行。業者須依照廢棄物清理法與資源回收再利用法的相關規定及視當地廢棄物清運處理狀況，善盡分類與處理的義務。

▶ 表1 適用日本資源回收再利用法的工程建設規模

建築物的解體工程	土地總面積達80平方公尺以上
建築物的新建・擴建工程	土地總面積達500平方公尺以上
整修工程等	承包金額達一億日圓以上
土木工程等	承包金額達五百萬日圓以上

▶ 表2 以項目別來區分日本再資源化的狀況

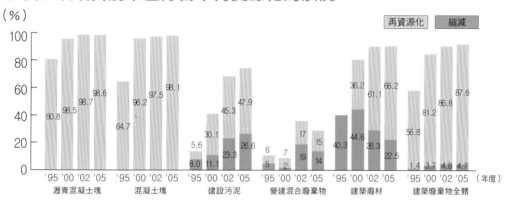

(%)

再資源化　縮減

瀝青混凝土塊：80.8（'95）、98.5（'00）、98.7（'02）、98.6（'05）
混凝土塊：64.7（'95）、96.2（'00）、97.5（'02）、98.1（'05）
建設污泥：5.6 / 8.0（'95）、30.1 / 11.1（'00）、45.3 / 23.3（'02）、47.9 / 26.6（'05）
營建混合廢棄物：6 / 5（'95）、7 / 2（'00）、17 / 19（'02）、15 / 14（'05）
建築廢材：40.3（'95）、44.6 / 36.2（'00）、61.1 / 28.3（'02）、66.2 / 22.5（'05）
建築廢棄物全體：56.8 / 1.4（'95）、81.2 / 3.7（'00）、86.8 / 4.8（'02）、87.6 / 4.7（'05）

(年度)

備注：在一九九五年調查時，並沒有將建築廢材區分出來，所以這部分被歸類在最終處理中。
出處：建設副產物回收宣傳推進會議（http://www.suishinkaigi.jp/）

▶ 圖1 再生材的範例

三層結構刨花板（芯材以解體後的廢木材製成）

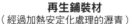

刨花層
木片層
刨花層

以製作樓板為例。

三層結構刨花板的橫截面。芯層是廢木材的木片，表層是疏伐材的刨花。

再生鋪裝材
（經過加熱安定化處理的瀝青）

再生鋪裝材
（混凝土塊再生材料）

粒片板
（60%使用建築解體後的廢木材）

出處：「日本大阪府認可的再生產品」（簡介）翻攝

地盤基礎・土方工程
施工放樣

Point 在監工項目中，確認配置是相當重要的一環。決定的基準將對後續的工程帶來重大影響。

施工放樣

施工放樣是指，在建築工程一開始，為了標示出建築物的水平位置、以及基礎的水平基準，所做的各種臨時結構物。

以地繩標示建築線

首先，在基地上拉出地繩來標示建築線，依原寸確認地界線到建築物的距離等，以便確定建築物的實際建造位置（圖1）。

設定建築物的基準是一道相當重要的施工程序，所以務必要會同施工者、監工者（設計者）、以及業主三方共同確認。

設定基準點

在拉地繩標示建築線時，做為建築物位置與高度標準的基準點（benchmark）也要一併確認。雖然基準點一般會設在地界樁等固定物上，但如果基地廣大、或是沒有適用的固定物，這時就會設置一個臨時的基準點，當做地平線（簡稱GL，Ground Level）設計高度的水平基準點（圖2）。

施工放樣的標示方法

進行土方工程（開挖工程）時，不管基礎底部的幅寬是否挖得剛好、或是已經超挖，都要打入水平樁（亦稱水平標樁、或水平板樁）標示出工程的確切範圍。接著，在水平樁上加設水平加勁支撐來固定以做為基準常規，因此，必須確保水平樁與從基準點、或地平線設計高度所測量出的基礎高度一致。然後，再從水平加勁支撐、沿著基礎配置的位置拉設出水線做為標示。（圖3）。

施工放樣時所使用的道具

雖然測量水平的方式，也可以利用長久以來使用的、在容器內裝水的水準測量（圖4），不過，現在大多改用雷射水平儀，透過雷射光線顯示設定的高度（圖5）。

另外，為了避免錯誤判讀測量出的簡化數據，也有人會利用一種預先標好基準尺寸的測桿道具（日文為「馬鹿棒」，音ba-ka-bou），以求正確快速地讀取數據。

▶ 圖1 建築線的標示

實地確定建築物的建造位置，是重要的施工程序。

▶ 圖2 基準點

基準點是建築物高度與位置的基準。

▶ 圖3 施工放樣的各部位名稱

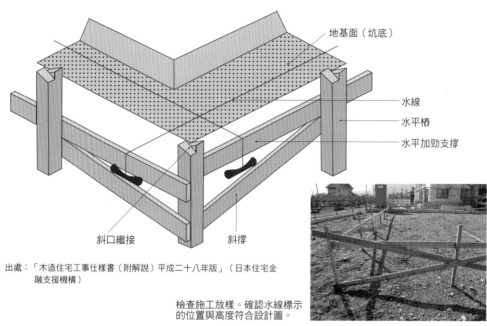

地基面（坑底）

水線

水平椿

水平加勁支撐

斜口繼接

斜撐

出處：「木造住宅工事仕樣書（附解說）平成二十八年版」（日本住宅金融支援機構）

檢查施工放樣。確認水線標示的位置與高度符合設計圖。

▶ 圖4 水準測量

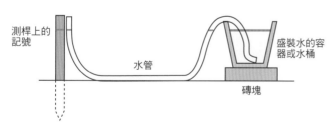

測桿上的記號

水管

盛裝水的容器或水桶

磚塊

水管的水位應與水桶內的水位相同，這是應用帕斯卡原理[5]來測量水平的方法。

▶ 圖5 雷射水平儀

雷射水平儀

從機器本體射出雷射光來測量水平的機器。

譯注：
5.帕斯卡原理（Pascal's principle）是物理學的一個定律，是指在密閉容器內的液體，無論任何一處承受到壓力，都會以相同大小的力道傳遞至容器與液體的其他部分。

地盤基礎・土方工程
土方工程

Point 由於不同施工者的施工品質有所落差，所以更需從調查資料及實際的土質與地下水情況確立好施工計畫。

何謂土方工程

土方工程是指在地盤施工時進行的挖土、填土、及整地，以及為了基礎施工、或設置地下工作物等工程所進行的地盤挖掘等，舉凡與「土」有關的所有工程。土方工程必須以地質調查、測量、設計圖為基礎，確立好因應挖掘狀況、或是因應有無地下水時的施工計畫。施工時，除了注意是否會影響周圍環境外，也要特別留意若有地下水時，可能出現地盤下陷的問題。

土方工程的步驟

①開挖工程（挖土）

依照基礎形狀、地下工作物所設定的深度與寬度來進行挖掘工程。挖掘工程可分成鑿井（島築式）工法、壕溝式開挖（槽溝挖掘）工法、及大區域開挖工法等方式（圖1）。

開挖時，要特別注意避免破壞瓦斯管、水管等既有的埋設管線，因此在開挖前必須充分調查確認清楚。

②回填工程

當基礎或地下工作物施工完畢後，應將超挖部分重新回填。如果挖掘出來的土質良好、而且可在施工現場內堆存的話，就能再利用原土進行回填。

③擋土工程（擋土板）

當基礎較深、或是位於斜坡地、設有地下室時，為了防止地盤移動或變形，必須進行擋土工程。在施行擋土工程前，必須就挖掘規模以及土質、地下水的狀況設定側壓、計算出應力，然後再選擇適當的施工工法與材料（圖2）。

斜坡

這裡所說的「斜坡」是指因人為挖掘或挖土、填土工程所形成的斜面。根據日本勞動安全衛生規則[6]等相關法令規定，這些人為的斜坡必須依照高低差與放置期間的長短，計算出適當的傾斜度並加以維持。必要時，可利用噴漿工法或以防水布覆蓋等方式養護斜坡面（圖3）。

排水（集水井排水）

當工地有地下水流入或湧出時，應設置集水井之類的凹地來集水，然後再以泵浦將水排出（圖4）。

譯注：
6.台灣的公共安全是由職業安全衛生相關法律為基準，規定其坡度傾斜度須適當，不得使行駛車輛機械有滑下的可能。在填築期間應維持光滑坡度以利排水。填築層面或坡面遭受嚴重沖刷時，應盡速按填築滾壓施工要求，由下而上分層回填壓實，不得一次回填。填方及路堤應照工程司設定的坡度填築，並在完工後繼續維護，保持完好的斷面與高程，直至工程驗收為止。

◎ 圖1 挖掘工程的種類

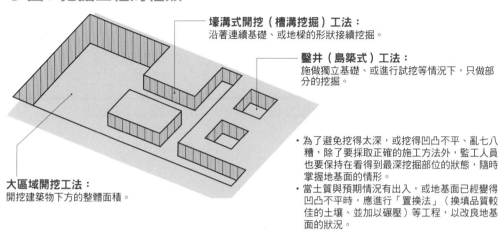

壕溝式開挖（槽溝挖掘）工法：
沿著連續基礎、或地樑的形狀接續挖掘。

鑿井（島築式）工法：
施做獨立基礎、或進行試挖等情況下，只做部分的挖掘。

大區域開挖工法：
開挖建築物下方的整體面積。

· 為了避免挖得太深，或挖得凹凸不平、亂七八糟，除了要採取正確的施工方法外，監工人員也要保持在看得到最深挖掘部位的狀態，隨時掌握地基面的情形。
· 當土質與預期情況有出入，或地基面已經變得凹凸不平時，應進行「置換法」（換填品質較佳的土壤、並加以碾壓）等工程，以改良地基面的狀況。

◎ 圖2 擋土工程的部材 名稱

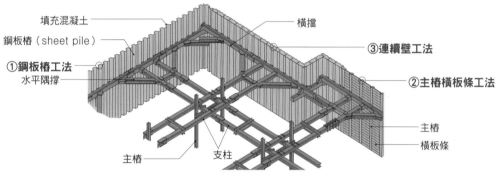

填充混凝土
橫擋
鋼板樁（sheet pile）
③連續壁工法
①鋼板樁工法
水平隔撐
②主樁橫板條工法
主樁
橫板條
主樁　支柱

①鋼板樁工法
雖然適用於挖掘深度較淺、且較安定柔軟的地質，但因為得承受水壓，所以支撐構件的尺寸也較大。而且打入鋼板樁時，振動或噪音都相當大。

②主樁橫板條工法
打入H型鋼樁，並在主樁之間填塞木製的橫板條。這種工法可以用於較硬的地盤，由於不需承受水壓，所以在支撐構件的應力上較有利。不過，因為這種工法無法阻擋水流，所以不適合用於水量較多的地區。

③連續壁工法
是採用灌漿形成連續壁的工法。這種工法的優點是振動少、噪音低，而且牆壁的硬度與止水性都不錯，不過缺點是成本高、工期又長。

◎ 圖3 斜坡

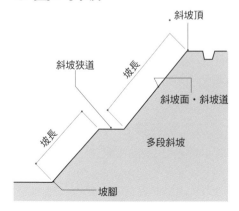

斜坡頂
斜坡狹道
坡長
斜坡面·斜坡道
坡長
多段斜坡
坡腳

◎ 圖4 排水（點井排水工法）

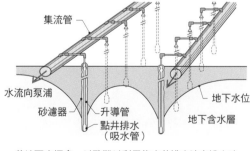

集流管
水流向泵浦
砂濾器
升導管
點井排水（吸水管）
地下水位
地下含水層

若地下水極多，以致難以利用集水井排水法來排水時，可採用使水位降低的工法。

地盤基礎・土方工程
地盤改良

Point　「土質」、「密度」、及「水分」是地盤軟弱的主要
原因。必須因應改良的目的，選擇適合的工法。

地盤改良的種類與特徵

　　當建築基地的地耐力不足、或有基礎不均勻沉陷之虞、水分過多等現象時，就必須進行地盤改良工程。依照使土質與地層安定化、或是施做符合計畫的建築物等不同的考量，可從眾多建築工法中選出適當的工法來進行。

①基樁工程

　　建築物的重量是由打入支撐層內的支撐樁、或是以具有摩擦阻力的摩擦樁來承受。不過，如果地盤本身不夠安定，除了地盤改良以外，也還要進行其他能夠穩固基樁的工程才行。

②固結

　　是指透過使用固化劑或凝固劑讓水凝固，以固定土壤粒子。表層改良（圖1①）及柱狀改良（深層攪拌）（圖1②）都是凝固工法的一種，這類工法廣泛地使用在以住宅為主的基地。

③埋設小口徑不銹鋼管

　　是指將小口徑的鋼管打入安定的地盤內。這種工法有點類似基樁工程，不過因為口徑小，所以不被視為是支撐樁。主要使用於獨棟住宅，改良的深度可達口徑的一百倍都沒問題（圖1③）。

④置換

　　在地盤上進行部分或全基地的挖掘，然後一邊碾壓、一邊將土壤替換成優質土。如果只需要壓實土壤的話，可以回收工地現場的土壤再利用；若需要置換部分的土壤，現場的土壤也可再利用，以降低購置新土的費用。

⑤搗固（夯實）

　　利用滾輪的重量與壓土機的振動從地面表層進行碾壓、搗固。這種工法的有效改良深度一層為30公分，相當地淺（但可分層重複進行）。

⑥強制壓實

　　是指透過人為、長期施加重量的加壓方式來壓實地盤，提高地盤的強度，避免日後發生自然沉陷的現象。

⑦排水

　　如果地盤屬於水分較多的黏土質土壤，可採用排出水分的工法（砂樁排水工法、垂直排水工法等）；如果地下水位較高，則可採用降低水位的工法（點井排水工法、深井排水工法等）（參見第23頁圖4）。

● 圖1 具代表性的地盤改良範例

①表層改良

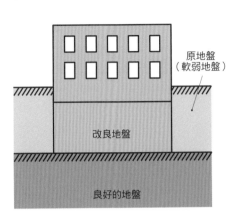

原地盤
（軟弱地盤）

改良地盤

良好的地盤

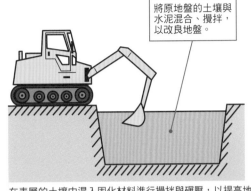

將原地盤的土壤與水泥混合、攪拌，以改良地盤。

在表層的土壤中混入固化材料進行攪拌與碾壓，以提高地盤的安定性。大多使用於獨棟住宅等、改良深度在2公尺以內的輕量建築物。但不適用於地層傾斜、或有地下水湧出等現象的場所。

②柱狀改良

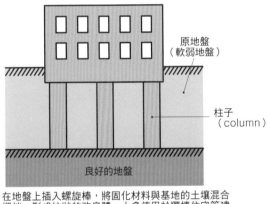

原地盤
（軟弱地盤）

柱子
（column）

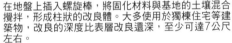

良好的地盤

將原地基的土壤與水泥混合、攪拌後製成柱子（column），就能達到安定地盤的功效。

在地盤上插入螺旋棒，將固化材料與基地的土壤混合攪拌，形成柱狀的改良體。大多使用於獨棟住宅等建築物，改良的深度比表層改良還深，至少可達7公尺左右。

③埋設小口徑不銹鋼管

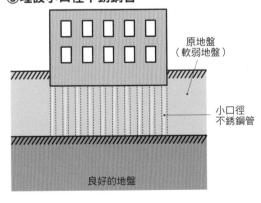

原地盤
（軟弱地盤）

小口徑
不銹鋼管

良好的地盤

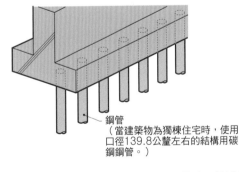

鋼管
（當建築物為獨棟住宅時，使用口徑139.8公釐左右的結構用碳鋼鋼管。）

一邊旋轉符合JIS規格的結構用碳鋼鋼管（口徑101.6～165.2公釐），一邊將鋼管貫入支撐層內。雖然也有使用槌子打入的工法，但因為會產生振動與噪音，可施工的地點也有限，所以現在幾乎都不採用了。

008

地盤基礎・土方工程

基樁種類・工法

Point 依據地盤調查的結果選擇適當的基樁與設計。透過試樁可以事先調整施工狀況。

支撐樁與摩擦樁

基樁的機能，可分成將建築物重量傳遞至堅固的支撐層的支撐樁，以及利用基樁側面的摩擦力來承受建築物重量的摩擦樁（圖1）。另外，基樁還可依據製作的場所，分成預鑄樁與場鑄樁。

預鑄樁

把在工廠製成的基樁運送到工地現場，再打入地盤中。在施工方法上，雖然以打擊式施工法的安定性較高，但卻會產生噪音與振動等問題。因此，位在市街上的基地會使用具有防噪音對策的樁槌，或是選擇使用地鑽的預鑽孔工法（又稱外掘式工法）、中掘工法、或迴轉壓入工法（圖2）。

預鑄樁的種類有以下三種：

①木樁

將松木之類的天然木材進行防腐處理，再打入地下水位以下。不過，由於地下水位會變動，材料的品質又很難確保，近年來幾乎已不再使用。

②鋼樁

使用符合JIS規格的H型鋼或鋼管。即使基樁所需的長度較長，也能在工地焊接以增加長度，所以運輸性與施工性都極佳；不過，必須留意腐蝕的問題。最近大多使用的是，前端呈現螺旋狀、或螺旋槳狀的可迴轉式基樁（迴轉壓入工法）。

③預鑄混凝土樁

因為是工廠生產的預鑄品，所以品質較為安定。而且預鑄混凝土樁還可以依照各種不同的用途，製成不同的強度與口徑。

場鑄樁

場鑄樁又稱為現場澆鑄混凝土樁。做法是先在地盤上鑽掘出堅固穴洞，再將在地面上組裝好的鋼筋籠垂吊放入其中，然後灌入混凝土。場鑄樁可藉由加大口徑、或擴大基樁前端面積來提高支撐力。工法種類眾多，主要的差異在於保護樁牆的方式不同（圖3）。

◑ 圖1 支撐樁與摩擦樁

支撐樁

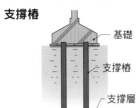

- 基礎
- 支撐樁
- 支撐層

摩擦樁

- 基礎
- 摩擦樁
- 軟弱地盤

◑ 圖2 預鑄樁的主要工法

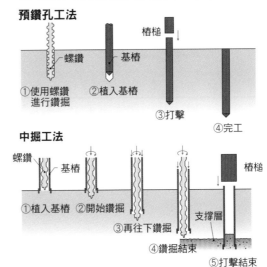

預鑽孔工法

- 螺鑽
- 樁槌
- 基樁

①使用螺鑽進行鑽掘　②植入基樁　③打擊　④完工

中掘工法

- 螺鑽
- 基樁
- 樁槌
- 支撐層

①植入基樁　②開始鑽掘　③再往下鑽掘　④鑽掘結束　⑤打擊結束

◑ 圖3 場鑄樁的主要工法

全套管工法（貝諾托鑽孔工法）

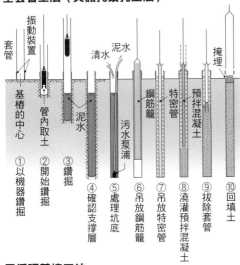

- 振動裝置
- 套管
- 清水
- 泥水
- 掩埋
- 基樁的中心
- 管內取土
- 泥水
- 鋼筋籠
- 特密管
- 預拌混凝土
- 污水泵浦

①以機器鑽掘　②開始鑽掘　③鑽掘　④確認支撐層　⑤處理坑底　⑥吊放鋼筋籠　⑦吊放特密管　⑧澆灌預拌混凝土　⑨拔除套管　⑩回填土

鑽掘機工法

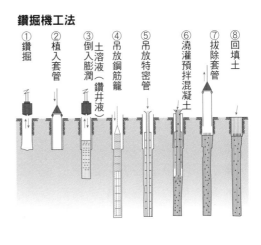

①鑽掘　②植入套管　③倒入膨潤土溶液（鑽井液）　④吊放鋼筋籠　⑤吊放特密管　⑥澆灌預拌混凝土　⑦拔除套管　⑧回填土

反循環基樁工法

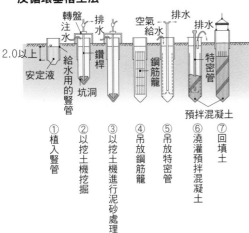

- 轉盤注水
- 排水
- 空氣給水
- 排水
- 排水
- 2.0以上
- 安定液
- 給水用的豎管
- 鑽桿
- 坑洞
- 鋼筋籠
- 特密管
- 預拌混凝土

①植入豎管　②以挖土機挖掘　③以挖土機進行泥砂處理　④吊放鋼筋籠　⑤吊放特密管　⑥澆灌預拌混凝土　⑦回填土

BH工法

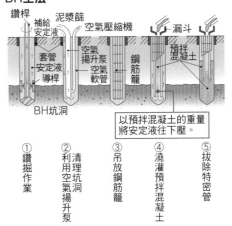

- 鑽桿
- 補給安定液
- 泥漿篩
- 空氣壓縮機
- 漏斗
- 預拌混凝土
- 套管安定液導管
- 空氣揚升泵
- 空氣軟管
- 鋼筋籠
- BH坑洞
- 以預拌混凝土的重量將安定液往下壓。

①鑽掘作業　②清理坑洞利用空氣揚升泵　③吊放鋼筋籠　④澆灌預拌混凝土　⑤拔除特密管

009

地盤基礎・土方工程
地基

Point 地基應依照實際情況選擇適當的材料與施工方法。
不良的地基會對後續工程造成重大影響。

地基的種類

基礎工程的目的，是為了讓基礎底板所承載的建築物重量，可平均地傳遞至地盤上。依照建築物的設計與基礎形狀、地盤（圖1）或排水狀況的不同，可分成以下六種施工方式。

①天然地基

針對排水引流極佳的良好地盤，有時只需直接將挖掘的地基面搗固（夯實）即可，連後續的基礎工程都可省略。

②砂土地基

使用於軟弱地盤或有古井回填的地盤上。將軟弱地盤的土壤取出，置換成良質的山砂後進行搗固（夯實）。就連是黏土質的極佳地盤（日本關東壤土層），也會採用砂土地基這種工法。

③礫石地基（卵礫石基礎）

使用於較良好的地盤。將直徑較小的卵石、礫石、或是由混凝土解體後粉碎而成的再生碎石，依照規定的厚度（50～150公釐）平均鋪設於地基面，然後再進行碾壓。這種地基不但作業效率佳、而且成本也低。

④碎石地基

使用於水分較多的黏土質、或土質很不理想的地盤。做法是將直徑大至200～300公釐左右的硬質碎石先以尖端直立的方式排列好，再用小砂礫填滿縫隙並加以碾壓（圖2）。

⑤混凝土整平層

在天然地基、礫石地基、或碎石地基上鋪設一層30～50公釐的混凝土，使地層表面平整。除了可使用墨線正確地標出基線外，在澆灌混凝土地基時也有助於下層的鑄模。

⑥混凝土地基

表層地盤改良是因為地耐力不足而進行的工程，但如果地盤軟弱到即使打入了基樁地耐力仍舊不足的話，就適合採用混凝土地基工法。這時得將表層以下直到支撐層之間的軟弱地盤，整個改為無鋼筋混凝土（純混凝土）地基。

基樁工程（基樁）

基樁工程有時也被視為是基礎工程中的一部分（參見第26頁）。

◉ 圖1 主要的地基種類

礫石地基

小砂礫的大小約直徑25公釐以下。

地基面

礫石的大小約直徑15～50公釐。

碎石地基

細砂

小砂礫的大小約直徑25公釐以下。

地基面

碎石的大小約直徑200～300公釐左右。

◉ 圖2 碎石地基的施工步驟

①鋪設碎石

將碎石以尖端直立的方式排列並固定。

②填入小砂礫

小砂礫的量，以體積來看大約是碎石量的30%左右。

平均鋪設小砂礫。

③搗固（夯實）

搗槌

如果在黏土質的地盤鋪上碎石後便直接進行碾壓、搗固的話，會有地盤崩壞之虞，所以要先鋪上砂土或小砂礫將縫隙填滿。

以搗槌搗固（夯實）。

④鋪設混凝土整平層

混凝土整平層

鋪設混凝土整平層。

鋪設碎石地基並使用搗槌碾壓、搗固後，再於上方鋪設一層混凝土整平層。由於混凝土整平的表面還會以墨線標示出基線，所以必須用鏝刀將表面抹平。

將基礎的模具拆解後，接著要回填土壤。

這是填入細沙並壓實後的狀態。之後再鋪上防水布，然後澆置混凝土並整平。雖然結構上可以選擇不施做這層混凝土整平層，但從確保基礎的品質這點來看，建議還是依照正常工序來施工比較好。

010
基礎工程
基礎

Point 筏式基礎不能通用在所有建案上。在設計基礎時，應依照各個建案的條件來規劃適當的基礎。

基礎的構造設計

基礎規格是依據載重條件與地盤狀況等所決定的。因為就算是木造建築，基礎也應採用鋼筋混凝土結構，所以得透過結構計算找出最適當的基礎類型，包括了：基礎樑的大小與壓力板（厚板）的厚度、配筋（單層配筋或雙層配筋）、鋼筋種類及跨距、混凝土的品質與強度等等。其中，混凝土試驗等項目，最好委由專家來執行較為妥當。

基礎的形式與種類

基礎的形式大致上可分成使用於良好地盤的直接基礎、及使用於軟弱地盤的樁基礎。原則上，不同種類的基礎不可以合併使用。

直接基礎

①基腳基礎

獨立基腳（獨立基礎）是指基礎底板（基腳）是獨立的，可使用於單獨的基礎柱。使用這類基礎要特別留意不均勻沉陷的現象（圖1①）。

連續基腳（連續基礎）是指基礎底板（基腳）是連續的，主要用於木造、鋼骨造，或一部分為壁式鋼筋混凝土造。當建築物蓋在傾斜地形、或希望減輕建築物本身的重量時，採用連續基腳可發揮功效。整體而言，連續基腳適用於地盤的長期地耐力在30 kN/m^{2}以上時（圖1②）。

②筏式基礎

筏式基礎是由基礎樑與壓力板（厚板）所構成，建築物的重量會透過整個底板傳遞至地盤。由於不僅可以平均分散重量，基礎本身硬度也高，所以可避免地盤發生不均勻沉陷。不過相對地，由於基礎本身很重，所產生的應力（地盤反力）也高，若有部分沉陷或傾斜的情形發生，便會影響整體建築。筏式基礎適用於地盤的長期地耐力在20 kN/m^{2}以上時（圖1③）。

樁基礎

使用於不適合採取直接基礎時（參見第26頁）。

▶ 圖1 直接基礎的形式與種類

直接基礎（淺基礎）	▶	基腳基礎	▶	獨立基腳（獨立基礎）
			▶	連續基腳（連續基礎）
			▶	聯合基腳
		筏式基礎		

①獨立基腳（獨立基礎）
透過結構計算以確認安全性

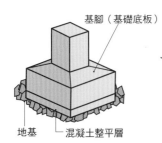

基腳（基礎底板）

地基　混凝土整平層

②連續基腳（連續基礎）
適用於長期地耐力在30kN/m² 以上的地盤

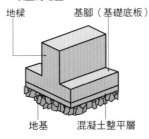

地樑　基腳（基礎底板）

地基　混凝土整平層

③筏式基礎
適用於長期地耐力在20kN/m² 以上的地盤

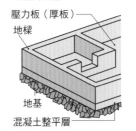

壓力板（厚板）
地樑

地基
混凝土整平層

▶ 圖2 木造基礎的規格範例

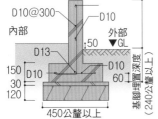

連續基腳

120公釐以上、 且寬度比基座大

D10@300　D10

內部　　　　　外部
　　　　　　50 ▼GL
D13
150 D10　　　D10
30　　　　　60
120

450公釐以上

基腳埋置深度（240公釐以上）

出處：「木造住宅工事仕樣書（附解說）平成二十八年版」（日本住宅金融支援機構）

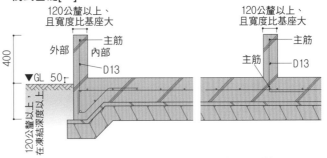

筏式基礎[＊]

120公釐以上、 且寬度比基座大

外部　　主筋
　　　　內部
　　　　D13
▼GL 50

400

120公釐以上、 在凍結深度以上

120公釐以上、 且寬度比基座大

主筋

主筋　　D13

＊筏式基礎的尺寸與配筋應考量建築基地的地基狀況來做結構計算

▶ 圖3 錨定螺栓的安裝方法與種類

安裝方法

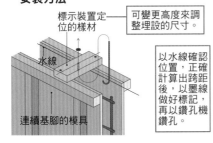

標示裝置定 位置的樣材

可變更高度來調 整埋設的尺寸。

水線

連續基腳的模具

以水線確認 位置，正確 計算出跨距 後，以墨線 做好標記， 再以鑽孔機 鑽孔。

在設置用來連結木製基座與基礎的錨定螺栓 時，要避免在澆灌混凝土時像插秧一樣把錨 定螺栓直接插入，而應預先以鐵件和木板製 作成標示好裝置定位的樣材，待位置確定無 誤後，才打入螺栓。

抗拉拔錨定螺栓

抗拉拔錨定螺栓　柱
　　　　　　　錨定螺栓

基座

錨定螺栓

柱
　　　抗拉拔金屬支座
錨定螺栓　錨定螺栓

附有墊圈 的螺栓　　基座

所謂的錨定螺栓，可分為能固定柱子位置的「抗拉拔錨定螺栓」、 與預防基座脫離的「錨定螺栓」兩種。

出處：「木造住宅工事仕樣書（附解說）平成二十八年版」（日本住宅金融支援機構）

施工架・臨時工程

Point 臨時工程受周邊狀況與氣候因素的影響很大，因此施工前務必審慎評估、充分規劃。

臨時工程

所謂的臨時工程，是與施工工程無直接關係、為使工程順利進行而臨時設置的間接工程的總稱。與全程施工有關連的臨時工程，稱為共同臨時工程；個別工種專用的，則稱為直接臨時工程。

在整體施工成本中，臨時工程的占比絕不算低，因此擬定好適當計畫就變得相當重要。

雖然氣候因素會嚴重影響整體工期的長短，但只要採用全天候型的建築工法，就可避免工期因下雨、下雪、刮風等影響而延宕，有效縮短工期，同時達到降低成本的目標。在全天候型的建築工法中，可以採用覆蓋整個建物的遮棚、或搭建臨時屋頂桁架等方式。實際上，這些臨時工程不管施行在哪一種大規模的工地都能發揮效果，而且甚至可以說並不適用於小規模的工地。比方說，搭建臨時屋頂桁架等方式，是把部分的臨時結構架設在建物上，然後配合施工進度，每建好一層樓板就拆除掉，在降低成本上相當具有優勢。

共同臨時工程

共同臨時工程除了有遮棚與臨時屋頂桁架外，還有防止施工危及鄰地或道路、又兼具防盜作用的臨時圍籬，以及防止噪音干擾鄰地的隔音布、防止物品掉落的施工用帆布、防止施工人員墜落而水平張掛的安全網等（圖1）。

直接臨時工程

直接臨時工程主要包括施工架（鷹架）、可移動式的高空作業用簡易型鷹架梯、施工中用來支撐重量的構架，以及避免作業過程造成污染、破損的各種防護等。施工架有各式各樣的種類，可依照不同的用途來區分。另外，施工架與支撐構架大多會合併使用，構成在施工性、安全性、及經濟性上都更優異的系統式施工架（表1）。

▶ 圖1 臨時搭建的屋頂與布幕範例

臨時屋頂桁架

隔音布

施工用帆布

▶ 表1 施工架的種類

單管式施工架	利用鋼管組合成的施工架。使用於獨立施工架、棚式施工架、托架型施工架等。
框架式施工架	不但容易組裝、拆卸,還兼具安全性、經濟性、施工性,是目前使用最普及的一種。
懸吊式施工架	使用於高樓層建築進行螺栓固定作業、焊接作業、鋼筋組立施工等作業時。將組裝好的懸吊式施工架用鏈條懸吊起,並與施工架專用的鋼管、方鋼、圓鋼等組合成井字形,再鋪上橫跨的踏板,形成吊棚式施工架。
托架型施工架	在單列的施工架上安裝托架,並設置工作台。
懸臂式施工架	當建築基地臨接著既有建築物而無法架設固定式施工架時,便可採用懸臂式施工架來進行施工。這種施工架是以錨定螺栓在建築結構體上安裝好凸出的懸臂,再利用懸臂架設獨立施工架。
移動式施工架	在組裝成塔狀的框架構造最上層設置有工作台,腳柱的下端則裝上了腳輪。又稱為移動塔式施工架,這種施工架可輕易變更高度,而且以人力就可移動。
合梯施工架	這種施工架是以梯子做為施工架的支柱。只要有兩個以上的梯子,就能直接架設成框架橋板,也可以在行列較密的梯子上架設托樑、格柵等,再於上方鋪設踏板,形成棚式施工架。
扶手先行施工架	相對於框架式施工架是以交叉斜撐桿構成,扶手先行施工架則是以扶手框架取代交叉斜撐,讓工作者無論在組裝或解體時,都能確保有扶手可用。
門型施工架	在基礎施工時,鋪設在地盤以下的建築工程等所使用的施工架。

托架型施工架

框架式施工架

起重機・重型機械

Point 因應用途選擇適合的機械，有助於提升施工性與施工速度。

建築工程施工時將物品與人運送至高處的機械，稱為起重升降機具，可分成起重機與施工用的電梯等（表1）。此外，還有用來輔助高空作業的高空作業車與吊籠等機械。

起重升降機具

在起重升降機具中，利用動力將軌道等向上移動，藉此將物品吊起來、及水平移動物品的機械，稱為固定式起重機。其中較具代表性的有懸臂起重機、爬升伸臂起重機等。

懸臂起重機是以一定的角度支撐起懸臂，且懸臂前端設有可上下移動的掛鉤，可利用釣鉤吊掛起重量物。爬升伸臂起重機則是一種裝有油壓缸裝置的起重機，可自行調整迴轉台的高度。並且，從支點凸出的伸臂形狀看來，呈現傾斜狀的，稱為傾斜伸臂式爬升起重機；呈現水平狀的，稱為水平伸臂式爬升起重機。

另一方面，也有可在不特定場所自行移動的移動式起重機，以及其他像履帶式起重機、卡車式起重機（吊車）、輪式起重機等各種樣式。

履帶式起重機是在配有履帶的台車上架設起重裝置的一種機械。卡車式起重機則是在可行走移動的專用卡車車體上架設起重裝置，不但從一般道路到不平整的路面都可自由行走，即使在狹窄的空間中，施工性也非常好。至於輪式起重機，則是在附有輪胎的車輛所支撐的專用框架上架設起重裝置的一種機械。

高空作業專用機械

高空作業專用機械主要可分為，由施工裝置與移動裝置所組成的高空作業車，以及由懸吊式施工架與升降裝置組成的吊籠兩種（表2）。

◉ 表1 起重升降機具的分類

起重機	固定式起重機	懸臂起重機
		爬升伸臂起重機
	移動式起重機	履帶式起重機
		卡車式起重機
		輪式起重機
施工用電梯	長期施工用電梯	
	施工用電梯	
建設用升降機		

傾斜伸臂式爬升起重機

水平伸臂式爬升起重機

可俯仰的履帶式起重機

施工用電梯

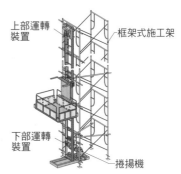

上部運轉裝置
框架式施工架
下部運轉裝置
捲揚機

施工用電梯的構造

◉ 表2 高空作業專用機械的分類

高空作業車	懸臂式高空作業車
	垂直升降式高空作業車
吊籠	懸臂固定式吊籠
	懸臂俯仰式吊籠
	懸臂伸縮式吊籠

懸臂俯仰式吊籠

高空作業車（懸臂式）

高空作業車（垂直升降式）

column
基礎

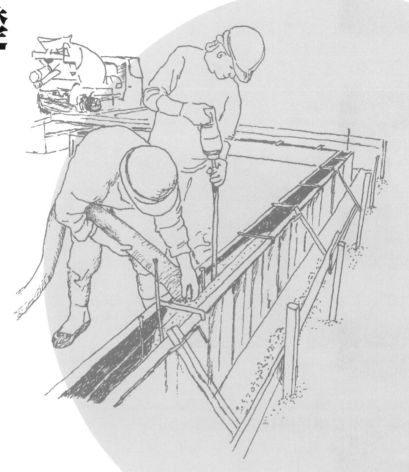

最重要的都是看不見的地方

　　地基、基礎工程在完成後會變成從建築物外觀看不見的部分，一般外行人根本無法判斷施工品質的好壞。要是工程是由不誠實的施工廠商經手，可能會有偷工減料的情形；但即便是由誠實的施工廠商來做，也可能有出錯的時候。如果沒人發現錯誤，也就這樣維持現狀繼續下去；不過如果錯誤被發現了，補救上肯定需要更多的費用與時間，這時要如何是好呢？

　　在筆者的經驗裡，就曾經從建築基地底下挖出被解體的碎片，甚至還遇過明明是現場監工人員搞錯結構圖中的配筋方式，導致施工完全錯誤，但配筋檢查時竟然還是合格了的怪事。

　　在筆者的事務所裡，即使是木造的基礎，也一定會請專業的結構技師進行計算與設計，並確實勘查施工現場與執行混凝土試驗。因為，看不見的地方才是重要的關鍵，這部分是絕對不容許有任何差池的。

　　施工者與該工程的利害關係者（Stakeholder），務必不可為同一方，必須委託第三方來設計與監工，這樣的考量用在地基、基礎工程上，是有效且重要的。

2

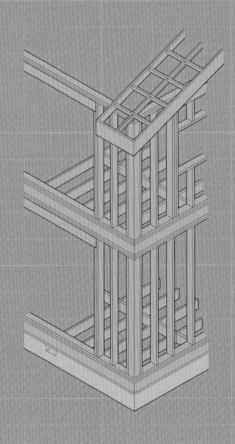

結構工程

防腐・防蟻

Point 木材腐朽菌只要缺少「3～45℃的溫度、水分、氧氣、及營養」中的任何一項要素，就無法進行活性化。

選擇材料

用來做為房屋的結構或基礎的木材，最好選用高耐久性與耐蟻性的樹種。在耐久性方面，可依照JAS（日本農林規格）[1] 規定，使用耐久性被劃分為D1等級的樹種（表1）。至於耐蟻性，雖然一般說來，比重愈大的樹種耐蟻性也會愈好，但是柏木、檜木、柚木等樹種，則不論比重大小本身都已含有耐蟻的成分。不過，即使是同一樹種，不同樹木之間的耐久性也會有個別差異，這點要多加留意。原則上，做為基座的木地檻都會使用心材，而不使用邊材；尤其是有小節疤的木材，品質要比年輪寬的木材來得好。

選擇工法

要讓木材經常保持乾燥的狀態，防腐與防蟻的工夫是非常重要的。因此，在工法上就要選擇可針對雨水、生活用水、土壤蒸發出的水氣、露水等，發揮防水、防潮、通風效果的工法（圖1）。

藥劑處理

藥劑處理是在木材表面使用木材防腐劑以形成保護層的手法，可藉此抑制木材腐朽菌、或讓白蟻無法從木材攝取養分。原則上，從地盤面起到一公尺高之間所使用的木材，都要經過藥劑處理。

另外，可以提升木材耐久性的藥劑，像防腐劑、防蟲劑、防蟻劑、防霉劑、防火劑等，全都可稱為木材防腐劑。木材防腐劑最好使用（公益社團法人）日本木材保存協會、或（公益社團法人）日本白蟻對策協會所認證的產品。不過，藥劑的使用時間一長，也會因為藥品溶離、或分解而造成性能變弱（表2）。

已在工廠裡加壓注入藥劑的木材，也就是已經過防腐處理的木材，可依照日本JAS的規定區分為K1～K5等級。另外，（公益財團法人）日本住宅・木材技術中心所認證的優質木質建材（AQ標誌）等區分方式，也是因應JAS規定所做的分類。

譯注：
1.JAS（Japanese Agricultural Standards）是日本的農業標準化管理制度。由日本農林水產省制定的《農林物質標準化及品質標識正確化法》所建立的規範，對日本農林產品及相關加工產品進行標準化管理的制度。

▶ 表1　耐久性D1級樹種

針葉樹	檜木、柏木、杉木、落葉松、羅生柏、美國香柏、阿拉斯加扁柏、花旗松、西伯利亞落葉松、澳洲柏屬。
闊葉樹	欅木、栗樹、麻櫟、柞樹、冰片木、大花龍腦樹、柳安樹屬、黃花梨、紅鐵木、巴西紫檀、赤桉。
2x4材	西方落葉松、美國西部側柏、落葉松、杉木、台灣扁柏、洋松、西伯利亞落葉松、美國落葉松、太平洋沿岸的阿拉斯加扁柏、檜木、柏木。

▶ 圖1　透過工法來防腐·防蟻

防止漏雨，並促進排水效果
①適當的屋頂斜度。
②確保屋簷長度。
③確保水從排水溝排出。

提升閣樓內的通風效果
確保通風口與排氣口的通暢。

防止牆壁內的結構材浸水
防止雨水等液體滲透牆壁內。
①利用屋簷、雨庇防止雨水滴落。
②透過外裝修材與底襯材構成防水層。
③利用排水器、填充材等，防止接合部位漏水。

提升結構材的乾燥效果
牆壁內的通風效果與防止結露的功能
①防止結構材外露。
②在室內側進行防潮措施。
③採取下部通風、上部通風的方式來釋放濕氣。
④使用高透濕性的外部裝修材。

確保基礎的地樑品質
①防止雨水潑濺。
②確保樓板下方的通風口通暢。
③降低白蟻入侵的機率。

提升地板下方的通風效果，並發揮防潮功能
①確保地板高度。
②確保地板底下的通風效果。
③防止自地表蒸發的水氣滲入。

▶ 表2　藥劑處理的方法與特徵

處理方法	主要特徵
塗布法	可輕鬆地以少量藥劑來處理，但容易產生不均勻的現象。
噴霧法	可輕鬆處理較大的面積，但容易浪費藥劑。
浸漬法	處理時不會產生不均勻的現象，還可處理大量的木材，不過需要的藥劑量也相對較多。
擴散法	只要利用簡單的裝置，就能提高生材的滲透度，不過只能使用水溶性的藥劑，而且處理時間也較長。
熱冷槽法	只要利用簡單的裝置，就能排除含水率的影響，達到高吸收量的效果，但是處理時間比較長。
減壓法	適用於邊材，雖然可調整藥劑注入量，但需要使用特別的設備。無法進行現場處理。也不適用於未乾燥的木材。
加壓法	滲透度高、且少有不均勻現象。雖然處理時間短，具有高效率的優勢，但與減壓法有相同的限制。
混入膠合劑	適用於合板、木板等木質重組的材料，雖然不必變更生產線，但會受到元件大小的限制，需要大量的藥劑。

出處：『簡明木材百科大全』（公益財團法人）秋田縣木材加工推進機構

實木的種類與特性

Point 樹木接近樹皮表側的部分稱為邊材。通常邊材會使用在視線可及的建築物表層。

木材是天然的材料，相較於金屬或混凝土，木材的強度重量比、比熱都更大，也較不容易導熱與導電。另外，木材還具有可調節濕度、生產所需能源少、以及可做為再生資源使用等優點。由於木材不是工業製品，所以會有個別的差異，不同的樹種與部位都有著不同的外觀與性質。不過，木材可大致分為針葉樹和闊葉樹，只要掌握這兩大類就很容易理解。

針葉樹材與闊葉樹材

從杉木、檜木、日本赤松等針葉樹材的細胞與組織特徵來看，與闊葉樹相比，不但有節疤、材質均勻且又軟又輕。由於針葉樹容易取得直木材、且加工性極佳，所以被廣泛當成結構材、裝修材使用。

另一方面，像櫸木、柞樹等闊葉樹材，與針葉樹相比，組織結構稍微複雜些，大多沒有節疤，且材質又硬又重。雖然闊葉樹也有像栗樹的基座（樹頭）等部位可做為結構材的用途，但還是做為家具或內裝材使用居多。

邊材與心材

從圓木材的橫斷面來看，周圍顏色較淺的部分稱為邊材（白肉，為外側新生木質部），而中間顏色較深的部分則稱為心材（紅肉，為內側老化木質部）。由於邊材含有新生細胞，儲存的澱粉等養分多，所以與心材相比材質較軟。至於心材部分，因為細胞已經死亡，所以與邊材相比，木材品質較穩定，抵抗白蟻與菌類的能力也比較好（圖1）。

年輪與製材

樹木的生長會受到氣候等因素的影響而形成差異，例如同樣五十年的樹齡，種在日本秋田縣與宮崎縣內的樹木，節疤的數量與樹徑大小便完全不同。而且隨著取材時切割方向的差異，木材也會呈現出橫截面、弦斷面、直紋面等各種不同的面貌。

◎ 圖1 樹木的構造

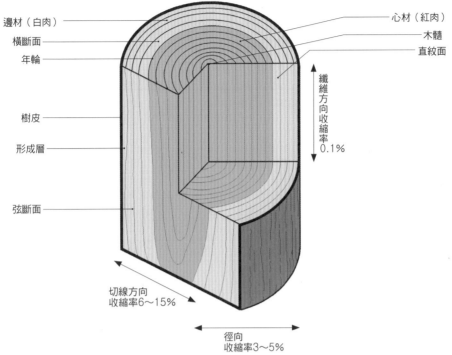

- 邊材（白肉）
- 橫斷面
- 年輪
- 樹皮
- 形成層
- 弦斷面
- 心材（紅肉）
- 木髓
- 直紋面
- 纖維方向收縮率 0.1%
- 切線方向 收縮率6～15%
- 徑向 收縮率3～5%

◎ 圖2 近心材面與近邊材面、背部與腹部、根部與末端

心材與邊材

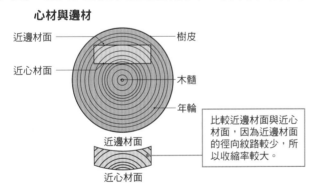

- 近邊材面
- 近心材面
- 樹皮
- 木髓
- 年輪
- 近邊材面
- 近心材面

> 比較近邊材面與近心材面，因為近邊材面的徑向紋路較少，所以收縮率較大。

針葉樹的背部與腹部、根部與末端

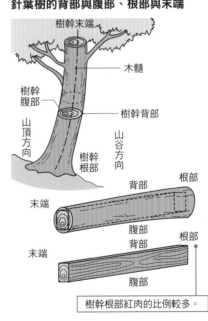

- 樹幹末端
- 木髓
- 樹幹腹部
- 樹幹背部
- 山頂方向
- 山谷方向
- 樹幹根部
- 背部
- 根部
- 末端
- 腹部
- 背部
- 根部
- 末端
- 腹部

> 樹幹根部紅肉的比例較多。

做為嵌入式部材時，近心材面與近邊材面的使用區分

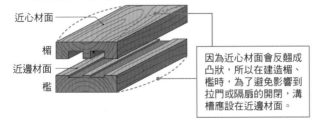

- 近心材面
- 楣
- 近邊材面
- 檻

> 因為近心材面會反翹成凸狀，所以在建造楣、檻時，為了避免影響到拉門或隔扇的開閉，溝槽應設在近邊材面。

015

木造工程

實木的規格與乾燥

Point JAS規定的乾燥基準以含水率15%以下、20%以下、25%以下三種來表示。

JAS（日本農林規格）中所規定的木質建材，包括集成材與結構用板材等一共有九項。這裡就以JAS為中心，說明製材的相關規定（表1）。

結構用製材的JAS規定

為了達到流通尺寸標準化、擴大乾燥材的供給、以及將製材強度明確化等目的，以JAS做為認定規格，訂立了木質製材的品質基準。目視等級區分則是指透過目視來判斷木材的節疤、圓度等有無缺陷，藉以決定木材等級的方式。

在制訂JAS之前，木材的等級一般都是依照木材表面（木材貼面）區分成「清材級」、「特選級」等[2]，沒有統一的基準；現在則可依據JAS所規定的基準，區分木材節疤並做出明確的表示。

在結構材的品質中，最重要的就是關於乾燥的部分，對此JAS以含水率25％、20％、15％三種基準來表示。另外，關於木材的強度，也必須依JAS規定，實際經過木材分級機測定、求得彎曲彈性模數[3]後，區分出機械等級，並明確地標示出強度分級（表2）。

AQ（Approved Quality）認證

AQ認證是指，透過（公益財團法人）日本住宅・木材技術中心，對新木質建材的品質性能等進行客觀評價後所發給的認證標章。

木材乾燥

木材得預先經過充分乾燥，才能做為較為安定、不易變形的材料。因此，一般而言，木材的含水率愈低，強度就愈高。不過，乾燥方法也可能導致木材脆化、失去原有色澤等現象。

乾燥方法可分成自然乾燥法與人工乾燥法兩種。以人工乾燥處理的木材，稱為KD材（Kiln dry，中文稱為窯乾材）。至於天然乾燥法，基本上會與人工乾燥法併用，透過不斷嘗試錯誤、一再反覆試驗的「嘗試錯誤法」（trial and error），來求出較理想的乾燥製程

譯注：

2.清材級是指木材表面無節疤，等級最高；特選級則是表面節疤較少。另外，還有標準級、結構級、散料級，共分為五類。

3.彈性模數是應力－應變曲線上彈性區域的斜率。

▶ 表1 JAS（日本農林規格）建材的主要分類

（JAS1083 2019年8月15日修改）

分類				說明
裝修用建材				建材材料大多以針葉樹為主，主要使用於檻、楣、牆壁、及其他建築物的裝修
結構用建材				建材材料大多以針葉樹為主，主要使用於建築物的結構耐力上的主要部分
	目視等級區分的結構用建材			結構用建材要以目視方式判斷有無節疤或缺損等，並區分等級
		甲種結構用		主要用於必須具有高撓曲性能的部位 （用於基座、格柵托樑、樑等橫向支撐的建材）
			甲種 I	甲種結構用建材的橫斷面短邊（厚度）小於36公釐、及橫斷面短邊大於36公釐、但長邊小於90公釐的建材
			甲種 II	甲種結構用建材的橫斷面短邊大於36公釐，且長邊大於90公釐
		乙種結構用		主要用於必須具有耐壓強度的部位 （用於柱子、樓板支柱、屋架支柱等縱向支撐的建材）
	機械等級區分的結構用建材			結構用建材要以機械測量彈性模數來區分等級，主要是以經過人工乾燥處理的建材為主
基礎用建材				建材材料大多以針葉樹為主，主要使用於建築物屋頂、樓板、牆壁等基礎（即外部看不見的部位）
闊葉樹建材				建材材料大多以闊葉樹為主

▶ 表2 JAS標誌的表示範例

樹種	杉木	①
	JAS 認證的機關名稱	
種類	乙	②
等級	★★	③
乾燥	SD 20	④
尺寸 （入■）	105 mm x 105 mm x 3 m	⑤
製造廠商名稱		
	（股）○○○ 鋸木廠	

①樹種名

記載最普遍通用的名稱。

②結構材的種類

結構用I是「甲I」，結構用II是「甲II」，而乙種結構用製材則是以「乙」表示。

③等級

每個等級的分級，如下表所示。

等級	1級	2級	3級
星印	★★★	★★	★

④乾燥處理：

標示含水率時，請依照下列規定來標記。
a. 為裝修材時，含水率15%以下的木材標記為「SD15」，而含水率20%以下的木材則標記為「SD20」。
b. 非裝修材時，含水率15%以下的木材標記為「D15」，含水率20%以下的木材標記為「D20」，含水率25%以下的木材標記為「D25」。

⑤尺寸：

a. 標記尺寸時，依照木材橫斷面的短邊、長邊、及木材長度等順序來標記。但是，若尺寸已經過認證，也須明確標示認證的單位。
b. 為太鼓材（將剝皮圓木的兩側面切除為平面，並保留另外兩側面為圓弧狀的木材）加工時，在標示木材橫斷面長邊數值的後方，還須以括號標示出從木材長方向的一材面（指圓弧面，非平面）中央部，到另一材面中央部的距離。
c. 圓柱材可以將木材橫斷面的短邊與長邊彙成一個數字，一同標示。

木質材料①

Point 木質材料是將木材切成木板、木屑、纖維等，然後再使用膠合劑黏合製成的重組材料。

木質材料

實木（無垢材）是原木經過削切產出的製材，因此部材的尺寸會比原木小。此外，木材屬於自然材料，即使樹種相同，每顆樹的狀況也不可能完全一樣，很難達到均質的性能與品質。為了有效利用木材並改善品質不一的差異，通常會將原木切分成木板（木板條）、單板（膠合板）、木屑（刨花板）、纖維（纖維板）等，然後淘汰腐朽或死節等品質不良的部分，經過乾燥處理後，以膠合劑黏合、重組，製成所謂的木質材料。細長形狀的結構材有集成材、LVL（單板層積材）、BP材（加厚實木木材）、實木板（加寬實木木材）；面材則分成CLT（直交式集成板材）、合板、粒片板（塑合板）、纖維板（表）。

工程木材

所謂的工程木材（Engineered Wood），是指強度合乎工程性能標準並獲得保證的木質材料，結構用木材產品也包含在內。

自從一九八七年大型木造建築的出現以降，市場對於結構部材的品質與性能要求有逐漸提高，具有高度可靠性的木質建材也隨之普及。工程木材正是在這樣的背景下問世的結構用木材產品。木質材料分成兩種，一種是裝修用的裝潢材料或貼面材料，另一種是結構用的結構用材，但工程材料並沒有包含裝修用的木質材料。

日本規定用於建築物主要結構的結構用材必須符合日本產業規格（JIS）、日本農林規格（JAS）。由於JAS規格已於二〇一三年認證可使用CLT（直交式集成板材）、以及於二〇一九年認證可使用BP材（加厚實木木材）、實木板（加寬實木木材）來建造中大型建築物或大跨度的空間，因此，日本國產的疏伐材等木材也得以更加廣泛地活用。

◉ 表 木質材料的種類

成分	名稱	構成	種類
單板（膠合板）	合板	將三片使用刨片機或切片機所切削出的單板（芯材則包含小角材），依照纖維方向垂直層疊，然後使用膠合劑黏合製成合板。依用途的不同，可分成如右欄所示的項目。	普通合板。 混凝土模板用合板。 結構用合板。 天然木皮貼面合板。 特殊加工貼面合板。
		切削成單板 → 單板 → 垂直層疊 → 壓縮 → 合板	
	LVL（單板層積材）	Laminated Veneer Lumber的簡稱。是將經刨片機、切片機、或其他切削機器切削後的單板，依纖維方向平行堆疊，然後使用膠合劑黏合製成合板。當LVL的單板纖維方向是採垂直層疊的方式時，其單板厚度應小於產品厚度的20%、且該單板片數的構成比例須在30%以下。	裝修用單板層積材。 結構用單板層積材。
		切削成單板 → 單板 → 平行層疊 → 壓縮 → LVL	
木條（削片）	PSL（平行膠合板）	Parallel Strand Lumber的簡稱。將單板切削成長木條，做平行層疊處理，並膠合成木板。	
		切削成單板 → 單板削成木條 割裂 → 層疊 → 壓縮 → PSL	
	OSL（定向刨花板）	Oriented Strand Lumber的簡稱。將小圓柱削成長木條後，做垂直層疊處理，並膠合成木板。	
		削片 → 削成長木條 → 定向處理 → 壓縮 → OSL	
	OSB（定向纖維板）	Oriented Strand Board的簡稱。將小圓柱削成短木條後，層疊成表層縱向、內層垂直的面材。其中，結構強度高的稱為結構用板材。	
		削片 → 削成短木條 → 垂直層疊、定向 → 壓縮 → OSB	
木屑（小碎片）	粒片板	木材的小碎片經膠合成型後，經熱壓製成的木板，或者是將經刨片機、切片機等切削後的單板進行層疊處理，再膠合製成木板。	
		畸零木材、廢材等 削片 → 粒片 → 不定向 → 壓縮 → 粒片板	
纖維（fiber）	纖維板	將木材纖維凝聚成型後，經熱壓製成的纖維板。依照比重的大小可區分為硬紙板、MDF（中密度纖維板，Medium Density Fiberboard）、隔熱板三種。	硬紙板。 MDF（中密度纖維板）。 隔熱板。
		分離纖維 → 纖維 → 不定向 → 壓縮 → 纖維板	

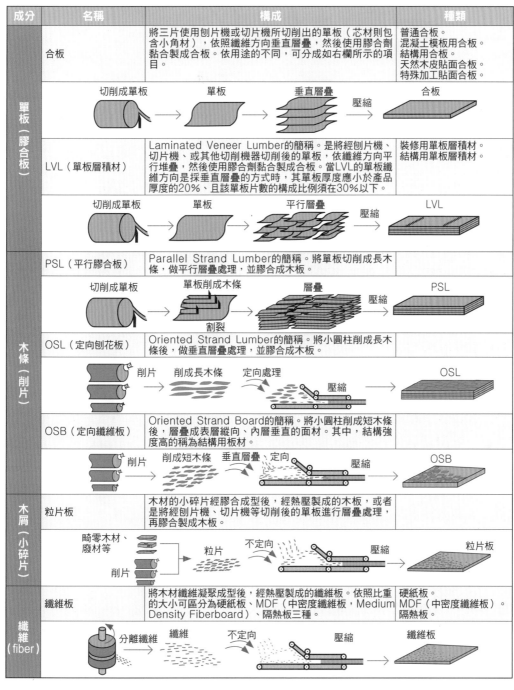

木造工程
木質材料②

Point 木質材料中最具代表性的有「集成材」、「LVL」、「BP材」、「實木板」、「合板」、「CLT」。

長條形的木質材料

由於集成材是以木板（木板條）或小角材等黏接而成的板材，所以板材的纖維方向幾乎呈平行。結構用的集成材用途相當廣泛，大至大規模木造建築，小至木造住宅等都可使用；裝修用的集成材也有各種不同的用途，例如用於樓梯或檯面等。

LVL（單板層積材）是把由刨片機或切片機等切削機器切削而成的單板（膠合板）一層一層接著製成的板材，所以纖維方向也幾乎平行。常用於I型鋼的上下緣等部位。

BP材（加厚實木材）是用接著劑黏合經過堆疊（piling）、成束（binding）的結構用製材，然後經過加壓製成大斷面的結構用木質材料，木材的纖維方向幾乎平行。二〇一九年取得JAS認證的BP材是增加厚度堆疊製成的厚木材，並不包含加寬的木材製品。

實木板（加寬實木材）則是指由一片一片木板（木板條）橫向對接製成的木材當中，主要用於原木層疊式工法、結構耐力上之主要部位的木材。木材的纖維方向幾乎平行（表1）。

板形的木質材料

合板是三片以上的單板（膠合板）正交層積而成的產品，歷史悠久，自古以來用途便相當廣泛。日本國內生產的產品當中，採用國產材所製造的產品在二〇一六年時雖然超過八成以上，但一般市面上流通的合板，卻有半數以上都是進口產品。

CLT是採用三片以上的木板（木板條）依照其纖維方向相互正交堆疊所製成的木質材料。常用於樑柱構架式工法或鋼骨造的地板、牆壁、屋頂，也可以做為結構用加厚合板、ALC板（高壓蒸氣養護輕質氣泡混凝土板）、鋼承板樓板的替代品來使用。日本國內的板材產品當中，最大尺寸是3×12公尺的杉木CLT板材（圖1）。

▶ 表1 使用木板（木板條）製成的木質材料

材料	名稱	構成	種類
製材 （木板條製材）	加厚實木材	將結構用的製材依照纖維平行的方向，一層一層縱向堆疊所製成的加厚板材。木板條製材的厚度與寬度為105公釐以上、150公釐以下。木板條製材的堆疊數量在2層以上、5層以下	不同等級構成加厚實木材 對稱且不同等級構成加厚實木材 不對稱且不同等級構成加厚實木材
		厚度 木板條製材 ＋ → 接著	
木板 （木板條）	加寬實木材	木板依照纖維平行的方向，一層一層橫向對接所製成的加寬板材。木板條的厚度（短邊）為30公釐以上、80公釐以下。木板條的高度（長邊）為150公釐以上、200公釐以下。木板條的接合數量在2層以上、5層以下	同一樹種構成加寬實木材 不同樹種構成加寬實木材
		高度 木板條 ＋ → 接著 厚度	
	集成材	木板、小角材等依照其纖維的平行方向加厚、加寬、加長接合所製成的板材。 長度接合的交接部分有如手指形狀，稱為「指接」	裝修用集成材 貼面裝修用集成材 結構用集成材 貼面結構用集成材
		→ 層積	
	CLT	Cross Laminated Timber的簡稱。CLT主要是3層以上的層積板材，且纖維方向互相垂直形成直角。用來層積的板材可以使用木板或小角材（也包含依照纖維平行方向互相對接的加寬板材）依照其纖維平行的方向加並接合後所製成的板材	
		→ 正交層積 層積	

▶ 圖1 CLT各部位的名稱

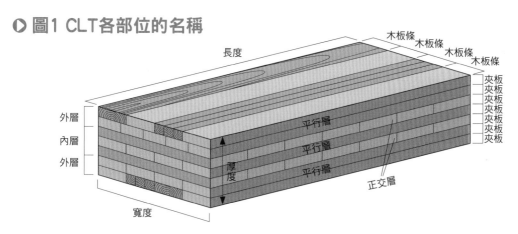

長度　木板條　木板條　木板條　木板條　夾板　外層　內層　外層　平行層　平行層　平行層　正交層　厚度　寬度

018 木造工程
切削

Point 以往依照「木材分配表」、「板圖」來手工切削木材的傳統技術，如今幾乎已被可進行切削加工的數控銑床所取代。

木匠的手工切削

在切削木材前，必須先分配木材的使用部位，徹底掌握購入的木材特徵，再依照木材的特性決定用在什麼地方。這時，標示著木材使用場所、大小、長度、數量的板圖和木材分配表，就是切削作業依據的指標。其中，板圖是指，將橫軸上有平假名標示刻度、縱軸上有數字刻度、以3呎（910公釐）為一單位的垂直交叉網格板重疊在房屋平面圖上、標示出每一處木材規格等的施工圖板（圖1）。木材分配表也就是將每一塊板圖的木材規格等資料彙整起來的總表，以此決定木材的具體切削方式、搭接或對接的種類與方向、材長、建造步驟等（表1）。

接著，再依照木材分配表進行切割，將木材表面整平、以及調整翹曲或尺寸不一等情形。最後在木材上以墨線做標記，確認搭接接頭和對接接頭的位置，再依照標記進行手工切削。

由機械預製的切削加工

首先，要將配置圖、平面圖、以及各種圖面等相關資料輸入CAD（電腦輔助設計）程式裡，做成相當於板圖功能的切削加工圖。接著，再使用連結了CAD／CAM（電腦輔助製造）、可切削木材的機械（數控銑床）來進行全自動化加工。近來，也有直接依據CAD設計端的資料讓預製加工廠進行加工的作業系統。

木匠的手工切削與機械的切削加工

透過這兩種方式製成的對接與搭接接頭，形狀上會有明顯的差異。這是因為可進行切削加工的數控銑床是以旋轉刀具（銑刀）旋切木材，所以對接和搭接接頭會呈現圓弧狀；而木匠則是利用鑿刀或鋸子來切削，所以完成品呈現直線狀。這二種加工方式的精準度可說所差無幾（圖2）。

現在由機械預製的切削加工率雖然已高達80％，但因為不能分配木材，無法充分反映木材的特性；遇到使用長方榫頭、或是不使用五金構件的木造架構時，就會顯得窒礙難行，這表示由機械預製的切削加工並非萬能。不過，也有一些工廠結合了手工與機械的加工方式，例如將木匠的技術導入數控銑床的設定中，或是在切削板材厚度的預製加工廠裡增加手工切削的程序等。

● 圖1 板圖的範例

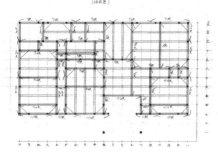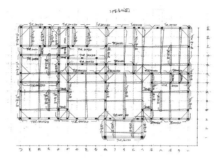

用來做為現場的施工圖面，依據設計圖，在膠合板之類的薄板上描繪。

● 表1 木材分配表

No	名稱	材種	等級	尺寸（長m、寬cm、厚cm）			數量	單位	面積（m³）	備註	材種	等級	尺寸（長m、寬cm、厚cm）			數量	單位	面積（m³）	單價	金額	備註
				\<完成品尺寸\>									\<木材尺寸\>								
1-1	基座	柏木	清材	4.00	11.5	11.5	4	顆	0.212		柏木	清材	4.00	12.0	12.0	11	顆	0.634	150,000	95,040	
2		柏木	清材	3.80	11.5	11.5	3	顆	0.151		檜木	特選	4.00	12.0	12.0	1	顆	0.058	250,000	14,400	
3		柏木	清材	2.50	11.5	11.5	1	顆	0.033												
4		柏木	清材	2.25	11.5	11.5	1	顆	0.030												
5		柏木	清材	2.20	11.5	11.5	1	顆	0.029												
6		柏木	清材	1.85	11.5	11.5	1	顆	0.025												
7		柏木	清材	1.70	11.5	11.5	1	顆	0.023												
8		柏木	清材	1.00	11.5	11.5	1	顆	0.016												
9		柏木	清材	0.90	11.5	11.5	1	顆	0.012												
10		柏木	清材	0.85	11.5	11.5	1	顆	0.011												
11	玄關前緣踏板	檜木	特選	1.85	11.5	11.5	1	顆	0.025												
							16	小計	0.565							12	小計	0.691		109,440	
2-1	隔間基座	柏木	清材	3.70	11.5	11.5	4	顆	0.196		柏木	清材	4.00	12.0	12.0	7	顆	0.403	150,000	60,480	
2		柏木	清材	3.50	11.5	11.5	1	顆	0.046												
3		柏木	清材	2.15	11.5	11.5	1	顆	0.028												
4		柏木	清材	1.85	11.5	11.5	2	顆	0.049												
							8	小計	0.319							7	小計	0.403		60,480	
	結構材合計										結構材設計數量合計		19.236	m³					結構材合計	23.915	m³	2,450,399	日圓
												總坪數	32.66	坪				每坪	0.732	m³/坪	75,028	日圓/坪

備註：木材單價是平成五年（一九九三年）時的施工價格。

● 圖2 手工切削與機械切削的不同

手工切削的形狀

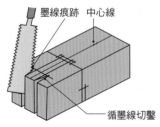

墨線痕跡　中心線

循墨線切鑿

在標記的墨線上，或在標記線的內、外側進行手工切削，像這樣因切削位置的不同，對接、搭接接頭的接榫密合度會有所差異。

由機械進行切削加工後的接頭形狀

凹槽蛇首　　　凹槽燕尾

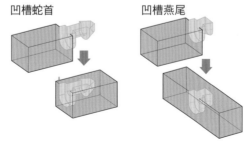

利用旋轉刀具（銑刀）進行削切加工，會使木材的接頭呈圓弧狀。一般多會製成「凹槽蛇首」（接頭為箭頭形狀）、「凹槽燕尾」（接頭為梯形形狀）這兩種樣式。

019
木造工程
搭接 ・ 對接

Point 木匠手工切削出的搭接與對接接頭，有各式各樣的榫接樣式，可活化傳統工法。

垂直搭接

搭接是指將木地檻（基座）與柱、及柱與樑等部材垂直接合的方式。接合方式有將木材如十字、T型、L型般交錯接合、以及將樑前端的榫頭插入柱子等榫孔的榫接。自古以來所使用的搭接接頭，都不需依賴五金構件來輔助固定，本身就足以提升建築結構強度。

例如，以樑柱構架式工法搭建而成的結構，因為支撐剪力牆的柱子是以短榫接合，只要稍加施力就能輕易將接榫拔除，因此通常會再以五金構件來補強結構強度。相對地，傳統工法則是利用勾齒搭接、長榫、插栓、榫頭插銷、木楔、暗榫等全木料的方式接合，不需使用五金構件就能搭建出木造家屋（參見第55頁）。

搭建二樓樓板時，雖然近來水平構面的大樑與小樑大多會使用燕尾搭接的方式，但是這種搭接方式可承受的拉力較小，大樑所呈現的斷面缺損也較大。因此，也可以改用勾齒搭接，以加強木構的黏著性做為遭遇變形時的因應方法（圖3）。

還有，將柱子的長榫插入木地檻（基座）的榫孔，再從側面插入插栓，也可增加結構的強度（圖1）；或者，將樑的長榫貫穿至柱子上，再用榫頭插銷固定長榫前端的話，即使是遭遇地震，橫向材也不會輕易地與柱脫離（圖2）。

由此可見，只要選用了適當的搭接方式，便能增加建築物的結構強度。

水平對接

對接是指，當木地檻（基座）、樑等所需的長度無法只用一根木材搭建、而必須與另一木材同方向銜接的接合方式。由於採取對接方式會使結構強度大幅降低，因此，用來補強的斜撐或水平隅撐等，不能架設在地震時外力集中的部位附近，這點必須加以留意。

較具代表性的對接種類，有燕尾對接、蛇首對接（參見第49頁圖2右）、拼合對接（包含追掛對接、金輪對接、台持對接）等。一般而言，對接可依照使用部位來選擇適用的種類，但是房屋的結構材如果選用燕尾對接的話，恐怕不夠牢固；因此基本上，燕尾對接除了用在與基礎緊連的木地檻（基座）外，不建議用在其他部位上。

◉ 圖1 搭建木地檻（基座）的圖示

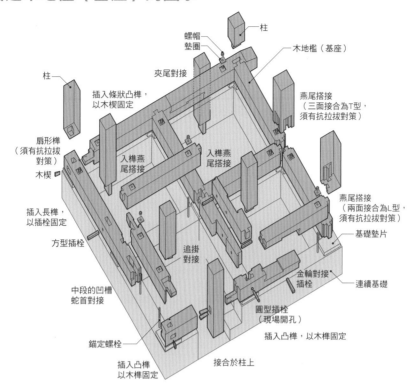

- 柱
- 螺帽
- 墊圈
- 木地檻（基座）
- 夾尾對接
- 燕尾搭接（三面接合為T型，須有抗拉拔對策）
- 柱
- 插入條狀凸榫，以木楔固定
- 扇形榫（須有抗拉拔對策）
- 木楔
- 入榫燕尾搭接
- 入榫燕尾搭接
- 燕尾搭接（兩面接合為L型，須有抗拉拔對策）
- 插入長榫，以插栓固定
- 方型插栓
- 追掛對接
- 基礎墊片
- 金輪對接插栓
- 連續基礎
- 中段的凹槽蛇首對接
- 圓型插栓（現場開孔）
- 錨定螺栓
- 插入凸榫，以木楔固定
- 接合於柱上
- 插入凸榫以木楔固定

◉ 圖2 搭建柱子的圖示

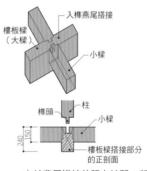

- 屋架樑
- 管柱
- 木楔
- 下凸榫栓接，以木楔固定（附條狀凸榫）
- 橫樑
- 木楔
- 追掛對接
- 台持對接（接合於柱子的正中間）
- 圍樑
- 三面接合（T型）
- 重樑
- 插栓
- 暗榫
- 方榫
- 通柱
- 圍樑
- 管柱
- 長形榫頭
- 樓板樑
- 方榫
- 四面接合
- 下凸榫栓接，以榫頭插銷固定
- 方榫
- 下方的蛇首榫接合（入榫）
- 插栓
- 追掛對接（單榫接合）
- 暗榫
- 三面接合（T型）
- 橫撐
- 圍樑
- 榫頭插銷
- 燕尾搭接
- 下凸榫栓接
- 抗拉拔螺栓
- 上凸榫栓接，以插栓固定
- 上凸榫栓接，以木楔固定
- 墊圈
- 螺帽
- 斜全榫入榫
- 木地檻（基座）
- 榫頭
- 插入長榫，以插栓固定
- 兩面接合（L型）
- 側邊插入蛇首榫

◉ 圖3 樓板樑搭接接頭的差異

樓板樑採用入榫燕尾搭接，可使上端平整

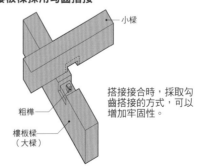

- 入榫燕尾搭接
- 樓板樑（大樑）
- 小樑
- 榫頭
- 柱
- 小樑
- 240
- 150
- 樓板樑搭接部分的正剖面

由於燕尾搭接的張力較弱，所以用於容易變形的部位時大多會合併使用五金構件。

樓板樑採用勾齒搭接

- 小樑
- 粗樑
- 樓板樑（大樑）

搭接接合時，採取勾齒搭接的方式，可以增加牢固性。

020
木造工程
木造的搭建工程

Point 建築物在主結構成形的搭建過程中，由於人與物材的出入相當頻繁，得特別注重安全管理。

主結構搭建工程

搭建工程是指在混凝土的基礎上鋪設基座後，再立柱、搭樑，直到架起屋頂脊桁為止的作業。

①施做基座工程

搭建主結構的前一日，必須先完成好鋪設基座的作業。為了讓基礎與基座能夠更加牢固，務必仔細確認錨定螺栓或抗拉拔金屬支座的位置。在基礎地樑以外的樓板部分，要依序架設好用來支撐樓板的格柵托樑，並在格柵托樑下方設置鋼柱等，如此才算施工完成。（照片1）。

②一樓的搭建

將柱子前端的榫頭插入基座的榫孔後，便可立起柱子。接著，利用起重機將樑吊掛起、移到施工定點，這項作業會重複進行，直到一樓搭建完成為止。萬一遇上建地狹小導致起重機無法進入工地的狀況，也可以先在地面上組合樑柱（地組），然後利用繩索以人力拉曳的方式，將樑柱吊掛至搭建的位置（照片2）。

樑柱組合完成後，須進行建築物垂直度的調整。將鉛錘垂掛在柱子上以確認架構的垂直度，若有傾斜的情況，再使用鬆緊螺旋扣或絞車的鋼索加以修正並固定。

③二樓的搭建

二樓的搭建工程方面，則是先將柱子前端插入樑或橫樑的榫孔裡，接著，再進行與一樓工程相同的搭建步驟。不過，由於屋架完工後就不容易進行整體的調整，所以在完成二樓垂直角度的調整後，一定要再次確認一樓的角度是否正確（照片3）。

④屋架的組合

當二樓角度調整完成、以五金構件固定好建築物的垂直狀態後，便可開始組合屋架。屋架的樑柱組合完成後，最後再架上支撐屋頂最高處的脊桁，搭建工程便告完工。

⑤上樑儀式

架上脊桁後，依照慣例會進行上樑儀式（照片4）。在日本，上樑儀式會在脊桁掛上消災除厄的幣串（一種鎮宅法器），並由相關人員在建築物的四個角落撒放鹽、酒、米等除邪淨化，最後再舉辦慶賀宴會，祈求後續工程的安全[4]。

譯注：
4.台灣的上樑儀式需準備三牲、四果、鮮花等供品，由業主祭拜天地後，在吉時放置上最後一根樑，通常是以一根短鋼筋綁上紅線代替，由業主於吉時將放到脊桁上即可，然後再宴請參與的施工人員。

◉ 照片1 基座工程

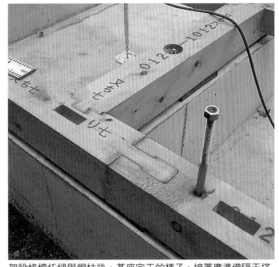

不需將所有的錨定螺栓置於中央。最重要的是確認錨定螺栓的位置是否正確。

架設格柵托樑與鋼柱後，基座完工的樣子。接著應準備隔天搭建工程所需的材料，開始搬入柱子等部材。

◉ 照片2 搭建工程

搭建工程從設置一樓的柱子開始。然後，依序將橫向材（如照片左）組接上。接著，再進行二樓的搭建。二樓和一樓相同，也是從設置柱子開始（如照片右）。

◉ 照片3 調整建築物的角度

鬆緊螺旋扣

鉛錘

修正垂直度，是指利用絞車、鉛錘等器具來調整建築物的傾斜問題。把鉛錘裝設在柱子上使其自然垂落以確認垂直度，先以臨時斜撐固定好，再將建築物調整端正。上方右邊的照片中使用的是盒裝「防風鉛錘」。

◉ 照片4 上樑儀式

扇子車

架上脊桁後，在脊桁上掛上消災除厄的幣串、扇子車，然後相關人員會將鹽、酒、米等撒在建物的四個角落表示除邪淨化，最後再舉辦慶賀宴會。

樑柱構架式工法・傳統工法

Point 由柱、樑等構成的構架，其工法依搭接、對接的差異而有不同的種類。

樑柱構架式工法

樑柱構架式工法是現代住宅工法中最普遍的一種。這是由木地檻（基座）、柱、樑等線材搭建而成的箱形構架，但光靠構架並不牢固，因此會在主要部位加上斜撐或結構用合板做為輔助，以抵擋地震與強風等天災。這種工法的優點在於隔間分配很自由，也便於進行改建、增建。

不過，接合部一旦受到地震等外力施壓，木材就可能產生凹陷、或沿著纖維方向裂開，因此，為了增加整體結構的安定性，會使用五金構件來補強。這樣打造的箱形構架十分堅固，可以抵抗外力的威脅（圖上方）。

傳統工法

相較於樑柱構架式工法，傳統工法是接合部不使用五金構件，一般常見於寺廟神社、近代的民間住宅等。

單純就以柱、樑來搭建箱形構架這點而言，雖然工法與樑柱構架式相似，但傳統工法並沒有使用斜撐等斜材，而是使用柱腳繫樑或連繫起各立柱的橫穿板、橫楣（具有像樑一樣的斷面、當做結構材使用的楣）等水平材支撐整體建築物以對抗外力。

當柱子與木地檻等接合部的木材遭受到外力施壓時，該部位會以壓陷來抵抗，或是藉由編竹夾泥牆的剪斷抵抗等，來確保即使構架整體變形也還是具有很強的黏性。

此外，由於傳統工法中的搭接地方會有很大的斷面缺損，所以必須使用較粗的木材。從另一個角度來看，這些較粗的柱子與樑所呈現的結構之美，也成為傳統工法獨具的特色（圖下方）。

五金構架工法

近來出現的五金構架工法是使用集成材等木材來建造，接合部用鋼板等製的五金接合構件來固定，藉此將斷面缺損控制在最小限度內，屬於鋼接工法的一種。

● 圖 樑柱構架式工法與傳統工法

樑柱構架式工法

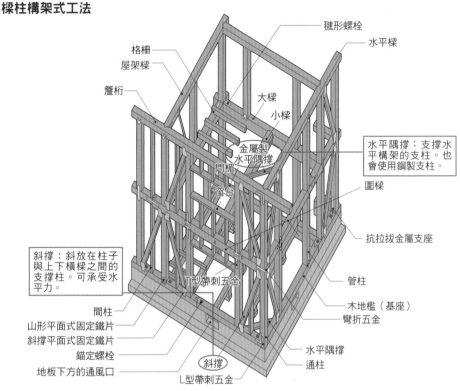

- 毽形螺栓
- 格柵
- 屋架樑
- 簷桁
- 大樑
- 小樑
- 水平樑
- 金屬製水平隅撐
- 門楣
- 窗台
- 水平隅撐：支撐水平構架的支柱。也會使用鋼製支柱。
- 圍樑
- 抗拉拔金屬支座
- 斜撐：斜放在柱子與上下橫樑之間的支撐柱。可承受水平力。
- T型帶刺五金
- 間柱
- 山形平面式固定鐵片
- 斜撐平面式固定鐵片
- 錨定螺栓
- 地板下方的通風口
- 斜撐
- L型帶刺五金
- 管柱
- 木地檻（基座）
- 彎折五金
- 水平隅撐
- 通柱

傳統木工的構架式工法

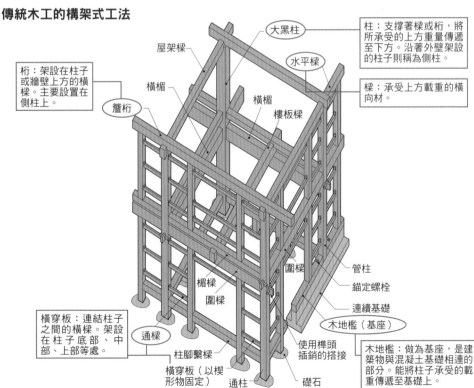

- 大黑柱
- 屋架樑
- 水平樑
- 柱：支撐著樑或桁，將所承受的上方重量傳遞至下方。沿著外壁架設的柱子則稱為側柱。
- 桁：架設在柱子或牆壁上方的橫樑。主要設置在側柱上。
- 橫楣
- 橫楣
- 樓板樑
- 簷桁
- 樑：承受上方載重的橫向材。
- 管柱
- 錨定螺栓
- 連續基礎
- 圍樑
- 楣樑
- 圍樑
- 木地檻（基座）
- 橫穿板：連結柱子之間的橫樑。架設在柱子底部、中部、上部等處。
- 通樑
- 柱腳繫樑
- 橫穿板（以楔形物固定）
- 通柱
- 使用榫頭插銷的搭接
- 礎石
- 木地檻：做為基座，是建築物與混凝土基礎相連的部分。能將柱子承受的載重傳遞至基礎上。

出處：『木造建築用語辭典』井上書院

框組壁工法・預製板工法

Point 框組壁工法又稱2×4工法，因為搭建時採用的正是2×4英吋（實際尺寸為38×89公釐）的木材。

框組壁工法使用2×4英吋的木材做為主要結構材，是一種由北美所發展成熟的工法。這個工法是將輕骨式構架（Balloon Frame）工法中兩個樓層共用一根側柱的部位，發展成在每個樓層中個別設置側柱（豎柱），並於其間鋪上堅固樓板的平台式構架（Platform Frame）工法（圖1）。在日本，平台式構架則改稱為框組壁工法並進行生產，並且已在一九七四年公開告示相關的技術基準。

正如同其名稱，框組壁工法是將結構用合板等面材緊密結合在木造框組上、架設出牆壁與樓板，把這些構材一體化結合後建造出剛性高的壁體。由於框材被面材包覆起來，因此只需採用耐火性高的面材便可提高整體的耐火性，也容易確保隔熱性與氣密性。另外，與樑柱構架式工法相比，框組壁工法使用的木材規格比較明確，種類也較少（表1）；並且，也因為沒有複雜的對接與搭接接頭、接合部較為單純，所以不需熟練的技巧就可施工。搭建工程中，負責施工的工人稱為架設工人，以便與具備技能的木匠師傅有所區別。

近幾年來，框組壁工法在日本已取得耐火構造的認證，就算是超過100平方公尺以上的住宅，也可以蓋在防火區域內（防火區域內的建築須符合較高的防火標準）；另外，也可不受地域限制地建造四樓以上的住宅或公寓，甚至是三樓以上的特殊建築物。

預製板工法

是指將樓板、牆壁等部材先在工廠單元化，然後再運送至工地現場組裝的工法。預製板是指由建材製造商依照自家工法所製成的系統板材，廣義上，也包括了以往木匠在施工現場所製作的各種部材。材料的種類不僅限於木質類材料，還包括結合了樹脂類、隔熱材製成的複合板等各式各樣的材質。就工法而言，則可分成安裝在木造構架柱、樑上的預製板，以及不需柱、樑，只用預製板架設成箱形構架的預製板。因為是在工廠內製作預製板而可確保板材品質精良，也因為減少了現場作業而能縮短施工程序，這些都是預製板工法的優點。

◐ 圖1 框組壁工法的構成與各結構部材名稱

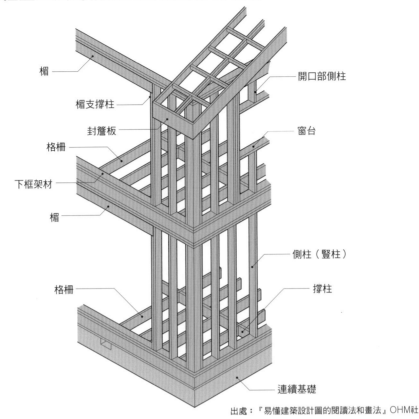

楣
楣支撐柱
封簷板
格柵
下框架材
楣
格柵

開口部側柱
窗台
側柱（豎柱）
撑柱
連續基礎

出處：『易懂建築設計圖的閱讀法和畫法』OHM社

◐ 表1 JAS600第三條 框組壁工法的結構用製材尺寸型式 （單位：公釐）

尺寸型式	工法名稱	未乾燥材的規定尺寸（含水率超過19%的建材）		乾燥材的規定尺寸（含水率為19%以下的建材）	
		厚度	寬度	厚度	寬度
104	1×4工法	20	90	19	89
106	1×6工法	20	143	19	140
203	2×3工法	40	65	38	64
204	2×4工法	40	90	38	89
205	2×5工法	40	117	38	114
206	2×6工法	40	143	38	140
208	2×8工法	40	190	38	184
210	2×10工法	40	241	38	235
212	2×12工法	40	292	38	286
304	3×4工法	65	90	64	89
306	3×6工法	65	143	64	140
404	4×4工法	90	90	89	89
406	4×6工法	90	143	89	140
408	4×8工法	90	190	89	184

原木層疊式工法

Point 原木會因乾燥收縮而產生沉陷現象，因此要事先考量沉陷量，預留沉降緩衝空間。

原木層疊式工法是將圓木、製材等木材水平層疊、堆積，以構成牆壁的工法（圖1），原木屋（Log House）正是這類工法的代表。從歷史記錄中得知這種工法存在已久，在日本也能見到井籠組及校倉造[5]等工法的遺址。

原木（Log）的原意是指圓木，但也可以指稱用來層疊、堆積的木材，有各種不同的斷面形狀（圖2）。建造原木屋時，原木與原木的交錯部分會設置一凹一凸的榫接口以相互咬合。另外，為了避免原木受到地震等水平力的影響而位移，原木間還會以方榫或貫穿螺栓來接合。由於原木互相咬合著，所以很難進行部材的局部翻新，也因為如此，部材的防腐處理就更加重要。

原木層疊式工法的最大特徵是，由於原木會因乾燥收縮產生沉陷現象，所以必須考量原木的沉陷量，並在開口框架的上方、或樓梯與樓板間的接合部等處預留稱為「沉降緩衝空間」的空間做為因應（圖3、圖4）。雖然說，原木只要經過充分乾燥就幾乎不會產生沉陷現象，但是，橫截面較大的圓木不容易完全乾燥，不僅如此，木材半徑方向的乾燥收縮程度還會比纖維方向要大五倍以上，容易形成落差。所以，預留沉陷緩衝空間時，除了要參考原木的直徑與斷面形狀外，也必須確保預留尺寸有開口部高度的3～5％左右。

根據日本二〇〇二年「原木層疊式工法技術基準」的告示內容，相關規定已大幅放寬。因此，目前無論是木造混合造的二樓建築（即一樓採用原木層疊式工法，二樓採用框組壁工法或樑柱構架式工法）、RC（S）混合造的三樓建築（為閣樓形式）、原木層疊式工法的二樓建築，還是木造平面混合造的二樓建築（一樓採用原木層疊式工法）都可以進行建造；而且這些類型的建築物與木造建築相同，總面積限制在3千平方公尺以下、高度限制為13公尺以下。另外，準耐火構造（防火時效45分鐘）也已經取得日本國土交通省的官方認可，因此應用於都會區的住宅或特殊建築物等處的可能性大幅增加。

譯注：

5.「井籠組」是將木材排成井字形，並與井桁重疊接合、以建構起牆壁的日本傳統工法。和其相近的「校倉造」，則是用圓木或具有三角、四角斷面的木材（稱為「校木」）水平層疊、堆積，並在有角度的部分交互組合、構成壁體的日本傳統工法。最早可見於日本彌生時代（西元前三世紀前後）的倉遺址，現存建築以建造於奈良時期（西元八世紀）的東大寺「正倉院」最為著名。

◉ 圖1 原木層疊式工法的構成與各結構部材名稱

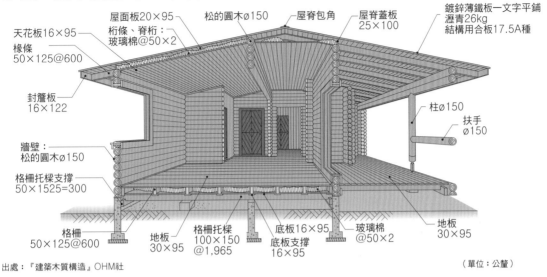

天花板16×95
椽條 50×125@600
桁條、脊桁：玻璃棉@50×2
松的圓木ø150
屋面板20×95
屋脊包角
屋脊蓋板 25×100
鍍鋅薄鐵板一文字平鋪
瀝青26kg
結構用合板17.5A種
封簷板 16×122
柱ø150
扶手 ø150
牆壁：松的圓木ø150
格柵托樑支撐 50×1525=300
格柵 50×125@600
地板 30×95
格柵托樑 100×150 @1,965
底板支撐 16×95
底板16×95
玻璃棉 @50×2
地板 30×95

出處：『建築木質構造』OHM社　　　　　　　　　　　　　　　　　　　　（單位：公釐）

◉ 圖2 原木的斷面形狀及名稱

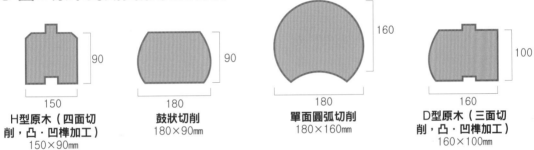

90
150
H型原木（四面切削，凸‧凹榫加工）
150×90mm

90
180
鼓狀切削
180×90mm

160
180
單面圓弧切削
180×160mm

100
160
D型原木（三面切削，凸‧凹榫加工）
160×100mm

出處：日本原木屋協會網址（http://www.log-house.gr.jp/sekou/）

◉ 圖3 窗戶外框的接合範例

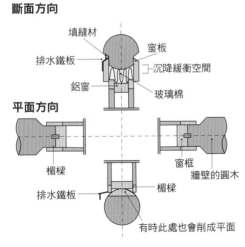

斷面方向

填縫材
排水鐵板
鋁窗
窗板
沉降緩衝空間
玻璃棉

平面方向

楣樑
排水鐵板
窗框
牆壁的圓木
楣樑
有時此處也會削成平面

◉ 圖4 凸窗與原木間的接合範例

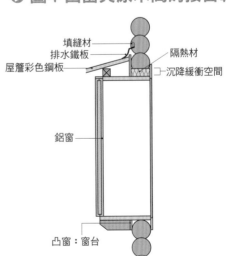

填縫材
排水鐵板
屋簷彩色鋼板
隔熱材
沉降緩衝空間
鋁窗
凸窗：窗台

出處：日本原木屋協會網址（http://www.log-house.gr.jp/sekou/）

結構用五金

Point 樑柱構架式工法中，重要的接合部有①斜撐端部、
②柱頭・柱腳、③橫向材三種。

樑柱構架式工法中有為數眾多的接合部。在日本的建築基準法裡，制定了相關規格規定的接合部，則有斜撐端部及柱頭・柱腳。不僅如此，在性能指標上，也制定了圍樑與通柱之間的接合部、以及樓板、屋頂接合部的規格。地震時，建築物所承受的水平力會透過剪力牆與水平構面，從柱腳傳遞至基礎。因此，須確保構架的接合部適合於剪力牆或水平構面、且具足夠耐力，這點相當重要。

計算N值

N值是根據兩側剪力牆負荷的強度、周邊部材的撓曲情形、以及施加於柱子上的垂直載重這三項因素，所計算出的柱頭、柱腳接合部的強度數值。計算出N值後，還得依據平成十二年（二〇〇〇年）日本建設省告示第一四六〇號的規格來選擇接合方法；但是在評估條件更充分、且具備相當必要性的狀況下，也能選擇其他更加適當的方法。

木造住宅用的五金構件

平成十二年（西元二〇〇〇年）日

本建設省告示第一四六〇號裡所記載的五金構件，是參考（公益財團法人）日本住宅・木材技術中心的「Z記號標誌之樑柱構架式工法住宅用五金」來制定的（表1）。此外，在該中心認證的五金構件中，還有木造框組壁工法住宅用的C記號五金、原木層疊式工法住宅用的M記號五金、以及與該中心認證規格相同的D記號五金、縱橫多層次實木結構積材工法（CLT）的X記號五金、與該中心認證性能相同的S記號五金等。

木材的接合構件又以釘子最為一般常見。和螺栓相比，不但完工初期時比較不會發出咯咯聲，而且黏性強。另外可從顏色與釘頭上的記號來區分釘子種類的釘子也有增加。用於結構材接合部的釘子，要是粗細不符合規格，或者使用支數不足，都會直接導致建築物強度與承載力的低落。因此，最重要的是結構用五金構件必須使用附屬的螺絲或釘子，且一定要依照規定的支數固定在指定部位。

◉ 圖1 斜撐五金的範例

平面式固定鐵片

L 型固定鐵片

（照片：kaneshin）

◉ 表1 接合部的規格

告示表3	N 值	對接與搭接部位的使用規格	
（a）	0	短榫，以及使用釘槍	**（a）釘槍的釘子**
（b）	0.65	長榫插栓，或者 CP-L 帶刺五金	**（b）L 型帶刺五金** 使用的接合工具，粗釘 N65×10支
（c）	1.0	CP-T 帶刺五金	**（c）T 型帶刺五金** 使用的接合工具，粗釘 N65×10
		VP 山形平面式固定鐵片	**（c）山形平面式固定鐵片** 使用的接合工具，粗釘 ZN90×8支
（d）	1.4	毽形螺栓，或條狀五金（無附螺釘）	**（d）毽形螺栓** 使用的接合工具，粗釘 ZN90×8支 **（d）條狀五金** 使用的接合工具，螺釘×3支
（e）	1.6	毽形螺栓，或條狀五金（附螺釘）	**（e）毽形螺栓** 使用的接合工具，螺釘×1支 **（e）條狀五金** 使用的接合工具，螺釘×3支
（f）	1.8	抗拉拔金屬支座 HD-B10（S-HD10）	**（f）抗拉拔金屬支座** 10kN用
（g）	2.8	抗拉拔金屬支座 HD-B15（S-HD15）	**（g）抗拉拔金屬支座** 15kN用
（h）	3.7	抗拉拔金屬支座 HD-B20（S-HD20）	**（h）金屬抗拉拔支座** 20kN用
（i）	4.7	抗拉拔金屬支座 HD-B25（S-HD25）	**（i）抗拉拔金屬支座** 25kN用
（j）	5.6	抗拉拔金屬支座 HD-B15（S-HD15）×2 個	**（j）抗拉拔金屬支座** 15kN用×2

備注：在對接與搭接部位的使用規格裡，每項後面皆省略註記「或者與此同等級以上的項目」等字。

出處：『木造住宅用接合五金的使用方法 ─標示有Z記號的五金以及與此相同等級的五金─』日本住宅・木材技術中心。

025

木造工程

合板的特徵與種類

Point 合板是用途最為廣泛的建材之一，除了可用在室內裝修、家具、及隔間門外，也可用在建築結構上。

合板的特徵

合板（夾板）是取奇數片切削成薄型的單板（膠合板），依木材纖維方向垂直堆疊，然後以膠合劑黏合製成的板材（參見第45頁）。依照單板的製造方法，可區分成如展開捲紙般將圓木旋轉剝切為薄片的旋切單板、以切片機刨切製造的刨切單板、以及使用鋸子的鋸切單板等（圖1）。無論是哪一種單板，都具有優良的尺寸安定性而不易變形，且在材質與強度上都相當均一。

合板的種類

在表面上沒有經過貼面、印刷、塗裝處理的合板，通稱為普通合板，這類表面板大多是採用柳安木或美國椴木等製成。這種合板可廣泛用於各種用途，但隨著膠合劑種類的差異，可依耐水性能的高低將合板區分為一級與二級，並依照使用場所來選擇適用的合板（表1）。

此外，合板的種類還可分成結構用合板、混凝土模板用合板（混凝土板材）、天然木皮貼面合板、特殊加工貼面合板等種類。

結構用合板

使用在承重結構主要部位的合板，稱為結構用合板（K Ply）。其強度性能可分成一級與二級；在品質基準上，又可依膠合劑的耐水強度分成特級與一級。只要在柱子之間或橫向材之間鋪設一片結構用合板，然後使用規定數量的剪力釘固定在柱子與橫向材上，就可以構成剪力牆。另外，在採用剛性樓板預製板工法、且不設置格柵時，也可以選用厚度24公釐以上的結構用合板，來代替水平隅撐承受水平載重。

其他基準

從合板中的膠合劑所釋放出的甲醛量可以☆的數量來表示，共分為四個性能等級，排名第一的是F☆☆☆☆等級。

◉ 表1 日本農林規格JAS所規定的合板用途與分類

種類		品質等級‧區分	用途
普通合板	普通的一般合板。	膠合性能：一級、二級。 板面品質：闊葉樹分成一級、二級；針葉樹分成A、B、C、D四種強度組合。	廣泛使用在建築物的內裝材、家具、及隔間門等一般用途。
混凝土模板用合板（混凝土板材）	用於混凝土模板的合板（包括表面經過貼面、印刷、塗裝等加工處理過的合板）。	膠合性能：一級、二級。 板面品質：分成A、B、C、D的四種強度組合。	在澆灌混凝土時做為擋板使用的合板，須具有一定的強度。大多被當成建築用的模板。
表面加工處理後的混凝土模板用合板		兩個表面都經過加工時的表示：兩面塗裝、或兩面貼面。 只有一個表面經過加工時的表示：塗裝、貼面、或內面各分成A、B、C、D四種強度組合。	一般使用在混凝土模板用合板的表面上，用來進行塗裝、貼面等加工處理。因為用在清水混凝土上的成效優良，所以大多被當成土木用的模板。
貼面結構用合板	為了美化結構用合板的表面或背面而進行貼面加工的建材。	膠合性能：特級、一級。 強度等級：一級（彎曲彈性模數、撓曲強度、接合面的抗剪強度）、二級（彎曲彈性模數）。 板面品質：分成A、B、C、D的四種強度組合。	除了使用於建築結構中重要的承重部位之外，還可當做底襯材，用於樑柱構架式工法、或框組壁工法所建造的住宅。是住宅專用的建築材料。
天然木皮貼面合板	為了顯現木材特有的美感，在單面或兩面做貼面處理的合板。	膠合性能：一級、二級。	高級家具材：和式或洋式的衣櫃、小茶几、鏡台、書架、書桌、餐具櫃等。 櫥櫃：電視櫃、收錄音機櫃、立體音響櫃等。 建材：當成高級品廣泛使用在天花板、壁面、室內裝修門板等部位。
特殊加工貼面合板	表面與內面經過貼面、印刷、塗裝等加工處理的合板。	膠合性能：一級、二級。 表面性能：F型、FW型、W型、SW型。	F型：主要用於桌面、櫃台等講求高耐久性的部位。

特殊合板：使用於室外、長期處於潮濕狀態的場所（環境），且膠合性能符合規定的合板。
一類合板：使用於混凝土模板用合板、常有潮濕狀態的場所（環境），且膠合性能符合規定的合板。
二類合板：使用於有時處於潮濕狀態的場所（環境），且膠合性能符合規定的合板。

◉ 圖1 單板的製造方法

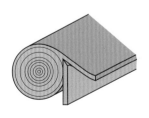

旋切單板　　　　**刨切單板**　　　　**鋸切單板**

出處：「建築材料」井上書院

026
木造工程
結構用面材・板材

Point 結構用面材的種類眾多，有的是相似的產品，也有產品相同但名稱卻不同的情況。使用時，除了確認名稱外，也要確認規格與性能後再使用。

結構用面材

在構成剪力牆的部材中，像合板或石膏板等板材，全都稱為結構用面材。日本在建築基準法施行令第四十六條中對剪力牆做出規定，也於昭和五十六年（一九八一年）的日本建設省告示第一一〇〇號中對以結構用面材構成的牆壁做出規定，載明了結構用合板、粒片板、硬紙板、硬質木片水泥板、碳酸鎂板、木漿水泥板、石膏板、防潮石膏板等面材的相關資訊（表）。

還有其他許多沒有明確法令規定的結構用面材被使用在剪力牆上，但在日本這些個案都要依規定取得相關政府單位的認證才行。相關的主要內容公開在日本國土交通省網頁上，可查閱「關於結構方法認證的登錄名錄」[6]。

板材類

板材類依照主原料的不同，可以分成木質類、水泥類、石膏類、纖維板類、塑膠類、金屬類、石材類等。除了依照主要材料進行分類外，其他像是混雜纖維的矽酸鈣板（商品範例：MOISS）、矽酸鹽纖維強化層板（商品範例：Dailite）等，還有許多其他的分類或複合材料。

水泥類的板材包含了水泥板、矽酸鈣板、爐渣石膏板。可撓板被歸類在水泥板中，是具有彎曲強度的不燃材料。矽酸鈣板則大多用於耐火被覆的功能上。

石膏板是以主原料石膏為芯材，然後在兩面及長向側邊上覆蓋石膏板專用原紙所製成的板材；不僅價格便宜，防火性能與強度也都十分優良。近年來，市面上出現了一些高機能的石膏板，舉例來說，有高比重、高強度的硬質石膏板，也有可做為結構壁材、對釘子側阻力高的結構用石膏板，還有調濕機能優良的綠建材石膏板等，這些新建材都已列入JIS規定的項目中。

譯注：
6.「關於結構方法認證的登錄名錄」網址：http://www.mlit.go.jp/jutakukentiku/build/jutakukentiku_house_tk_000042.html。

◑ 表 水泥板類・石膏板類・纖維板類的分類（摘錄自JIS）

種類			其他用途	主要原料	日本工業規格（JIS）
水泥板	浪板	小浪、大浪	用於屋頂、或外壁。	水泥、石棉以外的纖維、礦物摻料※1。	A 5430：2013（纖維強化水泥板）
	平板	可撓板、軟質可撓板、平板、軟質板	用於屋頂、或外壁。難燃一級、或放熱性一級。		
矽酸鈣板	II 型	0.8 矽酸鈣板	用於外裝、或內裝材料。	石灰質原料、矽酸質原料、石棉以外的纖維、礦物摻料。	
		1.0 矽酸鈣板	難燃一級、或放熱性一級。		
	III 型	0.2 矽酸鈣板	用於內裝材料。		
		0.5 矽酸鈣板	難燃一級、或放熱性一級。		
爐渣石膏板	0.8 內裝用爐渣石膏板		用於外裝材料。難燃一級、或放熱性一級。	水泥、爐渣、石膏、石棉以外的纖維、礦物摻料。	
	1.0 內裝用爐渣石膏板				
	1.4 內裝用爐渣石膏板				
	1.0 外裝用爐渣石膏板		用於內裝材料。		
	1.4 外裝用爐渣石膏板		難燃一級、或放熱性一級。		
木漿水泥板	0.8 板	普通板、貼面板	用於內裝材料。難燃二級、抄造成型。	水泥、纖維、無機質纖維、珍珠岩、無機混合材料。	A 5414：2013（木漿水泥板）
	1.0 板	普通板、貼面板			
木質系水泥板	木絲水泥板	硬質木絲水泥板	用於樓板、牆壁、天花板、屋頂等。難燃二級。	使用木質原料（木絲、木片）以及水泥壓縮成型的板材。	A 5404：2019（木質系水泥板）
		中質木絲水泥板			
		普通木絲水泥板			
	木片水泥板	硬質木片水泥板			
		普通木片水泥板			
石膏板	普通石膏板		做為牆壁與天花板的底襯材。	以石膏為芯材，然後在其兩面及長向（成型時的流動方向）的側邊上覆蓋石膏板專用原紙所製成的板材。	A 6901：2014（石膏板）
	防潮石膏板		用於室內經常潮濕的牆壁、天花板，以及做為外壁的底襯材。		
	強化石膏板		做為牆壁以及天花板的底襯材，或是防火、耐火構造等的構成材。		
	多孔石膏板		做為上漆牆壁的底襯材。		
	貼面石膏板		做為牆壁以及天花板的裝修材。		
	耐燃石膏板		無貼面：牆壁、天花板的底襯材。有貼面：牆壁、天花板的裝修材。		
	普通硬質石膏板		做為屏風或隔間、通路、走廊等的牆壁、矮牆，以及防火、耐火、隔音等各結構體的底襯材。		
	防潮硬質石膏板		用於室內經常潮濕的牆壁、天花板，以及做為外壁的底襯材。		
	貼面硬質石膏板		用於牆壁以及天花板的裝修材。		
	結構用石膏板		用於剪力牆的面材。		
	綠建材石膏板		用於牆壁、天花板的底襯材、裝修材等，透過吸濕、放濕的性能，讓室內的濕度可保持在一定的範圍內。		
纖維板	輕質纖維板	榻榻米底板	用於疊床（蓆底）	主要以木材等植物纖維製成的板材。	A 5905：2014（纖維板）
		A級隔熱板	用於室內基礎襯材、具隔熱用途		
		防潮纖維板	用於外牆基礎襯材		
	中密度纖維板（MDF）	普通MDF（普通中密度纖維板）	用於傢具、裝修等		
		結構用MDF（結構用中密度纖維板）	用於建築結構		
	硬紙板		用於建築、捆包等		
粒片板	粒片板		膠合劑U型：家具、櫥櫃等。	將木材等的小碎片當做主要原料，使用膠合劑合成型後，經熱壓製成的板材。	A 5908：2015（粒片板）
	單板貼面粒片板		膠合劑M、P型：樓板、屋頂、內壁的底襯材、裝修材等。		
	貼面粒片板				
	結構用粒片板（塑合板）		用於剪力牆的面材		

備註：此表中，不包含在 JIS A 6301 中被歸類於吸音材料的板材類。
原註：
※1 水泥板的原料也可包含矽酸質的原料。矽酸鈣板（II型）的原料也可包含水泥。

一樓的樓板構架

Point 一樓的樓板構架與二樓樓板構架不同，不需確保地板的水平構面。

木造的構架工法，通常是將木地檻（做為基座）固定在基礎的地樑上，因此能藉由基礎來確保樓板的剛性。儘管如此，但在日本建築基準法的規格規定中，仍要求必須在一樓的樓板構架中設置水平隔撐。

格柵・格柵托樑・樓板支柱

格柵是支撐樓板的橫向材，一般是與格柵托樑垂直交叉，以300公釐左右的間隔逐一鋪設。格柵托樑是設置在一樓樓板的格柵下方、用來支撐格柵的橫向材，端部架設在木地檻（基座）上，中間部分的樑身由樓板支柱來支撐，其斷面尺寸大約為90～120公釐左右。另外，從地板最下方支撐起格柵托樑的短柱（垂直材），即稱為樓板支柱。

桁架式樓板構架

一樓樓板經常使用桁架式的樓板構架。為了固定支柱，還會在根部架設橫穿板並釘入釘子來固定（圖1）。近來，在筏式基礎的壓力板（厚板）上使用鋼支柱的做法也相當普遍。

格柵樑式樓板構架

為了將地板下方的空間縮到最小，排除搭建樓板支柱，可以採用筏式基礎和混凝土地板等工法來因應濕氣，也可在上面直接鋪設格柵托樑來做為樓板構架（圖2）。另外，近來使用樹脂製支柱、並搭配可自由更換的樓板的案例也漸漸增加了。

木地檻

做為基座的木地檻，是將柱子承受的載重傳遞到基礎上的橫向材。為了使建築物的基礎不致因水平外力而產生位移，必須以錨定螺栓將木地檻確實連結在基礎上。由於木地檻離地面相當近，所以務必要注意防蟻與防腐的處理。一般說來，木地檻的斷面尺寸會比柱子的斷面尺寸再大105公釐以上。施做對接時，則需避開柱子與地板下方的換氣口，可採取凹槽燕尾對接、或是凹槽蛇首對接來接合（參見第49頁圖2右）。而轉角處的搭接或T形、十字搭接，則可採取入榫燕尾搭接等方式來進行（圖3）。

圖1 桁架式樓板構架的構成

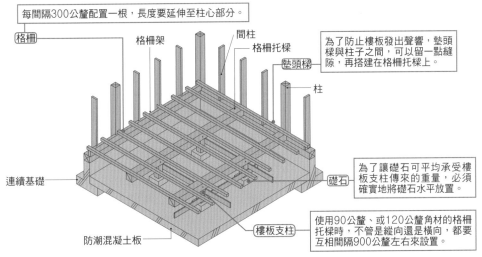

每間隔300公釐配置一根，長度要延伸至柱心部分。

格柵
格柵架
間柱
格柵托樑
墊頭樑
柱

為了防止樓板發出聲響，墊頭樑與柱子之間，可以留一點縫隙，再搭建在格柵托樑上。

連續基礎
碰石

為了讓碰石可平均承受樓板支柱傳來的重量，必須確實地將碰石水平放置。

防潮混凝土板
樓板支柱

使用90公釐、或120公釐角材的格柵托樑時，不管是縱向還是橫向，都要互相間隔900公釐左右來設置。

圖2 格柵樑式樓板構架的構成

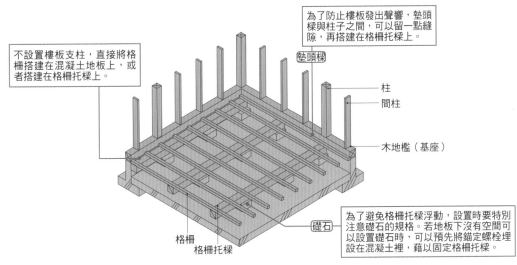

為了防止樓板發出聲響，墊頭樑與柱子之間，可以留一點縫隙，再搭建在格柵托樑上。

墊頭樑

不設置樓板支柱，直接將格柵搭建在混凝土地板上，或者搭建在格柵托樑上。

柱
間柱

木地檻（基座）

為了避免格柵托樑浮動，設置時要特別注意碰石的規格。若地板下沒有空間可以設置碰石時，可以預先將錨定螺栓埋設在混凝土裡，藉以固定格柵托樑。

碰石
格柵
格柵托樑

圖3 格柵的搭建方式

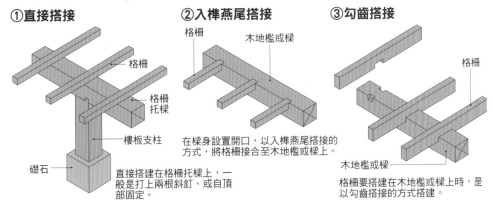

①直接搭接

格柵
格柵托樑
樓板支柱
碰石

直接搭建在格柵托樑上，一般是打上兩根斜釘、或自頂部固定。

②入榫燕尾搭接

格柵
木地檻或樑

在樑身設置開口，以入榫燕尾搭接的方式，將格柵接合至木地檻或樑上。

③勾齒搭接

格柵
木地檻或樑

格柵要搭建在木地檻或樑上時，是以勾齒搭接的方式搭建。

剪力牆

Point 承重牆不只要注意壁量的多寡，配置的平衡度是否良好也相當重要。

剪力牆是以緊密連結柱、樑的斜撐或結構用面材所構成的牆壁，是建築物用來抵抗地震、強風等水平力，以及建築物本身的重量、承載荷重等垂直力的主要結構。萬一剪力牆的壁量不足、或配置的平衡度不佳，就會增加建築物在地震或強風發生時損壞或倒塌的風險。

依照剪力牆的材料或工法，就能計算出剪力牆強度的「剪力牆倍率」數值。當同時使用兩種材料以上組成牆壁時，剪力牆倍率也會加乘；不過，若倍率數值大於五倍以上，仍視為五倍。即使是使用同樣面材，也會因地板施工的先後順序、以及採用隱柱壁（表1）或露柱壁（表2）等工法的不同，造成剪力牆倍率的差異。另外，一旦釘子的長度、粗細、或數量不足，都會使牆壁無法充分發揮壁耐力，因此，得嚴格遵守規定的釘子種類與數量，這點非常重要。

壁量計算與四分割法

所謂的壁量計算，以住宅等屬於小規模的木造建築來說，可透過簡便算法，從建築物的規模與重量算出最低應有壁量（必要壁量）。設計建築物時，建築物的存在壁量應該要大於必要壁量。存在壁量除以必要壁量所得出的數值，就稱為壁量充足率。

舉例來說，如果剪力牆的壁量足夠、但配置平衡度不佳，發生地震時就容易在局部產生較大程度的變形（扭曲）。而要確認剪力牆的配置平衡度良好與否，最簡便的方法就是日本建築基準法所規定的四分割法。其方法是，先將建築物的平面分割成四個條狀，然後確認條狀兩端的存在壁量在除以必要壁量後，其壁量充足率是否都達到1以上。同時，在兩側的壁量充足率中，將數值較小的一方除以數值較大的一方，所得出的數值也必須大於0.5以上才算良好。

表1 隱柱壁剪力牆的面材種類（樑柱構架式）

結構用的耐力合板、各種板材（以下簡稱為「結構用面材」）等，可以用來當做隱柱壁剪力牆的面材種類，詳細如以下所示：

工法（cm）			材料			打釘方法		倍率
			種類	規格	最小厚度（mm）	種類	釘子間隔（cm）	
直鋪	單面固定在柱子以及間柱、格柵托樑、桁條、木地檻其他橫架材的構架	(1)	結構用粒片板（塑合板） 結構用MDF	JIS A5908-2015 JIS A5905-2014	— —	N50	外周7.5以下 其他15以下	4.3
		(2)	結構用合板 貼面結構用合板	JAS、外牆等不在此限	9	CN50		3.7
		(3)	結構用板材	JAS	9	N50		3.7
		(4)	結構用合板 貼面結構用合板	JAS、外牆等不在此限，有酚醛樹脂加工等耐候措施	5	N50	15以下	2.5
				JAS、外牆等不在此限	7.5			
		(5)	粒片板（塑合板） 結構用粒片板（塑合板） 結構用MDF 結構用板材	JIS A5908-1994 JIS A5908-2015 JIS A5905-2014 JAS	12 — — —			2.5
		(6)	硬紙板	JIS A5907-1977	5			2.0
		(7)	硬質木片水泥板	JIS A5417-1985	12			
		(8)	碳酸鎂板	JIS A6701-1983	12			1.5
		(9)	木漿水泥板	JIS A5414-1988	8			
		(10)	結構用石膏板A種	JIS A6901-2005 只限於外牆等以外	12	GNF40 或 GNC40		1.7
		(11)	結構用石膏板B種		12			1.2
		(12)	石膏板 強化石膏板		12 12			0.9
		(13)	襯板	JIS A5905-1979	12	SN40	外周7.5以下 其他15以下	1
		(14)	模板	JIS A5524-1977	0.4金屬模板0.6	N38	15以下	
地板優先鋪設	3cm×6cm以上、用N75@12cm以下的釘子，將材料釘在樓板基礎上的構架		上述(1)～(3)的面材	同上	同上	同上	同上	同上
	3cm×4cm以上、用N75@20cm以下的釘子，將材料釘在樓板基礎上的構架		上述(4)～(5)的面材	同上	同上	同上	同上	同上
	3cm×4cm以上、用N75@30cm以下的釘子，將材料釘在樓板基礎上的構架		上述(6)～(12)的面材	同上	同上	同上	同上	同上
墊木	1.5cm×4.5cm以上、間隔需31cm以下，用N50的釘子將材料釘在墊木上的構架		上述(1)～(14)的面材	同上	同上	N32	15以下	0.5

備註1：在柱與間柱之間，以及樑、橫樑、木地檻（基座）與其他橫向材上，釘上斷面尺寸15X45公釐以上的墊木，應使用N50的釘子，維持大約310公釐的間隔。以此為基礎，在相同建築部位釘上上表中的結構用面材，並使用N32的釘子、維持大約150公釐的間隔的話，所得到的剪力牆倍率全都是0.5。

備註2：合併使用面材剪力牆、編竹夾泥牆、木條或者斜撐時，整體的剪力牆倍率效果會是個別使用狀況的加乘。不過，剪力牆倍率的加乘效果以五倍為上限。

表2 露柱壁剪力牆的面材種類（樑柱構架式）

結構用的耐力合板、各種板材（以下簡稱為「結構用面材」）等，可做為露柱壁剪力牆的面材，當成枕樑與橫穿板來使用，詳細種類如以下所示：

材料			打釘方法		倍率		支撐材規格
種類	規格	最小厚度（mm）	種類	打釘間隙（cm）	支撐材	橫穿板	
(1)	結構用粒片板（塑合板） 結構用MDF	JIS A5908-2015 JIS A5905-2014	— —	N50	外周7.5以下，其他15以下	4.0	—	支撐材3cm×4cm以上，釘子N75@12cm以下
(2)	結構用合板 貼面結構用合板	JAS、外牆等不在此限	9	CN50		3.3	—	支撐材3cm×4cm以上，釘子N75@20cm以下
(3)	結構用板材	JAS	9	N50			—	
(4)	結構用合板 貼面結構用合板	JAS、外牆等不在此限	7.5	N50	15以下	2.5	1.5	
(5)	粒片板（塑合板） 結構用板材	JIS A5908-1994 JAS	12 —					
(6)	結構用粒片板（塑合板） 結構用MDF	JIS A5908-2015 JIS A5905-2014	— —				—	支撐材3cm×4cm以上，釘子N75@30cm以下
(7)	多孔石膏板	JIS A6909-1983，石膏厚度15mm以上	9	GNF32或GNC32		1.5	1.0	
(8)	結構用石膏板A種	JIS A6901-2005 限於外牆等以外	12	支撐材：GNF40 或 GNC40 橫穿板：GNF40 或 GNC40			0.8	
(9)	結構用石膏板B種		12			1.3	0.7	
(10)	石膏板 強化石膏板		12 12			1.0	0.5	

備註：合併使用面材剪力牆、編竹夾泥牆、木條或斜撐時，整體的剪力牆倍率效果會是個別使用狀況的加乘。不過，剪力牆倍率的加乘效果以五倍為上限。

木造工程
二樓的樓板構架

Point 建築物必須將配置平衡度良好的剪力牆與水平構面一體化，才能抵抗地震與強風的威脅。

在日本的建築基準法施行令第四十六條第三項裡，規定了樓板構架與屋架樑構架需設置水平隅撐來輔助支撐，此外就沒有其他關於樓板規格的具體規定。不過，最好還是盡可能地提升樓板的耐力與剛性。因為，前篇提到的壁量計算與四分割法（參見第68頁），都是以樓板具有剛性為前提所制定的方法。另外，樓板本身也擔負著將上層剪力牆所承受的重量傳遞給下層剪力牆的作用。近年來，市面上增加了許多剪力牆倍率較高的剪力牆，在壁量增加的情況下，更必須確保樓板具有能與之相對應的剛性。

水平構面

水平構面是指做成一體化平面的水平結構，可用來傳遞水平力，是相當重要的結構元素。屋頂面、屋架面、以及樓板面等都屬於水平構面。其中，最能發揮水平構面機能的樓板是「剛性樓板」（圖1）。此外，所謂的剛性，是指結構部受到外力的當下，能抵抗彈性變形的阻力強度。

樓板倍率

正如剪力牆倍率代表了牆壁的強度，同樣地，樓板倍率代表著樓板的強度；在日本的住宅品質確保促進法[7]中，樓板倍率代表了二樓樓板、屋架面、屋頂面的剛性程度（表1）。樓板倍率取決於面材的種類與釘子等的打入方法。考量樓板倍率時，也要將剪力牆與剪力牆之間的樓板一併納入考量。

無格柵工法

無格柵工法是指不架設格柵、直接將厚實的樓板底襯板固定在樓板樑與圍樑上，以此構成樓板的工法。面材使用的是厚24公釐以上的結構用合板、或由日本杉木製成的三層合板等。固定板材時，面材的配置與釘子的種類、間隔跨距，都必須依照規定的規格來施工，這點非常重要。這種工法在施工時可確保樓板的安定性，也有利於後續作業的施工順暢；甚至，有時還能省略架設水平隅撐的工序。

譯注：

7.日本於一九九九年六月公布「住宅品質確保促進法」（簡稱「品確法」），並於二〇〇〇年四月正式實施。主要是明文規定住宅性能的基準、設立評價制度，以減少住宅糾紛。

● 表1 存在樓板倍率一覽表

編號		樓板構架的構造方法	存在樓板倍率
1	鋪設面材的樓板面	結構用合板厚12公釐以上、或結構用板材1.2級以上，格柵@340公釐以下用榫接方式，N50@150公釐以下。	2
2		結構用合板厚12公釐以上、或結構用板材1.2級以上，格柵@340公釐以下用嵌合方式，N50@150公釐以下。	16
3		結構用合板厚12公釐以上、或結構用板材1.2級以上，格柵@340公釐以下用架設方式，N50@150公釐以下。	1
4		結構用合板厚12公釐以上、或結構用板材1.2級以上，格柵@500公釐以下用榫接方式，N50@150公釐以下。	1.4
5		結構用合板厚12公釐以上、或結構用板材1.2級以上，格柵@500公釐以下用嵌合方式，N50@150公釐以下。	1.12
6		結構用合板厚12公釐以上、或結構用板材1.2級以上，格柵@500公釐以下用架設方式，N50@150公釐以下。	0.7
7		結構用合板厚24公釐以上，無格柵、直接鋪設，在四周圍打入釘子，N75@150mm以下。	3
8		結構用合板厚24公釐以上，無格柵、直接鋪設，在依川字樣打入釘子，N75@150公釐以下。	1.2
9		寬180公釐的板材厚12公釐以上，格柵@340公釐以下用榫接方式，N50@150公釐以下。	0.39
10		寬180公釐的板材厚12公釐以上，格柵@340公釐以下用嵌合方式，N50@150公釐以下。	0.36
11		寬180公釐的板材厚12公釐以上，格柵@340公釐以下用架設方式，N50@150公釐以下。	0.3
12		寬180公釐的板材厚12公釐以上，格柵@500公釐以下用榫接方式，N50@150公釐以下。	0.26
13		寬180公釐的板材厚12公釐以上，格柵@500公釐以下用嵌合方式，N50@150公釐以下。	0.24
14		寬180公釐的板材厚12公釐以上，格柵@500公釐以下用架設方式，N50@150公釐以下。	0.2
15	鋪設面材的屋頂面	傾斜度30度以下，結構用合板厚9公釐以上、或結構用板材1、2、3級，椽條@500公釐以下用架設方式，N50@150公釐以下。	0.7
16		傾斜度45度以下，結構用合板厚9公釐以上、或結構用板材1、2、3級，椽條@500公釐以下用架設方式，N50@150公釐以下。	0.5
17		傾斜度30度以下，寬180公釐的板材厚9公釐以上，椽條@500公釐以下用架設方式，N50@150公釐以下。	0.2
18		傾斜度45度以下，寬180公釐的板材厚9公釐以上，椽條@500公釐以下用架設方式，N50@150公釐以下。	0.1
19	水平隅撐構面	木製水平隅撐90x90公釐、或金屬製水平隅撐HB，平均承載面積2.5平方公尺以下，樑高240公釐以上。	0.8
20		木製水平隅撐90x90公釐、或金屬製水平隅撐HB，平均承載面積2.5平方公尺以下，樑高150公釐以上。	0.6
21		木製水平隅撐90x90公釐、或金屬製水平隅撐HB，平均承載面積2.5平方公尺以下，樑高105公釐以上。	0.5
22		木製水平隅撐90x90公釐、或金屬製水平隅撐HB，平均承載面積3.3平方公尺以下，樑高240公釐以上。	0.48
23		木製水平隅撐90x90公釐、或金屬製水平隅撐HB，平均承載面積3.3平方公尺以下，樑高150公釐以上。	0.36
24		木製水平隅撐90x90公釐、或金屬製水平隅撐HB，平均承載面積3.3平方公尺以下，樑高105公釐以上。	0.3
25		木製水平隅撐90x90公釐、或金屬製水平隅撐HB，平均承載面積5.0平方公尺以下，樑高240公釐以上。	0.24
26		木製水平隅撐90x90公釐、或金屬製水平隅撐HB，平均承載面積5.0平方公尺以下，樑高150公釐以上。	0.18
27		木製水平隅撐90x90公釐、或金屬製水平隅撐HB，平均承載面積5.0平方公尺以下，樑高105公釐以上。	0.155
28		從1到14之間選一項、15到18之間選一項、19到27之間選一項，併用以上三項中的其中兩項來使用。	各自倍率的和

出處：「木材與木造住宅 Q & A 108-為了建造可安全居住的家-」丸善

● 圖1 剛性樓板（3倍）例子

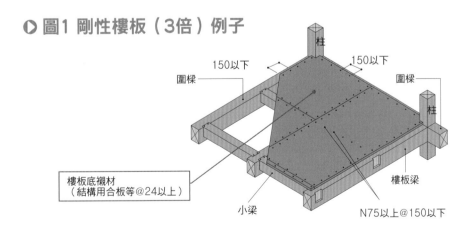

柱
150以下
150以下
圍樑
圍樑
柱
樓板底襯材
（結構用合板等@24以上）
小梁
樓板梁
N75以上@150以下

屋架設計

Point 屋架的水平構面，應確實固定於屋架樑或屋頂面上。

屋架

所謂的屋架，是指將作用於屋頂面的力或屋頂本身的重量傳遞至柱子或牆壁上的結構體。屋架的水平構面可分成兩種，一種是將結構用合板等鋪設在屋架樑上形成水平面；另一種是將結構用合板等當成屋面板鋪設在椽條上形成屋頂面。若想確保屋頂面的構造穩定，需在桁條上的椽條之間釘入與椽條同等尺寸的剪力樑，以防止變形。另外，為了避免屋簷前端因風力而發生上掀的情況，可以利用扭型五金等構件將屋簷緊結、固定在簷桁上。

屋架雖然有各式各樣的架構形式，但大致上可區分成日式屋架與西式屋架兩種。

日式屋架與西式屋架

所謂的日式屋架，是指在屋架樑上架設屋架支柱以撐起桁條、做出屋頂斜度，在桁條上以垂直交叉的方式搭建起椽條所形成的屋架（圖1）。與西式屋架相比，日式屋架的水平力較弱。由於屋架樑的長度與斷面性能決定了跨度的範圍，所以日式屋架較難建造出大跨度的構造。但是另一方面，日式屋架透過屋架支柱長度的調整，便可自由決定屋頂的傾斜度，所以即使在凹凸不平的平面上也能夠搭建。在屋架樑與簷桁的組合方式上，則可分成京呂式與折置式兩種。

至於西式屋架，則是以水平樑、主椽、支柱、隅撐構成桁架結構，並將它配置在簷桁上所形成的屋架（圖2）。西式屋架儘管使用較小的部材，卻可建造出大跨度的構造。不過，接合部必須使用條狀五金或螺栓加以固定。

京呂式與折置式屋架

京呂式是將屋架樑架設在簷桁上方的工法，所以在架設屋架樑時不會受限於柱子的位置。至於折置式，則是先以柱子支撐屋架樑，然後才在屋架樑上架起簷桁來支撐椽條。這些構架從外觀上看來，是由兩根柱子與屋架樑所構成的門形構造，屋架樑的重量可直接傳遞到柱子上而獲得支撐。

◎ 圖1 日式屋架與西式屋架

日式屋架：山牆

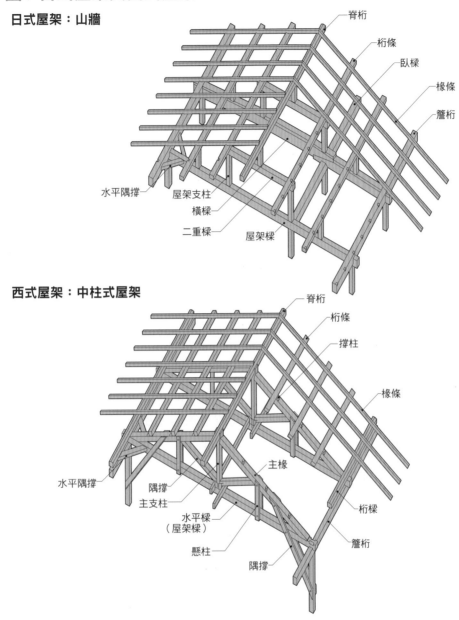

脊桁
桁條
臥樑
椽條
簷桁
水平隅撐
屋架支柱
橫樑
二重樑
屋架樑

西式屋架：中柱式屋架

脊桁
桁條
撐柱
椽條
主椽
桁樑
簷桁
水平隅撐
隅撐
主支柱
水平樑
（屋架樑）
懸柱
隅撐

◎ 圖2 西式屋架的種類

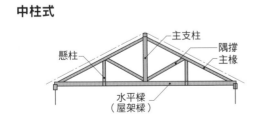

中柱式

懸柱
主支柱
隅撐
主椽
水平樑
（屋架樑）

偶柱式

棟柱
隅撐
主椽
二重樑
對柱
水平樑
（屋架樑）

出處：『木造建築用語辭典』井上書院

031
木造工程
屋簷設計

Point 即使建築物位於準防火區域中，也可以將屋簷內側設計成木材外露的樣式。

日本為了建造出堅固又美觀的深屋簷建築，在工法上投入了相當多的工夫。深屋簷不但可以遮蔽夏日的豔陽，也能防止雨水潑濺到牆壁或開口部。不僅如此，屋簷下方的外部空間還能緩和氣溫的上升。尤其是寺廟建築，為了建造深屋簷，對斗拱與「桔木」等各式各樣的構造工法更是講究。

屋簷的前端是由封簷板、山牆端墊板、挑口板、隔簷板等組合而成，收整這些部位的方式也成了做出不同簷端表情的重要關鍵。

斗拱

斗拱是從下方支撐木造建築屋簷的一種部材樣式，通常是由斗與拱組合而成（圖1）。

桔木

「桔木」（はねぎ，音ha-ne-gi，又寫成「跳ね木」，為日本特有工法）是用來加深屋簷，以槓桿原理使簷端上揚的部材。它架設在建築物外牆的支柱上方，以該處為支點向外延伸並支撐著簷端。另一側則是向建築物的內側延伸，支撐著屋頂的重量（圖2）。

屋簷內側的木材外露部分應為準耐火構造

日本國土交通省於二〇〇四年七月公布的告示中，新增了屋簷內側木材外露部分的相關規範（圖3）。

位在準防火區域內、有延燒疑慮（二樓建築以下、樓板面積500平方公尺以下）的建築物，其屋簷內側以往僅被要求應做防火構造，但根據上述告示，現在已經將屋簷內側訂定為準耐火構造，必須有比防火構造更高的性能。

這項告示規範的最大特點在於，屋簷內側的木材外露部分不需使用特定的商品，只要透過在木材上塗抹灰泥，便可成為準耐火構造。另外，對於椽條的尺寸與間隔跨距也沒有特別的規定。因此，即使是位於準防火區域內的建築物，屋簷內側也不必覆蓋起來，即使設計成木材外露的樣式也無妨。

◉ 圖1 斗拱

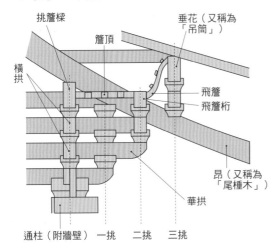

挑簷樑
垂花（又稱為「吊筒」）
簷頂
橫拱
飛簷
飛簷桁
昂（又稱為「尾棰木」）
華拱
通柱（附牆壁）　一挑　二挑　三挑

◉ 圖2 桔木

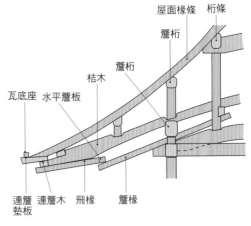

屋面椽條
桁條
簷桁
簷桁
桔木
瓦底座
水平簷板
連簷墊板
連簷木
飛椽
簷椽

◉ 圖3 屋簷內側木材外露部分的準耐火構造

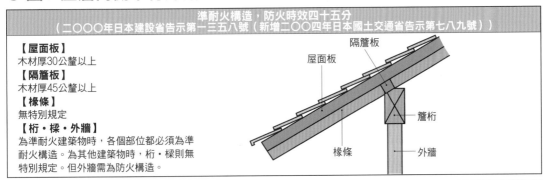

準耐火構造，防火時效四十五分
（二〇〇〇年日本建設省告示第一三五八號（新增二〇〇四年日本國土交通省告示第七八九號））

【屋面板】
木材厚30公釐以上
【隔簷板】
木材厚45公釐以上
【椽條】
無特別規定
【桁・樑・外牆】
為準耐火建築物時，各個部位都必須為準耐火構造。為其他建築物時，桁・樑則無特別規定。但外牆需為防火構造。

隔簷板
屋面板
簷桁
椽條
外牆

準耐火構造，防火時效六十分
（二〇〇〇年日本建設省告示第一三八〇號（新增二〇〇四年日本國土交通省告示第七九〇號））

【屋面板】
木材厚30公釐以上
【隔簷板】
A規格：木材厚12公釐以上，內側需塗上厚40公釐以上的灰泥（土、耐火泥、灰泥）等。
B規格：木材厚30公釐以上，內側需塗上厚20公釐以上的灰泥等。
C規格：木材厚30公釐以上，表面需塗上厚20公釐以上的灰泥等。
【椽條】
無特別規定
【桁・樑・外牆】
為準耐火建築物時，各個部位都必須為準耐火構造。為其他建築物時，桁・樑則無特別規定（只要為露柱壁構造即可）。不過，有延燒疑慮的外牆部分，則需為防火構造。

木材厚12公釐以上
屋面板厚30公釐以上
A規格
灰泥厚40公釐以上
簷桁
B規格
椽條
外牆
C規格
木材厚30公釐以上
木材厚30公釐以上
灰泥厚20公釐以上
灰泥厚20公釐以上

出處：『木造建築的防耐火性能—導入性能規定後的展開、設計範例與今後的課題』—（Symposium資料集）NPO木建築座談會

▼ 第一章 地盤・基礎・臨時工程 ▼ 第二章 結構工程 ▼ 第三章 屋頂・窗戶・外壁板工程 ▼ 第四章 內裝材料・室內裝修工程 ▼ 第五章 設備・外構工程

樓梯設計

Point 考量到高齡者的需求，樓梯的級高／踏板級深應≦6／7，並且要合乎55公分≦（級高×2＋踏板級深）≦65公分。

樓梯的功用是用來連接不同高度的地板，除了講究防止跌落的安全性外，也相當注重能讓人輕鬆上下樓的機能性。同時，高度達兩層樓以上的樓梯空間與樓梯本身，也是可發揮設計創意的地方。

樓梯的坡度與尺寸

樓梯的一階高度稱為級高，踏板的水平部分稱為踏面，其深度稱為級深。另外，從上階梯級鼻端延伸至下階梯級踏板的部分（級高的垂直面），則稱為踢腳板（腳板）。

依照日本建築基準法的規定[8]，獨棟住宅的樓梯建設，其樓梯寬度必須在75公分以上（圖1）、級高在23公分以下、級深在15公分以上；但是，完全依照此規格來建造的話，樓梯的坡度會非常陡峭，容易發生危險。不過，這也不代表樓梯坡度愈平緩愈好，最好的設計是使樓梯的坡度與尺寸取得理想的對應關係。日本的品確法考量到高齡者等需求而制定了相關對策，其中等級四（建立無障礙環境）以上者，規定樓梯坡度（級高尺寸／級深尺寸）應為6／7以下，級高

尺寸的兩倍與級深尺寸相加後的總數值應介於55～65公分之間，而且踏板鼻端凸出豎板的的落差還得在3公分以下（圖3），這樣才算合格。

依照不同的平面形狀來分類

來回對折、於轉折處設有樓梯平台的U型平台式樓梯，俗稱為「對折式樓梯」。相對地，直線設置、中途無轉折處的直上樓梯，則稱為「直線型樓梯」。樓梯平台具有一定的安全機能，也就是能將不慎跌落時的跌落距離控制在最小範圍內。至於沒有設置樓梯平台的轉折樓梯，則稱為U型轉折式樓梯（圖4）；而當樓梯轉折呈現連續螺旋狀時，便稱為螺旋樓梯。

依照不同的結構與工法來分類

樑式樓梯是一般最常見的結構。不想讓人看到側板時，可改採用具階梯狀小樑的雙龍骨樓梯，從下方支撐踏板。至於單龍骨樓梯，由於是從踏板的正下方以單樑支撐起整個結構，樑的負荷會比較大（圖5）。

譯注：
8.台灣的營建法規中，樓梯寬度、級高、級深依建築物而異，一般而言，除了學校與公共場所有特別規定以外，一般住宅的樓梯寬度為75公分以上、級高為20公分以下、級深為21公分以上。

◉ 圖1 樓梯的寬度

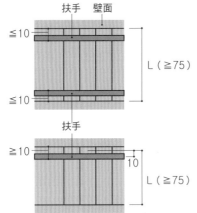

扶手　壁面
≦10
L（≧75）
≦10
扶手

≧10
10
L（≧75）

◉ 圖2 U型轉折式樓梯的踏板

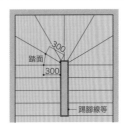

踏面
300
300
踢腳線等

U型轉折式樓梯踏板尺寸的測量位置是在距離踏板最窄處約30公分的地方。

樓梯上要設置扶手。在樓梯、以及樓梯轉角平台的兩側（沒有扶手的一側）要設置側壁。（日本建築基準法施行令第二十五條）。
在樓梯以及樓梯平台上設有高50公分以下的扶手和及升降設備時，扶手和升降設備的寬度在限度10公分內的話，計算樓梯寬度時，可不將扶手等物計算在內。

◉ 圖3 級高與踏板的理想尺寸

（參考日本國土交通省告示第1301號所記載的高齡者居住環境設計指針）

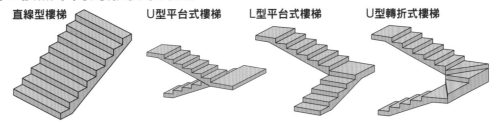

級深

級高

級高／級深≦6／7，
且55公分≦（級高×2＋級深）≦65公分

鼻端
踢腳（鼻端凸出豎板的落差）
踏板
豎板（踢腳板）

◉ 圖4 依照不同的形狀來分類

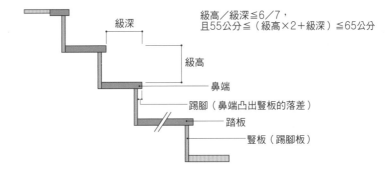

直線型樓梯　　U型平台式樓梯　　L型平台式樓梯　　U型轉折式樓梯

◉ 圖5 依照不同的結構與工法來分類

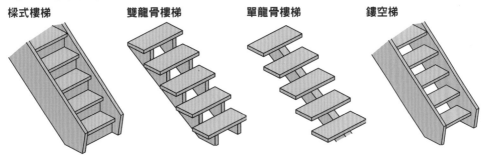

梁式樓梯　　雙龍骨樓梯　　單龍骨樓梯　　鏤空梯

內裝①隱柱壁與露柱壁

Point 要讓外牆看起來美觀並不容易。結構材是外露還是隱藏，其設計感、成本與性能都截然不同。

隱柱壁與露柱壁

利用裝修材等將柱、樑隱蔽起來的牆壁，稱為隱柱壁（圖1）。相反地，將柱與樑露出壁面、使壁面相當於柱與樑側邊尺寸的牆壁，便稱為露柱壁（圖2）。

在露柱壁方面，柱與樑所框畫出的空間，也成了設計元素。不只是部材的尺寸，就連柱面與壁面之間的段差大小等，也都是決定空間氣氛剛毅或柔和的重要元素。

另外，雖然隱柱壁也可設計成將柱子露出的樣式，不過露出的柱子通常是不必承受結構重量、在壁面貼上貼面材而成型的裝飾柱，也稱為角柱。

將結構材包覆在牆壁裡的框組壁工法，無論是室內或室外側，都會建造成隱柱壁的形式。而樑柱構架式工法則有多種組合，既可以和框組壁工法一樣，室內、室外都採用隱柱壁；也可以是室外採用隱柱壁、室內採用露柱壁；偶爾，也可見到室內、室外都採用露柱壁的形式（圖3）；甚至，還可以就個別房間做不同的設計，如只於和室採用露柱壁等。

隱柱壁與露柱壁的特徵

室外側做成隱柱壁，雖然具有結構材不會直接暴露於水、火等優點，但由於牆壁內部的濕氣可能會蒸發，為了避免材質因此受到影響，所以仍須在外壁的襯底內設置通風層。

至於室內側的部分，基於應預防木材腐朽，以及一旦發生腐朽現象能即時發現並補救等考量，最好是採用露柱壁的形式。

由於隱柱壁會將結構材包覆在牆內，所以不必講究木材的顏色與氣味、表面有無節疤、或構架的設計感等。而且，因為人不會接觸到結構材，所以木材表面也不必加工成平滑面。因此，隱壁柱在控制結構材的成本這點上具有相當大的優勢。

相對地，裸露出結構材的露柱壁如果沒有對整體構架進行合理的規畫安排，將使空間變得雜亂無章。另外，樑的對接位置、接合五金的位置應如何安排、該採外露或是隱藏方式，以及斜撐應如何設計等，都需要特別花費心思，就連室內牆壁材質的選擇也必須用心安排。因此，一般來說，露柱壁所需的成本會比隱柱壁來得高。

◐ 圖1 隱柱壁

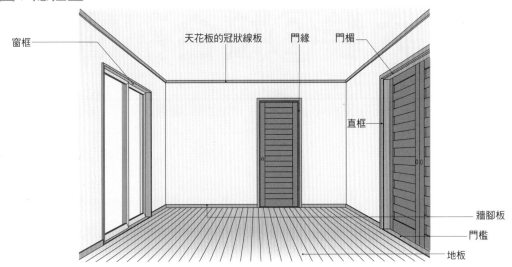

窗框　天花板的冠狀線板　門緣　門楣　直框　牆腳板　門檻　地板

◐ 圖2 露柱壁

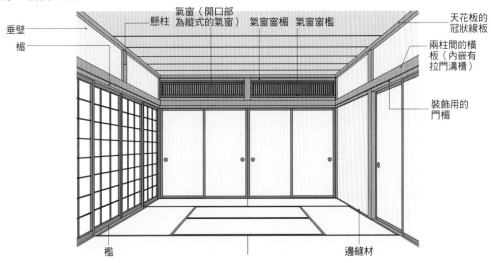

垂壁　楣　懸柱　氣窗（開口部為縱式的氣窗）　氣窗窗楣　氣窗窗檻　天花板的冠狀線板　兩柱間的橫板（內嵌有拉門溝槽）　裝飾用的門楣　檻　邊緣材

◐ 圖3 隱柱壁與露柱壁

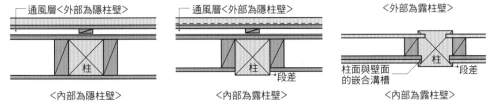

通風層<外部為隱柱壁>　柱　<內部為隱柱壁>

通風層<外部為隱柱壁>　柱　段差　<內部為露柱壁>

<外部為露柱壁>　柱　段差　柱面與壁面的嵌合溝槽　<內部為露柱壁>

內裝②接合部的收整

Point 材料邊緣的收整需講究設計感。收邊材除了具有吸收誤差或變形的功能外，也能當成施工時的標準。

建築物各部位的構成部材與其他材料相接的部分，稱為接合部。

無論是裝修材的端部、不同材料間的相接、還是不同平面的相接，都需要進行收邊處理。收邊所使用的材料稱為收邊材，也稱為修邊材。邊緣若是收整不好，會顯得工作雜亂無章，無法營造出井然有序的空間感。由此可知，接合部位的收整方式，多半傳達出了工作者的格調與想法。

考量到建築材料不僅會在生產時出現製作上的誤差，施工時也可能產生施工誤差，而且即使是完工後，材料也可能隨著熱氣或濕氣而熱漲冷縮，因此，收邊材除了美觀的設計之外，也要具有能隱藏這些誤差或變形的功能。此外，若先施工收邊材，還能發揮量尺的功能，用來測量或定位裝修材的位置。

收邊的種類，可分成同方向材料的接合、直角處的接合材收整、以及來自三個方向的頂點接合，每種接合方式都有既定的準則。

同方向平面材料的收整

不僅可用在如磁磚、地板等有接縫的、相同材料的接合，也可用在不同裝修材的收邊。除了可使用嵌縫膠條、或收邊材之外，也可採用對接、縫隙接合、或疊接，還有倒角接合的方式，也就是一邊利用對接手法，一邊將接縫做成倒三角溝槽，使縫隙表面看起來稍大、但底部緊密接合的方式（圖1）。

邊角的收整

收整直角處的接合材時，面對兩個方向不同的材料，除了以其中一方為優先的方式外，還有另一種方式是，將兩者的端部各斜切成45度斜角後，再將兩斜角接合起來。

接合天花板與牆壁的收邊材稱為冠狀線板；而保護牆壁最下端、且同時接合牆壁與地板的收邊材稱為牆腳板（圖2）。在和室裡，牆壁與榻榻米間的接合部是使用邊縫材（參見第79頁圖2）；至於壁龕與地板間、或壁櫥門板與牆壁間的收邊材，則稱為護壁板。

◉ 圖1 收邊的種類

同一種材料的收邊方式

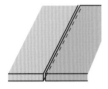   

接合處
留有小縫隙

密閉接合

對接
無法吸收誤差或變形的構造。

縫隙接合
不易看出接縫有無一致。

疊接
容易吸收誤差或變形。會有段差。

倒角接合
對接與接合縫隙的折衷方式。

不同材料的收邊方式

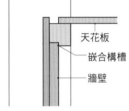  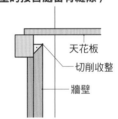

接合處無段差
雖然施工時會要求施工準度，但兩種不同的材料在經年累月後，還是會產生變化和差異。

接合處有縫隙
不易看出接縫有無一致。

嵌合構槽
即使變形收縮也不易察覺。

收邊條（T字壓條收邊）
可空出變形收縮的餘隙。

◉ 圖2 冠狀線板與牆腳板的接合範例

泥牆・冠狀線板

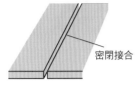

天花板

嵌合構槽

牆壁

泥牆・隱藏式冠狀線板
（與天花板的接合處留有縫隙）

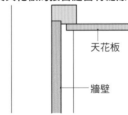

天花板

牆壁

泥牆・隱藏式冠狀線板
（與牆壁的接合處留有縫隙）

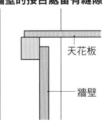

天花板

切削收整

牆壁

板牆・冠狀線板

天花板

牆壁

板牆・隱藏式冠狀線板
（與天花板的接合處留有縫隙）

天花板

牆壁

板牆・隱藏式冠狀線板
（與牆壁的接合處留有縫隙）

天花板

牆壁

板牆・凸出型牆腳板

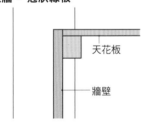

牆壁
地板

板牆・平面型牆腳板

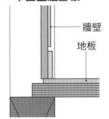

牆壁
地板

板牆・嵌入型牆腳板

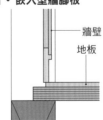

牆壁
地板

內裝③嵌入式部材

Point 留著銳利的邊角不處理,容易造成損傷。做成倒角,既可保護邊角、也可提升觸感。

內部尺寸

無論是容器或管子內側的尺寸,或兩個物體、兩根柱子之間內側的尺寸,都稱為內部尺寸。因此,設置在兩柱之間的楣、檻、橫板等,都稱為嵌入式部材(圖1)。不僅如此,從檻的上端至楣的下端,這段距離也是內部尺寸,也稱為內部高度。

收整成倒角面

對於柱、樑、隔間材框架等部材,把斷面邊角的部分削去,重整為新的平面形狀,這樣的工法稱為倒角處理;而完工後所呈現的平面,便稱為倒角面。這樣的做法可保護邊角不易受損,提升觸摸的手感,形成的倒角面還具有設計的美感。

倒角面寬3公釐左右的稱為小倒角,比小倒角更窄的稱為微倒角,較寬的稱為大倒角。倒角面的寬度必須因應柱子的寬度,也就是說,倒角面的寬度要與柱子寬度形成一定的比例,可分為除以七等分的倒角、除以十等分的倒角、除以十四等分的倒角等種類(圖2)。

邊接的種類

為了加寬板面,在橫幅方向上將兩塊木板的邊緣接合起來,稱為邊接。邊接的種類可分為半槽邊接、舌槽邊接、方榫邊接、銀錠榫邊接等(圖3)。在製作實木桌的桌面、椅子的座面、以及樓梯的踏板等,大多會採取邊接的方式。

其他裝修用語

正對部材時可看到的表面部分,稱為可見表面。可見表面的寬度稱為可見寬度,至於材料的厚度,則統稱為深度。另外,在木材與塗裝牆壁的接合處,把木材的可見表面切削成小範圍面積的收整做法,日文稱為「刃掛け」(はっかけ,音ha-k-ka-ke)(參見第81頁圖2右上)。

在板材側邊(縱向側面)鑿刻凹槽、及削出凸部的做法,日文稱為「決り」(しゃくり,音sya-ku-ri)。其中,鑿刻凹槽也稱為「挖溝槽」。除了半槽邊接與舌槽邊接是以凹凸部來接合外,在牆壁上製作嵌合溝槽、或是製作框架內側時,也都會使用此種方式。

◉ 圖1 嵌入式部材的設計（和室）

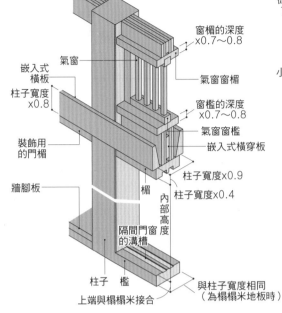

窗楣的深度
x0.7～0.8

氣窗

氣窗窗楣

嵌入式橫板

柱子寬度
x0.8

窗檻的深度
x0.7～0.8

裝飾用
的門楣

氣窗窗檻

嵌入式橫穿板

牆腳板

柱子寬度x0.9

柱子寬度x0.4

楣

內部高度

隔間門窗的溝槽

柱子　檻

上端與榻榻米接合

與柱子寬度相同
（為榻榻米地板時）

◉ 圖2 柱子倒角的種類

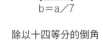

微倒角
1.5mm

直角

a

深度

倒角面

小倒角
3mm

大倒角

b＝倒角面的寬度

除以七等分的倒角

除以十等分的倒角

b＝a／7

b＝a／10

除以十四等分的倒角

除以二十等分的倒角

b＝a／14

b＝a／20

◉ 圖3 邊接的種類

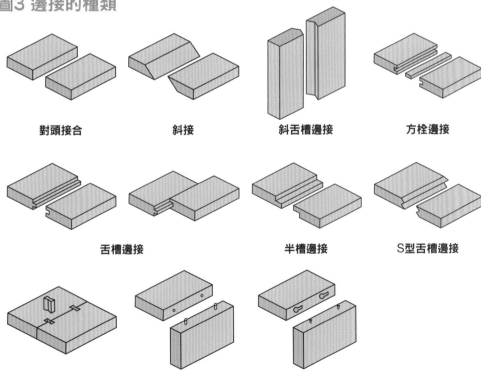

對頭接合　　　斜接　　　斜舌槽邊接　　　方栓邊接

舌槽邊接　　　半槽邊接　　　S型舌槽邊接

銀錠榫邊接　　　方榫邊接　　　卡榫邊接

出處：『木造建築用語辭典』井上書院

隔熱工法

Point 隔熱工法可以對抗外在環境變化多端的影響,維持室內環境的舒適度。

隔熱工法的種類

①填充隔熱工法（內隔熱工法）

這是在柱子等結構材之間施做填充隔熱材的工法,常見用於木造住宅。由於柱子的厚度便可形成隔熱層,因此不需要另外設置隔熱用的空間,而且施工成本相當低（圖1（a））。

②外隔熱工法

外隔熱工法分成濕式工法與乾式工法兩種。濕式工法是將隔熱材緊密鋪設或張貼在混凝土上。而乾式工法則是設置支撐構件再鋪設外牆隔熱材的工法（圖1（b））。

③雙重隔熱工法（內外部隔熱工法）

此隔熱工法是採用填充隔熱工法（內隔熱工法）的同時也併用外隔熱工法。室外使用隔熱材可以防止建築物受到太陽光照射而升溫蓄熱（圖1（c））。

建築物各部分的隔熱工法

①基礎隔熱

在基礎的外側、內側、或是兩側都鋪設隔熱材的工法。一般而言,是鋪設在基礎的地樑部分。其中,當系統浴室底部不具有隔熱性能時,只要施做基礎隔熱讓系統浴室與基礎一體化,其隔熱效果就與室內沒有兩樣了（圖2）。

②樓板隔熱

在格柵與樓板樑之間的夾層鋪設隔熱材的工法。為了防止隔熱材脫落,應設置隔熱支撐材來確實固定。

③天花板隔熱

在天花板施做隔熱材的工法。將牆壁的防潮材延伸鋪設到橫樑,並以壓板固定防潮材後,再鋪塗上隔熱材。

④屋頂隔熱

屋頂隔熱可分成在椽條或斜樑之間填充隔熱材的屋頂內部隔熱工法,以及在屋面板上鋪設隔熱材的屋頂外部隔熱工法兩種。隔熱材的外側要設置透氣層,屋脊也要保持通風。

▶ 圖1 三種隔熱工法

(a) 填充隔熱工法（內隔熱工法）　(b) 外隔熱工法　　　　　(c) 雙重隔熱工法（內外部隔熱法）

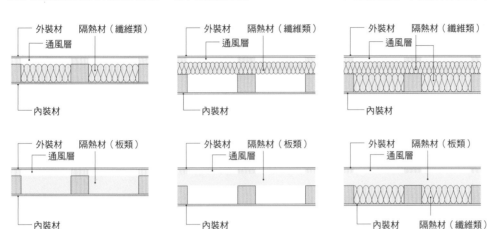

▶ 圖2 浴室與樓板下方收納空間的隔熱

● **室外空氣從木地檻墊片處的隙縫流入屋內**

從浴室樓板流入的室外空氣在牆壁內、天花板、閣樓等地方流動，使得室內的隔熱性能降低。

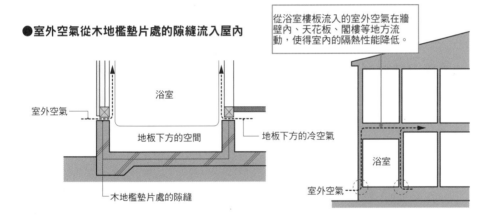

● **隔熱重點**

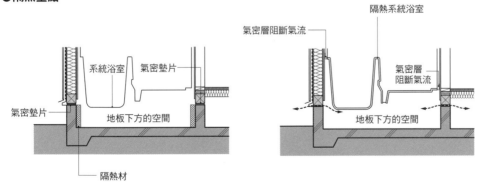

隔熱材

Point 隔熱材依照原材料與形狀的不同，可分成許多種類。

依材料分類

①無機隔熱材

在無機隔熱材中，較具代表性的是玻璃棉與岩棉（表1）。

玻璃棉是熔融玻璃、進行纖維化處理後所形成的棉狀隔熱材。其中，有一種高性能（細纖維）玻璃棉，它的纖維較細，只有一般玻璃棉的六成左右，因此空氣保有率相當高，隔熱性能也比較好。

岩棉是在熔融安山岩等岩石、並收集由岩石小孔吹出的纖維狀物質後所形成的棉狀隔熱材。岩棉的隔熱性能跟玻璃棉不相上下，耐火性也相當高。

②塑膠隔熱材

在塑膠隔熱材中，較具代表性的有發泡性聚苯乙烯隔熱保溫板（EPS）、擠塑式聚苯乙烯隔熱保溫板（XPS）、硬質聚氨酯保溫板（硬質PU）、以及酚醛發泡保溫板（PF）。這些材質由於隔熱性能很高，所以鋪設的厚度比其他材質的隔熱材來得薄（表2）。

③天然隔熱材

天然隔熱材包括了以報紙或舊紙等回收再製而成的再生纖維素纖維、木質纖維板狀隔熱材、羊毛隔熱材、碳化軟木等種類，各自都有不同的特徵（表3）。

依形狀分類

①纖維狀隔熱材

是以玻璃棉與岩棉為代表的形狀，這種形狀的材料除了用來進行填充隔熱外，也可用來阻斷氣流。

②板狀隔熱材

大部分的塑膠隔熱材都屬於板狀隔熱材，但其他如高密度的玻璃棉與岩棉有時也會被歸類為板狀隔熱材。板狀隔熱材經常使用於木造的填充隔熱與外部隔熱、RC造的內部隔熱與外部隔熱等。

③粒狀隔熱材

粒狀隔熱材是指以灌注或噴塗工法塗覆在牆壁或天花板上的隔熱材，有再生纖維素纖維、玻璃棉、岩棉等各種材質（圖1）。

▶ 表1 玻璃棉與岩棉

種類	玻璃棉	岩棉
形狀		
特徵	玻璃棉可分成捲狀（左）、板狀（右）、粒狀三種。由於具有耐火性，所以以板狀玻璃棉經常使用在木造與RC造建築的外部隔熱。粒狀玻璃棉適用於噴塗式的隔熱工法。	岩棉也可分成捲狀、板狀、粒狀。其中，以粒狀岩棉的耐火性較佳，經常當成鋼骨造的耐火被覆材使用。

▶ 表2 主要的塑膠隔熱材

種類	發泡性聚苯乙烯隔熱保溫板	擠塑式聚苯乙烯隔熱保溫板	硬質聚氨酯保溫板	酚醛發泡保溫板
形狀				
特徵	材料就是保麗龍。不但不具吸濕性、吸水性，就算經年累月也不會產生變化。形狀除了板狀外，還可製成其他各種形狀。	也是保麗龍的一種。形狀為板狀，不但輕質、具有剛性，且熱傳導性小。因為耐水性、耐吸濕性佳，所以適合做為外牆、外部隔熱使用。	不易導熱，具有可阻斷氣體的獨立氣泡，為閉孔式的發泡材。	與硬質聚氨酯保溫板相同，不易導熱，具有可阻斷氣體的微氣泡。隔熱性、難燃性都相當優良。

▶ 表3 天然隔熱材的範例

種類	特徵
木質纖維板狀隔熱材	隔熱性能介於玻璃棉16kg/m²與高性能（細纖維）玻璃棉16 kg/m²之間。雖然比玻璃棉重，但由於熱容量較大，所以蓄熱性相當值得期待。
羊毛隔熱材	隔熱性能相當於高性能（細纖維）玻璃棉、且具有相當優良的吸放濕性。
碳化軟木	完全不使用接著劑，純粹只以軟木本身的樹脂與水蒸氣來固定的隔熱材。

▶ 圖1 灌注、噴塗隔熱材的範例

使用粒狀玻璃棉（左）、與再生纖維素纖維進行噴塗施工的狀態（右）。

▶ 圖2 發泡隔熱材的施工範例

在現場噴塗施工的狀態（左）與發泡隔熱材（右）。隔熱材一經噴塗，會瞬間發泡、硬化。

038

木造工程

隔絕空氣與防潮氣密層

Point 為了使住宅達到節能與延長使用壽命的目的,要同時考量隔熱層、氣密層、防潮層的設置。

隔絕空氣

　　以樑柱構架式工法所建造的建築物,其外牆、隔間牆的上下方會分別與天花板、樓板接合,換句話說,牆壁內部的空間也與天花板上方、樓板下方的空間互通。當牆壁內部的空間與天花板上方、樓板下方的空間互通時,室外空氣從樓板下方進入室內後,一定會沿著牆壁內部的空間往天花板上方的空間移動,如此一來建築物的隔熱性能也會因而降低。不過,只要阻斷氣流的通路,不讓空氣從樓板下方流向牆壁內部的空間,避免空氣從牆壁內部的空間流向天花板上方的空間,就可以有效提升隔熱性能。

防潮氣密層

　　牆壁內部的木材腐爛是因為填充材使用纖維隔熱材的關係,室內產生的水蒸氣一旦從石膏板或其縫隙進入牆壁內部產生結露時,最終就會導致木材腐爛。為了防止這個現象發生,室內牆壁要鋪設一層防潮膜,以防止水蒸氣進入牆壁內部。還有,隔熱層貫通的部分也要用氣密膠帶等可以輔助達到氣密效果的材料來確實密封。

隔絕空氣與防潮氣密的方法

①隔絕空氣的方法

　　外牆、隔間牆與樓板的接合部,可以使用樓板用合板、乾燥木材、防潮布+壓板等來隔絕空氣。外牆、隔間牆與閣樓的接合部,則採用防潮布+隔絕空氣用的板材、隔絕空氣用的木材、防潮布+壓板等來隔絕空氣。

②防潮膜

　　鋪設在室內隔熱材上的防潮膜,等於是各部位、各接合部的連續防潮層,擴大鋪設時無論縱向或橫向,只要是位於底襯材上都必須重疊30公釐以上。鋪設時不能產生鬆弛或皺褶,防潮膜的邊緣可以用氣密膠帶固定在底襯材上、或者以木材等建材夾住並固定。

◉ 圖1 閣樓與牆壁的接合部

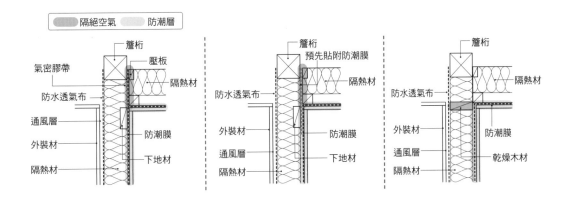

隔絕空氣   防潮層

氣密膠帶
防水透氣布
通風層
外裝材
隔熱材
簷桁
壓板
隔熱材
防潮膜
下地材

簷桁
預先貼附防潮膜
隔熱材
防水透氣布
外裝材
通風層
隔熱材
防潮膜
下地材

簷桁
隔熱材
防水透氣布
外裝材
通風層
隔熱材
防潮膜
乾燥木材

◉ 圖2 夾層樓板與牆壁的接合部

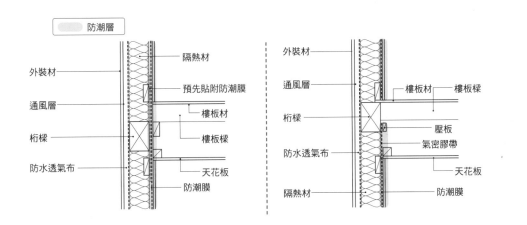

防潮層

外裝材
通風層
桁樑
防水透氣布
隔熱材
預先貼附防潮膜
樓板材
樓板樑
天花板
防潮膜

外裝材
通風層
桁樑
防水透氣布
隔熱材
樓板材
樓板樑
壓板
氣密膠帶
天花板
防潮膜

◉ 圖3 樓板與牆壁的接合部

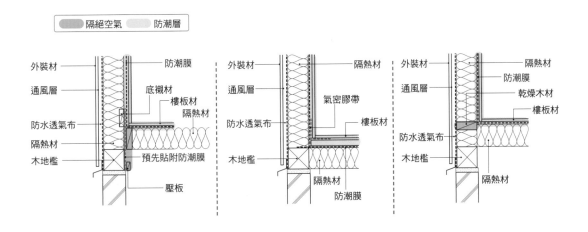

隔絕空氣   防潮層

外裝材
通風層
防水透氣布
隔熱材
木地檻
防潮膜
底襯材
樓板材
隔熱材
預先貼附防潮膜
壓板

外裝材
通風層
防水透氣布
木地檻
隔熱材
防潮膜
隔熱材
氣密膠帶
樓板材

外裝材
通風層
防水透氣布
木地檻
隔熱材
隔熱材
防潮膜
乾燥木材
樓板材

通風層

Point 為了防止牆壁內部產生結露，除了要設置通風層外，也要加設防潮層。

所謂通風層

設置防潮層可提高住宅的氣密性，同時這也是一道屏障，隔絕了室內的水蒸氣與室外的水蒸氣。只是，積存在外牆隔熱材內部的水蒸氣若無法排出，就很容易因為室內、室外的溫差而產生結露。因此，為了讓牆壁內的水蒸氣排出去，外牆就要設置通風層。通風層不但可以輔助外牆散熱，不讓照射在外牆上的陽光熱氣影響室內溫度，還具有幫助排出外牆滲入的雨水功能。

另外，屋頂也需要設置通風層，目的就是要將屋頂吸收的熱能進行散熱（圖1）。

通風層結構的建材

①防水透氣布

面對通風層的這面隔熱材採用防水透氣布，以排出隔熱材內的水蒸氣。防水透氣布是由高密度聚乙烯所構成，其隨機摻合的連續性極細纖維不僅輕量、防水，強度也很優良，是具有通風性能的薄膜。

②通風用的墊木

大多時候，通風用的墊木也可以當成外牆或屋頂裝修材的底襯材。通風用的墊木一般採用剖面尺寸寬30～45×厚度15公釐以上的木材所製成，不過也有墊木是以耐腐蝕性佳的發泡樹脂所製成的合成木材。通風用的墊木依照裝修材的設置方向，可分成縱墊木與橫墊木兩種（圖2）。其中，特別要注意的是窗戶邊緣的墊木與通風墊木不可貼合在一起，兩者之間保持30公釐以上的間隔，否則空氣就不易流通。

③各種輔助通風的建材

除了上述的通風製材外，還可運用其他材料，例如通風槽片、通風裝飾板條、有開孔的屋簷天花板、排水槽、屋脊通風等來構成通風層（圖3）。

◉ 圖1 外牆與屋頂的通風層

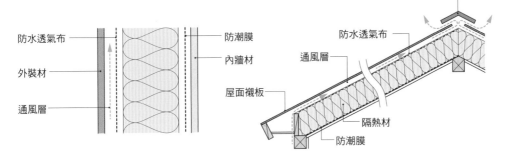

防水透氣布
外裝材
通風層

防潮膜
內牆材

屋脊通風建材

防水透氣布
通風層
屋面襯板
隔熱材
防潮膜

◉ 圖2 設置縱墊木與橫墊木來維持通風的做法

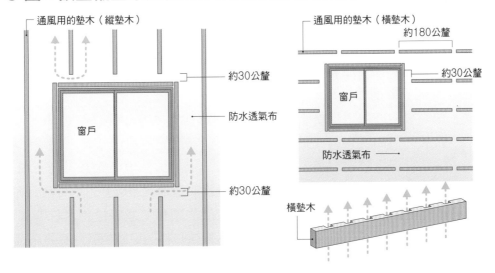

通風用的墊木（縱墊木）

約30公釐
防水透氣布
約30公釐

窗戶

通風用的墊木（橫墊木）
約180公釐
約30公釐
窗戶
防水透氣布
橫墊木

◉ 圖3 通風輔助建材的例子

空氣的出口（屋簷下的通風口）

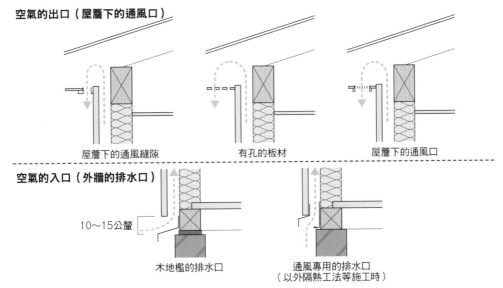

屋簷下的通風縫隙　　　　有孔的板材　　　　屋簷下的通風口

空氣的入口（外牆的排水口）

10～15公釐

木地檻的排水口

通風專用的排水口
（以外隔熱工法等施工時）

木造工程
防火性 • 耐火性

Point 目前還沒有研發出只需塗抹就可讓木材等材料變成不燃材料的塗料。

日本在二〇〇〇年實行的改正建築基準法中，為了防止人民因火災而受害，以抑制災情急速蔓延、確保避難路線的安全等事項為目標，重新修訂了有關建築物的耐火性能、防火性能、與使用材料等規定[9]。比起修訂前的規定，修訂後的規定在工法、材料的使用規格上都更加多樣化，設計的自由度也因此提升不少，未來可望藉此促進技術開發、活化市場。

至於檢驗性能的方法，則公開在相關的政令或告示中。

不燃材料 • 準不燃材料 • 難燃材料

當一般火災的現場溫度開始上升後，不燃材料必須在二十分鐘內[※2]、準不燃材料必須在十分鐘內[※3]、難燃材料必須在五分鐘內[※4]發揮以下作用：①不起火燃燒，②不產生有害於防火行動的變形、溶解、裂痕等損傷，③室內裝修材料不產生有害於逃生行動的煙霧或氣體。也就是說，各種防火材料都必須滿足上述的各種性能，唯一的差異只在於防火時間的長短而已。

在日本告示中，除了明確記載各種防火材料的性能規定外，也清楚顯示了可做為規格範例的材料名稱（表1、表2、表3）。

不燃塗料與耐火塗料

所謂的「不燃（準不燃、難燃）塗料」，是指當被塗物為不燃（準不燃、難燃）材時，塗上時並不會妨礙其不燃性能的塗料。並不是將木材等材料塗上不燃塗料後，被塗物就能具有不燃性能。

另外，雖然鋼架屬於不燃材料，但一旦遭受烈火高溫，也會產生變形、融化、龜裂或其他損傷，進而影響結構強度。為了避免發生這種情況，目前已開發出各種耐火被覆材，其中之一就是耐火塗料。多數的耐火塗料在受熱後會發泡形成隔熱層，具有暫時性的保護功能。在耐火塗料中，也有施塗在牆面表層、被認定是屋外耐火材料的塗料，其主要成分為高耐久性能的聚氨酯、氟等。

原注：
※2 請參考日本建築基準法施行令第一〇八條之二。
※3 請參考日本建築基準法施行令第一條第五號。
※4 請參考日本建築基準法施行令第一條第六號。
譯注：
9.台灣對於建築的防火規範，除了在「建築技術規則」建築設計施工篇第三章有通用性的規範之外，針對木構造建築的材料，在燃燒炭化層、耐火被覆材、填充材厚度等方面也有相關說明。另外，在「木構造建築物設計及施工技術規範」第九章「建築物之防火」中也有相關規定。

▶ 表1 不燃材料的規格範例

（二〇〇四年，日本國土交通省告示第一一七八號）

以建築基準法第二條第九號的規定為基礎，不燃材料的規定如以下所示		
右列記載的建築材料，須符合令第一〇八條之二中各號記載的內容	一	混凝土
	二	磚塊
	三	瓦
	四	陶瓷材質的瓷磚
	五	纖維強化水泥板
	六	厚3公釐以上的玻璃纖維水泥板
	七	厚5公釐以上的纖維強化矽酸鈣板
	八	鋼鐵
	九	鋁
	十	金屬板
	十一	玻璃
	十二	耐火泥
	十三	灰泥
	十四	石頭
	十五	厚12公釐以上的石膏板（板材用的原紙限用厚0.6公釐以下的產品）
	十六	岩棉
	十七	玻璃棉板

▶ 表2 準不燃材料的規格範例

（二〇〇〇年，日本建設省告示第一四〇一號）

以建築基準法施行令第一條第五號的規定為基礎，準不燃材料的規定如以下所示		
第一 右列記載的建築材料，在一般火災的現場溫度開始上升後的十分鐘內，須符合令第一〇八條之二中各號記載的內容	一	使用不燃材料時，在一般火災的現場溫度開始上升後的二十分鐘內，需符合令第一〇八條之二中各號記載內容的產品
	二	厚9公釐以上的石膏板（板材用的原紙限用厚0.6公釐以下的產品）
	三	厚15公釐以上的木絲水泥板
	四	厚9公釐以上的硬質木片水泥板（限用容積比重0.9以上的產品）
	五	厚30公釐以上的木片水泥板（限用容積比重0.5以上的產品）
	六	厚6公釐以上的木漿水泥板
第二 右列記載的建築材料，在一般火災現場的溫度開始上升後的十分鐘內，須符合令第一〇八條之二中第一號及第二號記載的內容	一	不燃材料
	二	應符合第一號、第二號以及第三號所規定的內容

▶ 表3 難燃材料的規格範例

（二〇〇〇年，日本建設省告示第一四〇二號）

以建築基準法施行令第一條第六號的規定為基礎，難燃材料的規定如以下所示		
第一 右列記載的建築材料，在一般火災現場的溫度開始上升後的五分鐘內，須符合令第一〇八條之二中各號記載的內容	一	使用準不燃材料時，在一般火災現場的溫度開始上升後的十分鐘內，須符合令第一〇八條之二中各號記載內容的產品
	二	難燃合板、且厚5.5公釐以上的產品
	三	厚7公釐以上的石膏板（板材用的原紙限用厚0.5公釐以下的產品）
第二 右列記載的建築材料，在一般火災現場的溫度開始上升後的五分鐘內，須符合令第一〇八條之二中第一號及第二號記載的內容	一	準不燃材料
	二	應符合第一號、第二號以及第三號所規定的內容

耐火被覆

Point 鋼架一旦暴露在烈火高溫中，會影響結構的強度。為了保護鋼架，應進行耐火被覆的施工。

鋼架雖然屬於不燃材料，但一旦遭受烈火高溫，也會產生變形、融化、龜裂或其他損傷，造成結構耐力阻礙。為了避免鋼架在火災時過度受熱，耐火被覆對鋼骨造建築而言，是項不可欠缺的工程（表1）。

耐火被覆的乾式工法

乾式工法是將矽酸鈣板（Calcium silicate board）、ALC板（高壓蒸氣養護輕質氣泡混凝土板）、PC板（預鑄混凝土板）等不燃材料直接覆蓋在鋼架上的工法。矽酸鈣板的主要原料是石灰與矽砂，不但輕質，而且耐火、隔熱、遮熱等性能與加工性都很優異。另外，ALC板也稱為輕質氣泡混凝土板；至於PC板，則是指在工廠就已經先預鑄製好的混凝土板。

耐火被覆的濕式工法

所謂的濕式工法，是預先在工廠將岩棉、耐火泥、石膏等原料進行混練、押出等加工程序，然後再將此混合材料噴覆在鋼架上的工法。石膏類耐火被覆材的主要原料是石膏，並混合蛭石（Vermiculite）、聚苯乙烯粒、與混合劑等材料，遮熱性能相當優良。此外，也可使用以氫氧化鋁、水泥、與混合劑製成的氫氧化鋁類材料。

耐火被覆的包覆工法

包覆工法是先將岩棉纖維與陶瓷纖維製成氈狀，然後使用固定銷、以螺柱釘植焊的方式將耐火氈固定在鋼架上的工法。採用這種工法，不僅不會產生材料飛散的情況，而且還能在搭建鋼架前就預先進行施工。

炭化層安全厚度的設計

當遭遇火災時，木材會從表面開始燃燒、形成炭化層。雖然炭化層並非耐火被覆材，但具有緩和燃燒速度的特性；因此，可利用這項特點，預先將木材的斷面尺寸進行加大設計，這也就是木材的炭化層安全厚度的設計。這個手法可說是善用了木材本身的特性，巧妙地以木材本身的炭化層來包覆木材，在耐火理論上，與耐火被覆材料有著異曲同工之妙。

▶ 表1 耐火被覆材的施工工法

工法	原料範例	特徵	適用部位
乾式（半濕式）噴覆工法	・岩棉	・施工時材料容易搬運。 ・輕質。 ・即使在結構複雜的場所也容易施工。	・一般部分。 ・複雜的接合部分。
濕式噴覆工法	・岩棉 ・耐火泥 ・石膏類 ・氫氧化鋁系列	・施工時材料容易搬運。 ・即使在結構複雜的場所也容易施工。 ・產生的粉塵量較少。 ・因採取噴覆的方式施工，所以品質（密度）穩定。 ・即使振動或承受風壓，也不會產生粉塵與損傷。 ・使用鏝刀即可施工，底襯材是直接施做於GL（地平線）上。	・外部周圍。 ・主要構造。 ・閣樓有設置回風管時。
乾式工法（鋪設成型防火板）	・纖維強化矽酸鈣板 ・石膏板 ・ALC板（高壓蒸氣養護輕質氣泡混凝土板）	・品質安定、且容易進行施工管理。 ・處理好底襯材後，便可完工。	・柱子與可見樑。
包覆工法	・高耐熱岩棉墊片 ・陶瓷纖維氈	・品質安定、且相當輕質。 ・具有柔軟性，即使在結構複雜的場所也容易施工。 ・幾乎不會產生粉塵。 ・可與其他施工作業同時進行。 ・可預先施做室內裝修等。 ・即使振動或承受風壓，也不會產生粉塵與損傷。 ・表面材可覆蓋不織布以達到防火效果。 ・具有吸音性。	・一般部分。 ・外部周圍。 ・複雜的接合部分。
複合工法	・PC板（預鑄混凝土板） ・ALC板	容易施工。	・外部周圍。 ・主要構造。 ・屏風、隔間等當做牆壁的周圍部分。

噴覆工法

乾式工法（矽酸鈣板）工法

包覆工法

木造耐火結構

Point 設計炭化層安全厚度時必須使用JAS認證的木材。

何謂耐火性能

耐火性能是指①「火源附近的內裝修材不會起火燃燒（耐燃）」、②「火源附近的內裝修材著火後火勢不會擴散（防止火勢蔓延）」、③「牆壁或地板具耐燃性能（防止著火、延燒）」、④「柱、樑不會因火勢而倒塌（防止燃燒倒塌）」四項性能。

木材的耐燃化

注入不易燃的藥劑等、經認證具有①與②性能的木材，也可以用於內裝材有所限制的建築內部。此外，內裝材的限制是以著火時「室內的火勢不會急速擴散蔓延、室內不會充滿濃煙或有毒氣體、不會有置身火焰而無法避難」為基準。

防火耐火結構

建築物追求的耐火性能是依照建築物的規模、用途、建築用地防火區的規定而定，共分成兩種。一種是具有③和④的性能、有時間（45～60分鐘）可以避難的「準耐火結構」；另一種是遇到大規模地震等時，即使無法做到全面滅火，從著火到滅火期間也不會發生倒塌情況的「耐火結構」。

木造耐火結構的做法與範例

木造耐火結構有耐火被覆材型、止燃型、鋼筋內藏型等種類。表1是其中一種做法的範例。

炭化層安全厚度設計

準耐火結構是一種利用木材燃燒時間長的性質，以大斷面木材來建造的工法，而這種工法採用的就是炭化層安全厚度設計（圖1）。換句話說，就是以耐火被覆木材包覆柱、樑。可以用於炭化層的木材有JAS結構用製材、JAS結構用集成材、JAS結構用單板層積材（LVL）、JAS結構用直交式集成板，未分級的製材則不可以使用（表2）。

▶ 表1 木造耐火結構的範例

	方式1（被覆型）	方式2（止燃型）	方式3（鋼筋內藏型）
概要	木結構支撐建材／耐火被覆材	木結構支撐材／止燃層（耐燃木材等）／炭化層（木材）	鋼筋／炭化層（木材）
結構	木造	木造	鋼筋造＋木造
特徵	以耐火被覆材包覆木結構部分，防止燃燒或炭化	燃燒時會先燃燒炭化層部分，燃燒到止燃層時便不再繼續燃燒	燃燒到炭化層時，因炭化層內有鋼筋，便不會繼續燃燒
優點	目前沒有限制可使用的樹種	看得到木材	看得到木材
缺點	看不到木材	製造方法複雜	目前可使用的樹種有限

▶ 表2 日本公告的炭化層尺寸

	集成材、LVL、CLT	製材
大規模木造建築物（建築基準法21條、建築基準法施工令第129條之2-3、一九八七年建告第1901、1902號）	25 mm	30 mm
準耐火結構（二〇〇〇年建告第1358號）	35 mm	45 mm
1小時準耐火結構（二〇〇〇年建告第1380號）	45 mm	60 mm

▶ 圖1 炭化層的設計

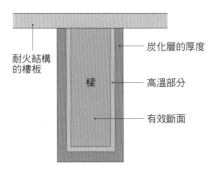

耐火結構的樓板／樑／炭化層的厚度／高溫部分／有效斷面

木造耐火結構的範例（照片來源：淺川敏）

木造工程

聲音環境（隔音・吸音）

Point 為了避免自家住宅內的聲音擾鄰，只要不將製造聲音的物件（如鋼琴等）放在與鄰戶相接的牆邊，就能有效降低音量。

就聲音而言，除了有透過空氣傳遞的空氣音，也有藉由地板或牆壁等固體來傳遞的固體音。而住宅的隔音對策也有兩個側面，不但要避免建築物內部的聲音透過地板或牆壁傳遞至其他房間或外部，還要杜絕外部的噪音侵入室內。

隔音與吸音

當聲音在傳遞過程中碰觸到固體時，部分的聲波會從固體反射回來，還有部分的聲波會被固體吸收、或因穿透固體而減弱。這些減弱的聲波，稱為聲音透過損失。

「隔音」便是利用反射或聲音透過損失的原理來阻斷聲音的傳遞；也因此，面密度（每單位面積的質量）愈大的材料，隔音效果就愈好。另一方面，「吸音」則是在聲波的傳播路徑上放置可以吸音的材料，藉此使聲波無法反射。例如，柔軟且多孔的材料便不容易反射聲波，具有吸收聲波、或使聲波穿透的性質。

所謂的隔音對策，就是採取隔音與

吸音處理來控制空氣音的傳遞，以及使用防振材（減少振動的傳遞）、振動控制材（降低振動的強度）等材料來控制固體音的傳導（表1）。另外，就隔絕空氣音來說，預防音漏這點也很重要，因此，使用隔音窗、隔音門等氣密性較高的隔間門窗，或是在換氣扇、通風孔等位置加裝消音器等設備（圖1），都可達到不錯的效果。

聲音的單位與隔音指標

用來衡量音源強度的單位，稱為分貝（dB）。由於人類耳朵的構造不同於其他能聽見頻率的生物，因此，便以相當於頻率1000赫茲（Hz）強度、可被人聽見的聲音為標準，制定了響度單位「唪」（phon）。至於表示隔音性能的單位，則有表示空氣音隔音性能的D值，以及表示地板衝擊音（為固體音的一種）隔音性能的L值（表2）。前者是數值愈大、隔音性能愈好；後者則是數值愈小、隔音性能愈好。

▶ 表1 隔音環境

種類		特徵
隔音	鉛板	聲音穿透損失大,所以隔音功能極佳。另外,因材質柔軟,所以也具有振動控制的性能。
	金屬板	是在氯乙烯中混合金屬粉,然後用不織布進行表面處理而製成的板材。質地柔軟、且施工性優良。
	瀝青材質的板材	不但能有效阻隔低音域的聲波,還具有振動控制的性能。
	玻璃纖維石膏板	兼具耐火性與耐衝擊性。
吸音	玻璃棉・岩棉	吸音率高,且隔熱性與防火性都相當優良。
	木絲水泥板	將沿著纖維方向切斷的木絲混合水泥加以成型、製成薄板。經常用於天花板,為準不燃材料。
	榻榻米	吸音率介於玻璃棉與木絲水泥板之間。
吸音 (開孔加工)	岩棉吸音板	主要原料為岩棉,加入膠合劑或混和劑使其膠合成型。同時具有隔熱性與防火性。
	吸音用軟質纖維板	將膠合劑或混和劑加入木質纖維中,然後在成型的纖維板上做開孔處理,使其具有吸音性能。
	吸音用開孔石膏板	在石膏板上做開孔處理,使其具有吸音性能。
	吸音用開孔鋁板	將玻璃纖維填充至成型的開孔鋁板中。
防振・振動 控制	防振墊/地毯	減少傳導振動。
	振動控制材	能迅速停止因冷氣、冰箱等振動所產生的共振現象。

▶ 表2 依照用途區分的D值與L值(日本建築學會的建議數值)

D值

建築物	房間用途	部位	學會建議 數值
公寓大廈	客廳或房間	與隔壁相鄰的地板 與隔壁相鄰的牆壁	D-50
獨棟住宅	希望保有隱私 權的房間	自宅內的隔間	D-40

學會建議數值:由(一般社團法人)日本建築學會所提供的理想數值,在一般狀態下,使用者以此建議數值為依據來規劃居家隔音對策,便能具備理想的隔音性能,幾乎不會造成他人的抱怨。

L值

建築物	房間用途	部位	學會建議 數值
公寓大廈	客廳或房間	與隔壁相鄰的地板	LL-45 LH-50
獨棟住宅	客廳或房間	自宅內的二樓樓板	LL-55 LH-60

LH值:重力撞擊地板的聲音,一般稱為重量衝擊源(孩子們跑跳的聲音等)。

LL值:輕微撞擊地板的聲音,一般稱為輕量衝擊源(餐具等堅硬、輕質的物品掉落時所發出的聲音等)。

▶ 圖1 住宅的隔音對策

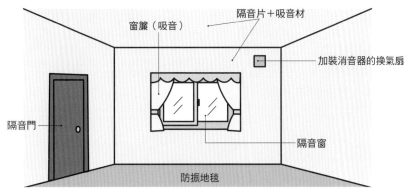

窗簾(吸音)
隔音片+吸音材
加裝消音器的換氣扇
隔音門
隔音窗
防振地毯

鋼材的種類

Point 鋼材隨著種類與斷面形狀的不同,性能與特性也會有顯著的差異。

使用於主結構的鋼材

H型鋼(H鋼)

H型鋼是用於柱與樑的部材,依照製造方法的不同分成許多種類(表1)。熱軋H型鋼是以熱軋成型的方式製成的鋼材;最近,除了內部尺寸標準化的熱軋H型鋼外,外部尺寸標準化、大小與種類多樣化的H型鋼也相當普及。另外,也有以I型鋼等焊接製成的焊接H型鋼(BH,也稱為輕量H型鋼)。

方型鋼(箱型鋼柱)

方型鋼主要做為柱材使用。在一般最常見的冷軋方型鋼中,包含了將SN鋼材(建築構造用壓延鋼材)冷軋成型、焊接製成的BCR鋼管,以及將SN鋼材冷壓成型、焊接製成的BCP鋼管等。另外,也有以鋼板製成各種尺寸的箱型組合斷面柱(Build box)(表3)。

次要構件用的鋼材

主要用於次要構件的鋼材,包含了冷軋成U字形的U型鋼、冷軋成L字形的L型鋼、將H型鋼切半的CT型鋼、以及四面都採用熱軋成型的I型鋼等(表2)。

其中,像鋼壁較薄(輕量鋼架)的C型鋼、或U字形的輕量槽鋼等鋼材,在單體使用的情況下,不能負荷過重的重量;不過,這些輕量鋼材只要經過組合建造,也能建造成輕量鋼骨造等結構。

不鏽鋼

不鏽鋼的主要基材是鐵,組成成分中含有10%以上的鉻(Cr)與鎳(Ni),是耐蝕性極強的鋼材。而且,和普通鋼材相比,具有延展性與降伏強度[10]都更為提升的結構特性。

樓板用的鋼承板

樓板用的鋼承板,主要分成組合樓板用鋼承板、開口型鋼承板、以及閉口型鋼承板等三種(圖1)。

譯注:
10.又稱降伏應力。是指材料超過彈性極限後,若再繼續施加荷重,到某一數值時應力會突然下降,此應力即為降伏強度。

▶ 表1 H型鋼的種類

名稱	熱軋H型鋼	焊接H型鋼（簡稱BH，也稱為輕量H型鋼）	外部尺寸標準化的H型鋼與傳統的H型鋼
斷面形狀	翼板 腹板 A B	翼板 焊接 腹板 A B	外部尺寸標準化的H型鋼 傳統的H型鋼（鋼樑的高度、寬度都有變化） 鋼樑的外部尺寸保持不變 內部尺寸保持不變 鋼樑的寬度尺寸保持不變 翼板厚度增加的話，鋼樑的外部尺寸就會變大。
表示範例	A＝300、B＝300 腹板＝10、翼板＝15時 H－300×300×10×15	A＝300、B＝300 腹板＝9、翼板＝16時 H－300×300×9×16	A＝400、B＝200 腹板＝9、翼板＝22時 H－400×200×9×22
尺寸A×B	寬翼緣系列：100×100～400×400 中翼緣系列：150×100～900×300 窄翼緣系列：100×50～600×200	雖然尺寸上並沒有特別限制，但會依材料的鋼板規格（厚度）與工廠的生產能力（規模等）而異。	400×200～1,000×400 依製造廠商不同，略有差異。

▶ 表2 主要的鋼型種類（H型鋼除外）

名稱	U型鋼（槽鋼）	L型鋼（等邊角鋼）	CT型鋼（熱軋T型鋼）	I型鋼（扁鋼）
斷面形狀	A B	A B	A B	A t
表示範例	A＝200、B＝70 腹板＝7、翼板＝10 ［－200×70×7×10	A＝65、B＝65 鋼厚＝6 L－65×65×6	－	鋼厚＝9、A＝300 FB－9
尺寸	75×40～380×100	等邊：20×20～350×350 不等邊：75×50～150×100 不等邊不等厚：200×90～ 600×50	熱軋H型鋼的一半尺寸。	t　3～40 A　9～400

▶ 表3 方型鋼的種類

名稱	冷軋成型的方型鋼（BCR）	冷壓成型的方型鋼（BCP）	四面焊接成型的方型鋼
斷面（製造過程）	焊接部位 冷軋成型＋電阻焊接	焊接部位 冷壓成型＋電弧焊接 焊接部位 冷壓成型＋電弧焊接	電熱熔渣焊接（電熔渣焊） 填角焊（潛弧焊接）
尺寸	□150×150×6 ～□550×550×22 尺寸的製造範圍因廠商不同而異。	□400×400×9 ～□1,000×1,000×40 尺寸的製造範圍因廠商不同而異。	屬於難以透過冷軋成型或冷壓成型等方法加工，鋼厚斷面較大的尺寸。

▶ 圖1 鋼承板的種類與樓板組合的工法

①組合樓板用鋼承板　　**②開口型鋼承板**　　**③閉口型鋼承板**

鋼承板的種類共有以上三種。第①、②種除了可以當做結構部材外，也能做為臨時工程的材料；而第③種則為臨時工程專用，不過，有時也能當做RC造施工時的永久性模板（permanent form）來使用。

出處：『鋼架施工技術指針・施工現場施工篇』（一般社團法人）日本建築學會

鋼骨造的搭建工程

Point 鋼骨造的搭建工程,能在短時間內謹慎地運用各種機器交互進行各項施工作業,工地現場因此顯得相當活躍。

搭建工程

進行搭建工程之前,先將由工廠預鑄的鋼骨部材搬運至工地現場,一邊進行基本組裝一邊確認組裝的精準度。接著,使用起重鉗、鉤環等器具支撐起部材並加以固定,再以起重機吊起鋼骨部材、進行搭建(圖1)。

施工時,每個接合部位都必須以規定支數的假螺栓進行鎖付、固定,同時確認組裝的平衡度。進行搭建工程時,為了避免受到外力影響,必要時可利用鋼索等工具來輔助,以確保施工的安全性。另外,還需設置救生索、水平或垂直安全網、以及撐桿(臨時設立的扶手欄杆)等設施,以此確保作業人員的安全。

調整建築物的垂直度

搭建工程完成後,須以經緯儀來確認建築物的水平與垂直角度,以自動水平儀來測量基準高度,藉此修正柱子歪斜或不平整的情況。修正時,可以用鬆緊螺旋扣或鋼索線等工具進行調節(圖2)。

螺栓接合

搭建工程時使用的假螺栓,在調整完建築物的垂直度後,得更換成以下三種指定螺栓。

①高強度螺栓

高強度螺栓可分成扭矩控制高強度螺栓、六角高強度螺栓、和熱浸鍍鋅高強度螺栓(圖3)。這三種螺栓都可利用鎖緊螺母扳手、電動扭力扳手、氣動衝擊扳手等專用工具來進行鎖付、固定。

②普通螺栓

普通螺栓可使用螺絲扳手、手動扳手等工具,以人力進行鎖付。雖然外觀與高強度螺栓差不多,但根據日本的建築基準法規定,只限用於規模為總面積3000平方公尺以下、簷高9公尺以下、跨度13公尺以下的建築物[11]。

③鉚釘

所謂的鉚釘接合,是指在單側以高溫加熱鉚釘頭部,然後使用鉚釘錘敲擊,使鉚釘接合至另一端頭部的方法,但這個方法近來已較少被採用。

譯注:
11.台灣的行政法規「建築鋼結構規章」中,規定普通螺栓適用於承壓型連接,其板間接觸面的剪力由螺栓承壓在板面上。

◐ 圖1 鋼骨造的搭建工程範例

建築施工時，先以起重裝置固定鋼架部材，然後再進行吊掛作業。為了確保作業員的安全，施工現場必須設置有「救生索」、「水平安全網」、「撐桿」等設施。

◐ 圖2 搭建工程・調整建物垂直度的主要機具

起重鉗
（照片：NIKKEN LEASE工業）

鉤環
（照片：大洋製器工業）

經緯儀
（照片：SOKINA）

自動水平儀
（照片：SOKINA）

鬆緊螺旋扣
（照片：KONDOTEC工業）

桿滑車（槓桿式起重滑車）

◐ 圖3 高強度螺栓的種類

螺栓種類	扭矩控制高強度螺栓	六角高強度螺栓	熱浸鍍鋅高強度螺栓
形狀・表面處理	在螺帽的底座表面做潤滑處理。	在螺帽的底座表面做潤滑處理。	表面先施以熱浸鍍鋅處理，之後螺帽面再做潤滑處理。

出處：『鋼架施工技術指針、施工現場「施工篇」最新版』（一般社團法人）日本建築學會

鋼骨造的焊接

Point 鋼骨造的焊接可分成在工廠焊接與在現場焊接。焊接時，應依照作業環境選擇焊接機器與檢查機器。

焊接的方法

焊接接合的方式，有能承受與母材相同之總應力的全滲透焊接，以及只承受剪斷應力為主的填角焊。至於焊接技法，主要有使用被覆著電弧焊條的被覆電弧焊接、與自動配送焊線的氣體保護半自動電弧銲兩種（圖1）。另外，焊接的施工在日本須由優秀的管理技術員[※5]來執行。

焊接部位的名稱

焊接部位主要是由收縮裕度、喉深、腳長等部位構成，此外還有以下所列的其他部位與部材（圖2）。

①開槽

開槽是指在母材的焊接面上加工後所形成的角度或面。開槽形狀則是依據母材的焊接條件、或母材厚度來決定。

②端板

焊接時容易產生不完全穿透、焊口接合不良等缺陷，為了避免這些缺陷產生，焊接的端部必須安裝端板。

③扇形孔

為了防止材質因焊接線交叉、或多重焊接的熱度造成材質劣化，所設置的扇形缺口，還具有讓焊道接合的功能（圖3）。

檢查

關於焊接部位的內部檢查，會進行超音波探傷檢查，也就是透過探頭所發出的超音波反射，來測量焊接部位的深度與位置。並且，對於主要被採用的全滲透焊接來說，為了避免焊接內部發生缺陷，需進行熱輸入量（kJ/mm）與層間溫度[12]的管理；熱輸入量會影響韌性，層間溫度則是影響強度（抗拉強度、降伏點）。其中，層間溫度必須在焊接下一道焊線前，以示溫蠟筆或表面溫度計來進行測量。

除此之外，在施工現場還會進行其他測試檢查，像是使用小型硬度測量器來測量鋼材的硬度等（圖4）。

原注：
※5一般而言，經（一般社團法人）日本焊接學會認證的焊接技術員等級，可分成特別級、一級與二級。
譯注：
12.是指進行多層或多道焊接時，在前一次焊接與下一次焊接之間，相鄰焊道應保持的溫度。

◉ 圖1 使用於焊接的工具

「被覆電弧焊接」所使用的電焊握把（手握式）與焊條。

「氣體保護半自動電弧銲」所使用的焊炬（火炬）。

◉ 圖2 焊接的各部位名稱

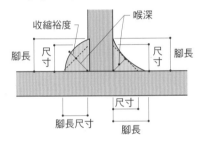

收縮裕度 喉深 尺寸 腳長 腳長 尺寸 腳長尺寸 腳長

◉ 圖3 扇形孔

傳統的扇形孔

應力集中
樑上翼板
樑
柱翼板

改良的扇形孔

應力分散
電熱熔渣焊接　樑上翼板
r2　r1

r 1=35公釐程度
r 2=10公釐程度

◉ 圖4 用於檢查的機器種類

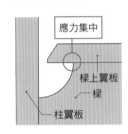

用於超音波探傷檢驗的設備本體。檢查結果會以圖表形式呈現於畫面上。

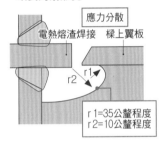

示溫蠟筆。塗於加熱後的鋼材上，並根據其溶解程度來判斷或測量溫度的高低。
（照片：naigai Corporation）

測量鋼架表面溫度的溫度計。機器連接著感應器以進行測量。
（照片：安立計器）

用於現場測量、便於攜帶的小型硬度測量器。這個測量器是確認焊接熱影響區或鋼材強度的必備用品。
（照片：Shinmei General）

鋼筋・模板工程
鋼筋（鋼筋混凝土用的棒鋼）

Point 配置承受張力的鋼筋時，必須選用合適的鋼筋種類，並配置在適當的位置上。

鋼筋種類與鋼料出廠證書

鋼筋大致上可區分成圓鋼筋與竹節鋼筋（圖2）。竹節鋼筋因為表面凹凸不平，所以比起圓鋼筋，對混凝土的附著力更高，抗拉拔力也較強。

鋼筋名稱根據不同的製造方法而異。高爐鋼筋是由高爐煉製的鋼材，只限用於核能發電廠或高樓大廈等建築物。而電爐鋼筋則是由電爐煉製而成，主要用於一般建築物。

為了證明鋼鐵品質，煉鋼廠必須提出鋼材檢查證明書，在日本稱為鋼料出廠證書。證書上會記錄鋼筋的種類、名稱、直徑、化學成分、數量、拉伸與彎曲試驗結果、製造廠商等項目，監工人員必須仔細核對這些項目是否正確。

鋼筋依使用部位來決定名稱

主筋是配置在鋼筋混凝土構造的柱與樑內，主要功能是承受張力。鋼筋混凝土構造中的圍束箍筋是防止柱遭到剪力破壞的柱輔助筋，採用與柱主筋形成直角的配筋方式。至於閉合箍筋，則是用來防止樑遭到剪力破壞的樑輔助筋，同樣是採用與樑主筋形成直角的配筋方式（圖1）。

施工的注意事項

模板與鋼筋之間的距離稱為覆蓋厚度。覆蓋厚度要是過小，建築物的耐久性就會降低，所以在澆置混凝土時，為了避免覆蓋厚度產生變化，會以間隔器或鋼筋支架等來固定鋼筋（右照片）。

接續鋼筋使其延長的方式有瓦斯壓接（又稱氣壓焊接）和疊接（又稱對接）兩種。瓦斯壓接是以瓦斯加熱鋼筋後再加以施壓，使兩條鋼筋緊密銜接（圖3）。而疊接則是在鋼筋兩端截取一定的對接長度，然後將兩條鋼筋的對接部分重疊銜接。一般來說，鋼筋直徑若大於19公釐以上，最好選用瓦斯壓接的方式來銜接，若鋼筋直徑未達19公釐，則較適用於疊接的方式。另外，近年來還有對接焊接與機械式續接等方式（圖4）。

◗ 圖1 鋼筋的名稱依使用部位而異

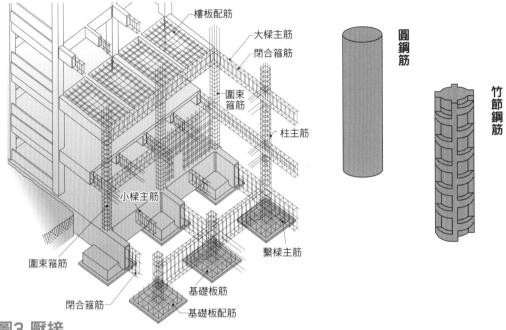

- 樓板配筋
- 大樑主筋
- 閉合箍筋
- 圍束箍筋
- 柱主筋
- 小樑主筋
- 繫樑主筋
- 圍束箍筋
- 閉合箍筋
- 基礎板筋
- 基礎板配筋

◗ 圖2 圓鋼筋與竹節鋼筋

圓鋼筋

竹節鋼筋

◗ 圖3 壓接

焊接部分（放大）

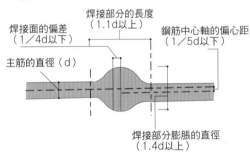

- 焊接面的偏差（1／4d以下）
- 焊接部分的長度（1.1d以上）
- 鋼筋中心軸的偏心距（1／5d以下）
- 主筋的直徑（d）
- 焊接部分膨脹的直徑（1.4d以上）

焊接點之間的注意事項

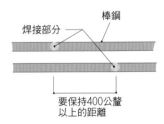

- 焊接部分
- 棒鋼
- 要保持400公釐以上的距離

◗ 圖4 焊接種類

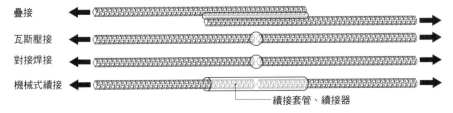

- 疊接
- 瓦斯壓接
- 對接焊接
- 機械式續接
- 續接套管、續接器

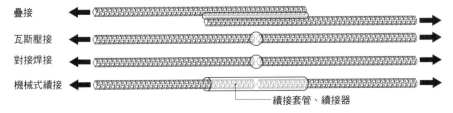

模板

Point 模板工程必須依照施工圖進行，施工時必須確保精準度。

模板的種類與功能

在模板工程中，與混凝土直接接觸的板類稱為襯板[6]。襯板可分成合板（混凝土板材）、金屬或塑膠板材、以及纖維板等。將襯板固定在預設位置的臨時結構物，稱為支保（支撐構件）。至於將襯板與支保結合並鎖緊的緊固五金件，則有模板隔件、模板緊結器等構件（圖1、圖2）。模板是混凝土的鑄型板，主要用來決定結構物的形狀與尺寸。另外，模板也是一種臨時結構物，等到初步確認混凝土已達到必要強度後，便可拆除。

模板的設計與施工

由於自模板縫隙流出的泥漿會減損混凝土的強度，所以施工時必須仔細確認每一處細節。而且，若是支柱倒塌了也可會造成人員傷亡，所以對施工安全要盡可能地注意。關於模板的設計與組裝，可以參考《模板的設計與施工指針》（〔一般社團法人〕日本建築學會會刊）裡所記載的內容。

在設計模板工程的承受重量時，除了須考慮進行混凝土澆置作業時鋼筋、混凝土、模板本身等重量外，也要考慮澆置器具、施工架（鷹架）、作業人員、以及其他材料等施工時必須承受的重量。另外，可能會遇到的衝擊重量、地震與風壓等重量，也要一併列入考量。

施工步驟與注意事項

使用木製模板時，不同部位的組裝步驟分別如下所示：
① 柱子是先組裝鋼筋，然後再組裝模板。
② 樓板與樑是先組裝模板，然後再組裝鋼筋。
③ 牆壁是先組裝單側的模板，然後再組裝鋼筋，最後才組裝另一側的模板。

在柱模板的下方要設置清潔孔，並在澆置混凝土前先將模板內部清掃乾淨。模板支柱必須筆直地朝上，並且，應盡可能將上下樓層的支柱安排在同一個位置上。

原注：
※6 在工地現場通常都把「襯板」稱為「模板」。

圖1 模板的構成部材

模板隔件：維持柱子、樑側、牆壁模板等兩邊模板的間隔距離，防止模板因側壓而變形。

樑模板的外背撐材（Batten）：設置於樑側模板上，防止內背撐材受到破壞或變形。

樓板模板的貫材：支撐樓板模板，與格柵垂直交叉配置。

樓板模板的襯板：樓板模板的構件之一，直接接觸混凝土，防止混凝土流出。

樓板模板的格柵：支撐樓板模板的襯板。

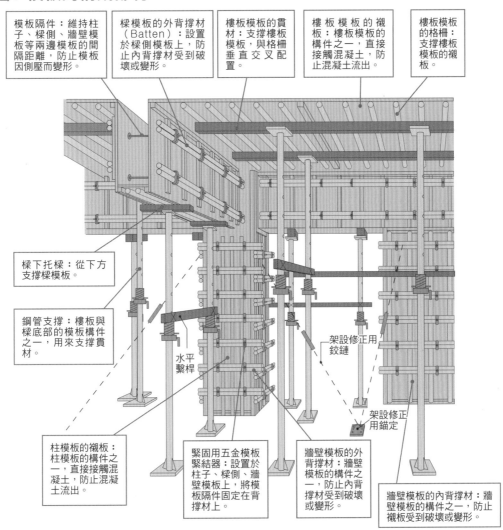

樑下托樑：從下方支撐樑模板。

鋼管支撐：樓板與樑底部的模板構件之一，用來支撐貫材。

水平繫桿

架設修正用鉸鏈

架設修正用錨定

柱模板的襯板：柱模板的構件之一，直接接觸混凝土，防止混凝土流出。

緊固用五金模板緊結器：設置於柱子、樑側、牆壁模板上，將模板隔件固定在背撐材上。

牆壁模板的外背撐材：牆壁模板的構件之一，防止內背撐材受到破壞或變形。

牆壁模板的內背撐材：牆壁模板的構件之一，防止襯板受到破壞或變形。

出處：『模板的設計與施工指針』（一般社團法人）日本建築學會

圖2 模板隔件與模板緊結器

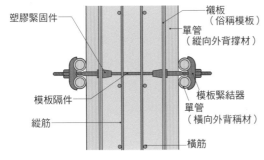

塑膠緊固件

襯板（俗稱模板）

單管（縱向外背撐材）

模板隔件

模板緊結器

縱筋

單管（橫向外背稱材）

橫筋

塑膠緊固件、模板隔件、模板等構件完成施工時的狀態。之後，會架設單管（橫向外背撐材），然後以模板緊結器來鎖緊、固定。

混凝土的種類

Point 混凝土是由水泥、水、骨材、混合劑等混合而成的材料，依照調配比例的不同，可分成許多種類。

依重量分類

混凝土可依照重量分成普通混凝土與輕質混凝土（一種、二種）。

普通混凝土是由礫石、碎石、高爐的爐渣碎石等混合製成，強度可依照結構設計的需求來製定。以一般的設計基準強度來說，直接澆置在地盤上的整平層混凝土、及做為地面的表面層混凝土強度是18N/mm²，而做為牆壁、樓板等軀體結構的混凝土強度則為21 N/mm²。

輕質混凝土的比重雖然比人工輕質骨材還輕，但強度卻與普通混凝土大同小異，而且彎曲應力較大、不易變形。因此，在必須輕質化的部位改用爐渣混凝土來建造，或將輕質混凝土使用於建築高度較高的部位（例如煙囪等），可有效達到輕質化的效果。

依不同的施工環境分類

寒冷天候混凝土適用於平均氣溫4℃以下時。為了使澆置後的混凝土在養護期[13]中延遲凝固，需調低單位水量和水灰比（水與水泥的比例）；並且，為了促進適量的氣泡生成，一般會使用AE劑、或AE減水劑。

至於炎熱天候混凝土，則適用於平滑化後每日平均標準值（日別平滑平年值）超過25℃的期間（在日本東京都內大約為七月十四日～九月六日間）。為了應付水泥急速的水合反應（物質與水結合的過程）、水分蒸發等現象，必須降低骨材和水的溫度，藉此將混凝土的溫度控制在35℃以下。另外，也可併用延遲型AE減水劑、或是高性能的延遲型AE減水劑等混合劑（表1）。

其他的特殊混凝土

巨積混凝土主要用在部材斷面只比最小尺寸稍大、且會隨著水泥的水合熱（在物質與水結合過程中產生的熱能）而溫度上升並因此產生龜裂的部分。另外，還有設置在水中或安定液中的鋼筋混凝土基樁、以及使用於地牆等處的水中混凝土等特殊種類。

譯注：
13.靜置混凝土待其自然硬化的期間，稱為養護期。

▶ 表1 主要混合劑的特徵

名稱	類型	特徵
AE劑	一	具有輸氣作用的混合劑。可輸送較多的微細氣泡至混凝土中。輸送的氣泡具有類似軸承的作用，不但能增加可使用性，同時還能減少單位水量，而且耐寒性也能獲得有效改善。
AE減水劑 減水劑	標準型 延遲型 促進型	合併水泥分散作用與輸氣作用的混合劑。具有提升可使用性、減少單位水量、減少單位水泥量等效果。延遲型具有延遲凝固的效果，適用於夏季。至於促進型，由於促進初期強度的效果比促進凝固的效果佳，所以適用於低溫時促進初期強度、縮短可拆模時間等。
高性能AE 減水劑	標準型 延遲型	具有高減水性能與坍度保持性能的混合劑。即使大量使用也不用擔心過度分散水泥粒子、延遲凝固、輸送過剩空氣、強度下降等不良影響，而且還能有效改善耐寒性。最好在均勻混合過水泥漿後才添加，如此一來分散、減水效果會比較好。適用於高流動化混凝土、或想調節骨材的單位水量時，因為有些骨材為了達到相同的坍度，會使用水量較多的骨材（海砂或碎砂）。
流動化劑	標準型 延遲型	成分與一般的減水劑不同，適量使用的話不會造成延遲凝固、硬化不良、輸送過剩空氣等不良影響。最好在各材料都加入之後才添加，效果會更佳。但由於添加量與坍度增加量成正比，一旦添加過多，會造成坍度過大。雖然根據JASS（日本建築學會）的認證，流動化混凝土的坍度可以達到21公分，但對於流動化前的混凝土調配方式，仍須特別注意。
延遲劑	一	適用於防止炎熱天候混凝土發生冷縫現象（在炎夏或吹風時，因高溫及水分消失太快所產生的現象）、以及必須連續施工的部位。
促進劑	一	適用於促進初期強度、縮短可拆模時間、以及防止寒冷時的初期寒害。其中，氯化鈣類的產品況恐將導致鋼筋生鏽、或長期強度的下降。
急結劑	一	可明顯縮短凝固的時間，促進強度。適用於止水、補修等。

備注：減水效果是與無筋混凝土（純混凝土）比較的結果。

▶ 圖1 依氣溫分類的混凝土種類

依照氣象條件區分（平均氣溫）

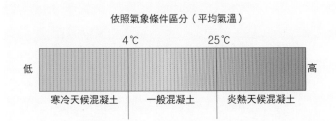

詳情請參閱『寒冷天候混凝土施工指針・解說』或『炎熱天候混凝土施工指針・解說』（日本建築學會）

混凝土的施工

Point 關於混凝土的澆置，從事前的準備到澆置時的施工步驟，都必須確實地擬定計畫。

澆置計畫

為了順利完成混凝土的澆置作業，事先擬定的澆置計畫是相當重要的關鍵（圖1）。尤其是露面混凝土，因為澆置順序與完工品質息息相關，所以一定得先充分評估、規劃才行。

澆置前的確認事項

澆置前，應確認工地現場的模板或配筋是否全備、鋼筋的覆蓋厚度是否充足、以及CD管（埋入型合成樹脂可撓電線導管）有無障礙。在施工前，還得充分灑水、將模板浸濕。此外，因為進行澆置作業時模板會承受極大的側壓力，所以模板必須以管支架鎖緊、以鉸鏈拉引固定，藉此充分補強模板，避免其因受壓而移位（圖2、3）。在澆置過程中，為了確認是否形成歪斜、並及時修正，可以在重要的位置上吊掛鉛錘來隨時確認。

澆置時的確認事項

澆置時，要仔細確認混凝土的落下高度、澆灌速度、接合部、澆置分區等事項，避免發生冷縫現象。並且，也要注意別讓混凝土附著澆置區域以外的鋼筋或模板上。

混凝土應確實填充至各個角落、並加以搗固，為了避免填充不完全，或產生蜂窩狀孔洞、龜裂等現象，應以混凝土振動器或鎚子充分搗固，讓混凝土分布得更加平均、緊實（圖4）。不過，若過度使用混凝土振動器，也會導致混凝土與骨材分離，所以在同一個位置上只需使用10～15秒即可。另外，澆置時應適時對支保的支撐、及模板內部的混凝土狀況進行點檢、調整。

澆置後的作業

澆置完成後，需以自動水平儀等機器確認混凝土面的高度與斜度是否恰當。然後，一邊測量平面的水平基準，一邊以鏝板或鏝刀等工具抹平表面（圖4）。完成之後，為了避免混凝土急速乾燥而產生裂痕，得從澆置當日起持續在混凝土表面灑水以維持水分。由於混凝土養護期的長短依照氣溫狀況而各有不同，所以得先確認混凝土的強度是否已符合要求後才能拆除模板。

◉ 圖1 澆置計畫書

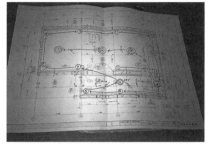

澆置計畫書內必須彙整澆置順序、所需時間、澆置量（預拌混凝土車的台數）、人員配置、與職務區分等項目。

◉ 圖2 以鉸鏈來固定柱模板

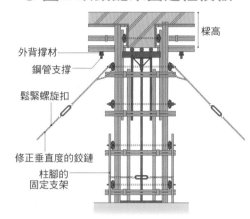

梁高

外背撐材
鋼管支撐
鬆緊螺旋扣
修正垂直度的鉸鏈
柱腳的固定支架

◉ 圖3 模板的設置

單管

模板是由單側（上圖）開始組裝。模板的下方（基座）與鄰近（模板）的墊板之間，要以釘子固定（左圖）。

將單管夾在墊板與模板緊結器之間（上圖），以模板緊結器來固定。襯板的接縫要貼上橡膠膠帶，以避免泥漿（耐火泥）流出（左圖）。

◉ 圖4 混凝土的澆置作業

高周波混凝土振動器

澆置混凝土時，應使用混凝土振動器將混凝土確實填充至各個角落、並充分搗固（左圖）。然後，一邊確認平面的水平基準，一邊以鏝板或鏝刀抹平表面（上圖）。

混凝土的品質管理

Point 品質管理是決定混凝土性能好壞的關鍵，因此要按步就班、依照檢查表來進行。

品質管理的重要性

對混凝土工程來說，如果施工過程中疏於品質管理，就容易產生冷縫現象、蜂窩狀孔洞、龜裂等問題。這些問題不但會影響外觀，甚至對結構（強度）與耐久性（混凝土的中性化）等也會造成重大影響。

坍度試驗

坍度試驗所測試的是未凝混凝土（預拌混凝土）的柔軟度。一般而言，坍度值如果過小，施工性就會降低；而坍度值如果過大，則會導致混凝土強度低落、骨材分離、乾燥時收縮過度、與品質穩定性低落。所以，JASS5中規定了標準的坍度值與公差值[14]（圖1①、表1）。

混凝土的成分

①空氣量

混凝土裡含有空氣，而空氣在整體混凝土中所占有的體積比便稱為空氣量。一般來說，隨著空氣量的增加，施工性會跟著提升；但空氣量要是過大，混凝土的強度就會減弱。因此，空氣量大多維持在4.5％左右（圖1②、表1）。

②混凝土溫度

一般來說，澆置時混凝土溫度最好控制在5℃～35℃左右。因為溫度會影響混凝土的硬化速度，所以夏季與冬季都得特別注意（圖1③）。

③氯化物含量

氯化物含量是指混凝土中氯化物離子的總含量。由於氯化物過多容易讓鋼筋鏽蝕，所以對骨材中氯化物離子含量的管控，更是特別重要（圖1③、表1）。

壓縮強度

用預拌混凝土來製作樣品，通常需要經過二十八天的冷卻（養護期）後，才能進行壓縮強度試驗（圖1④、表1）。多階段取樣時，每組樣品各取三份，分別用來確認養護七天時的強度、以及用來確認是否已達可拆除模板的強度，兩組共計六份樣品；有些廠商甚至還會取樣到三組（共計九份）樣品。

譯注：
14.依中華民國國家標準（CNS）規定，一般混凝土坍度多為15±3.8公分。在CNS 3090 A2042中也特別提到，當預拌混凝土的指定坍度大於101公釐時，許可差為±3.8公分。

◉ 圖1 混凝土的各種試驗

①坍度試驗

坍度試驗是用來確認預拌混凝土的施工性。先將預拌混凝土裝入直立的坍度錐中後再拆除坍度錐，然後觀察混凝土會從坍度錐頂端約30公分的高度坍塌到幾公分處為止，藉此測量柔軟度（坍度）。坍塌（坍度）愈大的一方，柔軟度愈高，一般施工的坍度範圍約在15～18公分左右。

②空氣量試驗

空氣量試驗是用來確認預拌混凝土中所含的空氣量。將混凝土裝進圓筒形的容器中密閉、加壓，然後從壓力的減少量來測量預拌混凝土中的空氣量。空氣量的數值以%表示，普通混凝土的規定是4.5±1.5%（JIS A 5308）。

③鹽分濃度與溫度測量

鹽分過多的混凝土容易形成鋼筋鏽蝕的環境。通常鹽分量都規定在0.3kg／m3以下（JIS A 5308）。另外，因為溫度會影響硬化速度，所以夏季與冬季時要特別檢查與留意。

④樣品（壓縮強度試驗）

所謂的樣品，是指為了進行混凝土的強度試驗等測試所採取的試料。由於樣品製作後必須經過四週才能達到基準強度，所以試驗會在四週後進行。

◉ 表1 預拌混凝土檢查中的各種判定值

檢查項目	檢查時機・次數	試驗方法	實施人員・監督人員	合格判定值		
坍度	採用壓縮強度試驗用的樣品時	JIS A 1101	實施：預拌混凝土公司 監督：施工的負責人員	指定坍度（公分）	公差（公分）	
				未達8	±1.5	
				8～18	±2.5	
				超過18	±1.5	
空氣量	採用結構體混凝土強度檢查用的樣品時	JIS A 1128	實施：施工的管理人員 監督：監督施工的人員	空氣量		
				區分	公差（%）	
				普通混凝土	±1.0	
氯化物含有量（氯離子含量）	1次／1天※7	JASS 5T-502（使用認證的測定器）	實施：施工的管理人員 監督：監督施工的人員	有防鏽對策時：0.30kg/K以下 無防鏽對策時：0.60kg/K以下		
壓縮強度	在每個實施澆置作業的工區※8 與每個實施澆置作業的階段，都要取樣試驗一次，且一次／約150K（三份／每階段的取樣數量）	JIS A 1108 標準養護期間為28天	實施：預拌混凝土公司 監督：施工的管理人員	應符合下列(1)與(2)中的事項 (1)第一階段的試驗結果，須有超過85%以上的指定標稱強度。 (2)三個階段的試驗平均值，須有標稱強度以上。		

原注：
※7 測試時，要從同樣的試料中採取三份樣品，然後各做一次測試，最後以其平均值來判定。
※8 每個階段的試驗須取樣三份，可從任一台搬運車上抽樣檢查。

石造建築・強化磚造建築

Point 即使是以堆砌建材的結構形式所建造的石造建築，只要加以強化，也能成為安定的結構。

石造建築

所謂石造建築，是指以堆砌石材的方式來建造牆壁，藉此支撐上方結構體的結構形式，又稱為「石造結構」或「磚石造」。不過，如果只是堆砌磚塊、混凝土磚（CB造）的話，受到水平外力的衝擊就可能發生倒塌的危險，因此，近幾年來，建造工法已略有改變，改用多孔磚，在孔洞處插入鋼筋並灌入泥漿或混凝土等做法，就是為因應結構強化的策略。

再者，日本建築基準法中，除了對石造建築物的牆壁長度與厚度進行規範之外，也有規定須設置垛牆（與石造建築的壁面形成直角的牆壁）或臥樑（設置在各樓層頂部的鋼筋混凝土造水平建材）等構造之義務，另外，開口部的大小與形態限制等也有相關規範。近年也有不需要臥樑的配筋砌體（RM造）等工法。

還有，在日本一般石造（強化CB造）的建築物，是以高度在13公尺以下、屋簷高度在9公尺以下的建築物為主。如果建築物的規格超過上述範圍，便必須遵循日本國土交通省所規定的構造方法，使用鋼筋、鋼架、或鋼筋混凝土來加強結構，這項要求也是日本的建築基準法中明確記載的規範（圖2）。

石造建築的施工

石造建築施工時，必須注意以下的重點。

使用在石造建築的磚塊、石塊、混凝土磚等建材，若有髒污附著會使強度降低，所以施工前必須用清水充分洗淨。然後，砂漿具有接著的功能，為了確保砂漿的品質與強度適中，水泥、砂、礫石的容積比須維持在1：2.5：3.5左右，填充部位的坍度值則維持在20～23公分、楣樑部位在15～20公分。

此外，石造建材的縱向接縫呈現為貫通直線的直縫砌合（圖3下），由於耐震性較弱，因此原則上這種堆砌方法如今已被禁止使用。

◐ 圖1 磚造建築使用的混凝土磚形狀的範例（JIS A 5406）

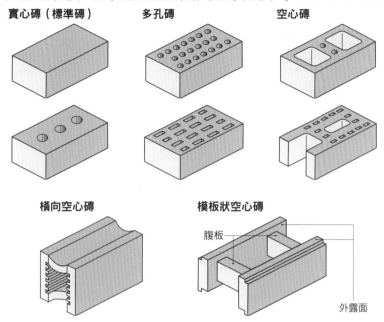

實心磚（標準磚）　　　**多孔磚**　　　**空心磚**

橫向空心磚　　　**模板狀空心磚**

腹板

外露面

◐ 圖2 強化磚造（CB造）的概念

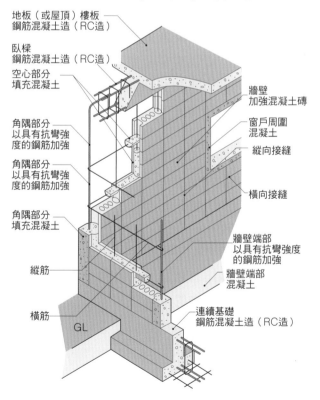

地板（或屋頂）樓板
鋼筋混凝土造（RC造）

臥樑
鋼筋混凝土造（RC造）

空心部分
填充混凝土

角隅部分
以具有抗彎強
度的鋼筋加強

角隅部分
以具有抗彎強
度的鋼筋加強

角隅部分
填充混凝土

縱筋

橫筋

GL

牆壁
加強混凝土磚

窗戶周圍
混凝土

縱向接縫

橫向接縫

牆壁端部
以具有抗彎強度
的鋼筋加強

牆壁端部
混凝土

連續基礎
鋼筋混凝土造（RC造）

出處：『建築構造圖解』彰國社

◐ 圖3 錯縫砌合與直縫砌合

錯縫砌合（交丁）

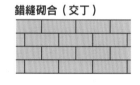

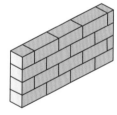

直縫砌合（對縫）

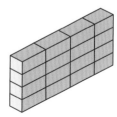

耐震‧隔震‧減震

Point 可對抗、承受地震衝擊的功能稱為「耐震」；可阻擋地震搖晃力道的功能稱為「隔震」；可吸收、緩衝地震力的功能稱為「減震」。

耐震構造‧隔震構造

耐震構造是指，使建築物具有可對抗地震力的剛性、並增強其黏性的構造方法。建築構造的建造，是以具備基本耐震措施為前提。

至於隔震構造（日文為「免震」），則是指讓建築物避免受到地震波中具破壞性的加速度影響的構造方法。根據二〇〇〇年日本的建築基準法的修訂內容，只要依照隔震告示（免震告示）[※9]來規劃結構計算書，便可申請認證，因此目前新增了許多採用隔震工法來建造獨棟住宅的事例。

隔震措施的基本概念，就是在建築物與地面之間設置隔震裝置，直接隔絕建築物與地面的連繫（圖1）。並且，因為地震時搖晃的建地會與建築物本體產生位移落差，所以不僅設備管路的接合處要使用撓性管，還必須於建築物的配置計畫中設計位移處的餘隙處理（圖3）。

雖然有些隔震裝置只有在達到震度5弱以上的搖晃程度時才會發揮效果，但是在遭遇大地震時，由於隔震裝置可緩衝地震的加速度搖動，所以能減少建築物的損傷、防止家具傾倒等，大大發揮其保護建築物與人們生命安全的效果。只不過，隔震裝置的導入費用相當地高。

減震構造

減震工法（日文為「制震」）是指，在建築物中透過設置減震裝置來抑制、吸收地震等能源衝擊的構造方法。減震裝置與隔震裝置不同，許多產品都可以在成屋後再加裝，費用也比較便宜（圖2）。

另外，因為減震構造也能有效緩衝微震或地震以外的其他振動，所以為了避免承重牆的載重受力因建築物受到振動而失衡，在設計設置計畫時必須特別注意載重偏心的問題。不過，目前日本的建築基準法中，關於減震構造的基準尚未定出規範，所以在日本當建築物依照減震工法來設計時，有時必須取得官方單位的認證。

原注：
※9二〇〇〇年日本建設省告示第二〇〇九號。

▶ 圖1 隔震構造與其結構

是一種在建築物的底部設置隔震墊與阻尼器[15]來拉長建築物的振動周期，以降低地震力衝擊的工法。

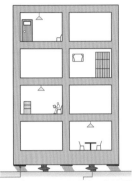

隔震墊（隔震器）
- 積層橡膠
- 滑動軸承
- 滾動軸承

阻尼器（吸收地震能源的部材）
- 鉛阻尼器
- 鋼板阻尼器
- 油壓阻尼器

| 將地面與建築物隔離，拉長建築物的振動周期。 | 可以吸收地震能源，抑制建築物變形。 |

出處：「建築材料用教材」（一般社團法人）日本建築學會

▶ 圖2 減震構造與其結構

是一種在建築物的各層設置阻尼器來吸收能源，以降低主結構反彈與損傷的工法。

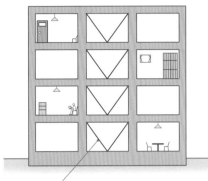

減震阻尼器（吸收地震能源的部材）
- 鋼板阻尼器
- 黏滯性阻尼器
- 油壓阻尼器
- 黏彈性阻尼器
- 摩擦阻尼器

| 可以吸收地震能源，抑制建築物變形。 |

出處：「建築材料用教材」（一般社團法人）日本建築學會

▶ 圖3 設計隔震構造時的重點

像玄關前廊、開放式陽台等地方，在上方的鐵架與下方的底板之間，可設置隔震裝置，將兩者隔離分開。

在配置計畫中，為了防止人被夾在建築物的位移量（≒300公釐）中，必須要加上餘隙（≒300公釐）的設計。

接合地面上下的設備管路時，採用撓性管。

冷氣室外機、熱水加熱器等設備可使用安裝架來安裝。

譯注：

15. 阻尼是作用於運動物體上，使其自由振動幅度衰減的一種阻力，而且阻力通常與運動速度成正比。阻尼器是使堅硬建築物產生塑性的工具，可增加阻尼比，吸收能量並且減少與地震力直接的接觸與衝擊。

column
搭建工程

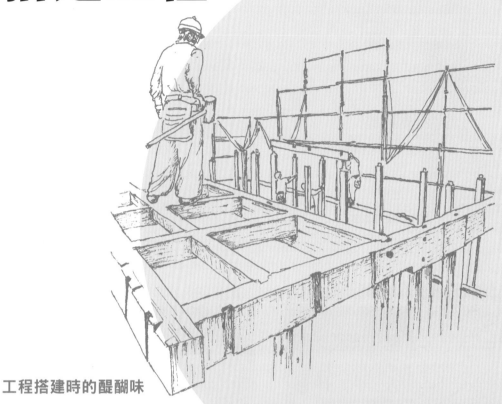

工程搭建時的醍醐味

　　搭建工程只需一天的時間，就能建構出建築物的基本骨架。這樣的搭建光景即使看過不下百次，每一次都還是感動萬分。看到那麼多人賣力地共同完成一件了不起的工程，身為旁觀者的我，內心總跟著雀躍不已，甚至有股衝動想暫時放下職務、加入他們的行列。不過，實際上，工地現場不只可能發生掉落事故，還有許多潛在的危險因素，因此務必得小心謹慎地留意自身與他人的安全，這點非常重要。

　　搭建工程一般從早上開始作業，到了日落時分，建築骨架便大致成型、構成了縱橫交錯的線條，洋溢著設計感，加上以黃昏的天空為陪襯背景，宛如一幅鮮明的美麗圖畫浮現眼前。

　　接下來，當屋頂架設完成後，便無法再從內部看見天空，建築物四周也會依序開始架立牆面，慢慢形塑起箱形物般的整體外觀，從而漸漸地變成「普通」的建築物了。

　　其實，建材如線條般逐一浮現、進而縱橫交錯的光景，真可說是建築物在整個搭建過程中最賞心悅目的美麗時刻，能使人體會到莫大的愉悅。而就設計者在工作中享受到的醍醐味來說，要比搭建過程中的「美景」更勝一籌的，應該是建築物完工後、以自己作品之姿展現於世人面前時的成就感吧。

3

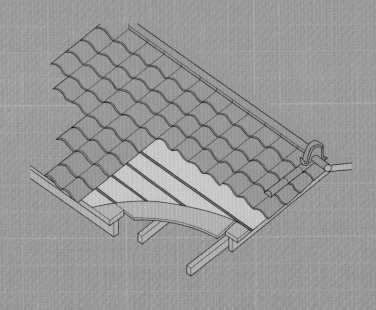

屋頂・窗戶・
外壁板工程

屋頂

Point 屋頂的性能，取決於屋頂形狀、屋頂面材與工法、及屋頂斜度的相互搭配。

屋頂的性能

屋頂應具備的性能，除了與雨水相關的防水性外，還要有可維持屋頂的形狀與機能的耐風、耐震、耐衝擊、耐氣候等性能。此外，與建築物內部居住舒適度相關的隔熱性與隔音性、隨著都市化而必須注意的防火性、以及屋頂綠化時需具備的性能等，也都是目前值得探討的新課題。

在眾多屋頂性能中，最重要的還是防水性，雖然這點和屋頂面材與工法、大小、厚度、防水性、底襯材等要素有關，不過，最後的性能表現還是取決於屋頂形狀、屋頂面材與工法、及屋頂斜度等的相互關係。

另外，屋簷、山牆、屋脊、谷溝、外牆之間的接合設計，以及女兒牆、雨庇、簷溝、天窗等部位的外觀呈現，不但能增添屋頂的設計感，也能大幅提升屋頂的性能，所以在選擇材料與施工時，要特別用心才行（圖1）。

屋頂的形狀

屋頂的形狀，大致上可分為利用水力梯度來處理雨水問題的斜屋頂，與在近乎水平的屋頂面上施加防水層來處理雨水問題的平屋頂。而斜屋頂又包含了平面構成的單坡、雙坡、四坡、方形，以及曲面構成的拱型、蛋型等各種不同的形狀（圖2）。

屋頂面材與工法

斜屋頂的屋頂面材與工法，大多數採用以下兩類，即使用天然材料的茅草屋頂、檜木皮屋頂、木片屋頂等傳統工法；以及瓦屋頂、金屬屋頂、石板瓦屋頂等一般工法。至於平屋頂，則是採用像瀝青防水、薄片防水、塗膜防水等工法來建造。由此可見，屋頂的形狀與屋頂面材之間有著密不可分的關係。

屋頂的斜度

屋頂的斜度是打造建築物主視覺的重要元素，但其實它的主要功能在於使雨水順利沿著屋頂流瀉而下，所以，屋頂的斜度取決於屋面材料與工法、及氣候條件等。

▶ 圖1 屋頂各部位的名稱

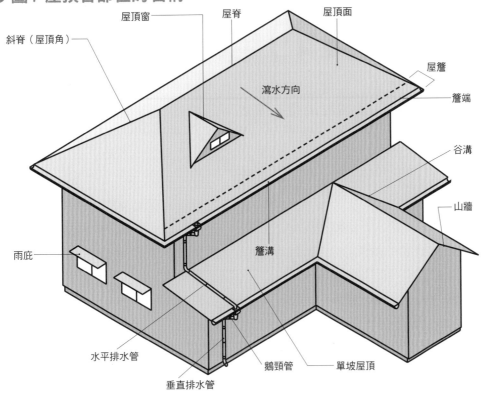

斜脊（屋頂角）
屋頂窗
屋脊
屋頂面
屋簷
簷端
瀉水方向
谷溝
山牆
雨庇
簷溝
水平排水管
鵝頸管
單坡屋頂
垂直排水管

▶ 圖2 屋頂的形狀與種類

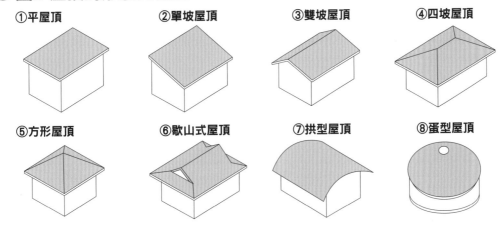

①平屋頂
②單坡屋頂
③雙坡屋頂
④四坡屋頂
⑤方形屋頂
⑥歇山式屋頂
⑦拱型屋頂
⑧蛋型屋頂

屋頂的底襯

Point 屋頂的底襯要順著瀉水方向鋪設，也就是瀉水上流處的底襯材須疊在瀉水下流處的底襯材上方。

屋頂底襯的重要性

由於降雨激烈時，雨水會從屋頂面材的縫隙滲入，因此屋頂底襯便需發揮良好的遮雨效果，以維護室內的舒適環境。

斜屋頂是由脊桁、桁條、椽條，以及屋面板、底襯材、屋頂面材所構成（圖1）。從遮雨的功能來看，底襯材的交疊（重疊尺寸）、在谷溝的底襯材下多張貼一層防水層、以及在牆緣垂直交接處張貼重點式加強防水層等（圖2），這些補強防水功能的做法可說是相當重要。

屋面板

近年來，屋頂的屋面板大多使用合板類的板材。不過，在鋼骨屋架的耐火建築物方面，必須使用硬質木片水泥板等具有耐火性的屋面板才行；至於鋼筋混凝土造（RC造）的建築，也可使用可打釘的珍珠岩砂漿做為屋面板。

底襯材

底襯材大多使用瀝青油毛氈、瀝青油毛紙、合成高分子材料（高分子聚合物）等卷材，寬度大約1公尺左右。

另外，也有將瀝青油毛氈類加以改良，強化了耐久性與耐熱性、在內裡增加接著層的產品，或是增加了透氣性能的產品等。

底襯材的鋪設工法

鋪設底襯材時，要從簷端開始、橫向平行地延伸，一邊與鄰接的材料重疊，再一邊向屋頂側一列列推進、依序重疊張貼。底襯材的重疊尺寸，標準做法為左右寬度需重疊200公釐、上下瀉水方向需重疊100公釐；而且還要使用U型釘或釘槍，每隔300公釐便打釘固定好（圖1）。

底襯材一旦有彎曲或皺折，就容易造成破損、或重疊部分的漏縫，這些情形都會讓屋頂失去遮雨效果，所以施工時一定要特別小心。另外，要是打釘次數過多，只會在底襯材上製造多餘的孔洞，不但無益於固定，反而會影響防水功能，所以應該以標準的打釘次數來施工，盡可能避免次數過多。

▶ 圖1 一般鋪設底襯材的工法

牆緣垂直交接處
・瓦屋頂時，為250公釐以上。
・石板瓦屋頂時，為200公釐以上。

牆緣垂直交接處的底襯材採用垂直鋪設的方式。

間柱　柱

牆壁的底襯板

上下瀉水方向的重疊尺寸為100公釐以上。

脊桁

桁條

屋面板

登板

重疊部分每隔300公釐以釘槍固定。其他部分則採取重點式的釘槍固定法。

左右寬度方向的重疊尺寸為200公釐以上。

底襯材　椽條

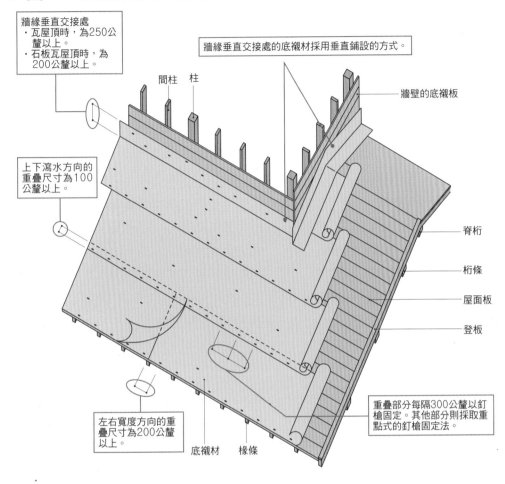

▶ 圖2 底襯材的施工

底襯材施工的樣子。底襯材鋪設在屋頂面材的下方，主要功能是防止雨水滲入屋頂內，或避免屋頂內部產生結露。

多張貼一層防水層的施工範例。為了加強防水功能，需在底襯材施工前先在谷溝等部位鋪設好防水層。

重點式加強防水層的施工範例。為了強化防水功能，需在底襯材施工後，於牆緣的交接部位等處重覆張貼防水層。

056
屋頂工程
瓦屋頂

Point 瓦片的切割尺寸,應依照屋面板的尺寸、瓦片的有效長度與寬度、以及瓦片的露出尺寸等條件來計算;當瓦片尺寸需要改變時,一定要以屋面板的尺寸為主要參考。

所謂的瓦屋頂,是將黏土瓦、水泥瓦、或厚型石板瓦等瓦片鋪設在屋頂上所構成的屋頂。用來鋪設屋頂的傳統瓦,除了有平瓦與圓瓦外(圖1①),還有日本傳統使用的日式瓦(和瓦),以及從西歐引入、被稱為西班牙瓦的西式瓦等;雖然這些全都稱為瓦片,但依照不同的形狀、尺寸、工法(鋪設方法)、產地等,種類相當多樣(表1)。就以最常使用的是日式波形瓦來說,光是依照不同的鋪設部位,又可分成簷口瓦、邊瓦、脊底瓦、脊瓦頭(又稱「鬼瓦」)等各種形狀與名稱(圖1②、圖2)。

因為瓦屋頂會增加屋頂的固定荷重,這點在地震的因應對策上是一個值得重視的問題。現在,各界正積極探討瓦屋頂工法的輕量化、與輕量瓦的開發與研究等。

瓦屋頂的鋪設工法

傳統的屋頂鋪設方式,主要是在屋面板上鋪蓋土壤後、再將瓦片鋪設在土壤上方的黏土黏結工法(濕式工法)。不過,現在最普遍的是乾式的掛瓦條工法,也就是將有掛耳的瓦片依規定數量吊掛在掛瓦條上,然後以釘子或鐵絲來固定。採取掛瓦工法施工時,必須依照掛瓦條的位置來決定瓦片的切割方式,就連固定的方法也要特別留意(圖2、圖3)。

瓦片的切割方式

切割瓦片時,做為底襯材的屋面板尺寸、瓦片的有效長度(瀉水方向的可見部分)與有效寬度(橫向的可見部分)(圖3)、以及簷口瓦的露出尺寸等,都是決定瓦片種類與數量的重要因素。當瓦片的尺寸需要調整時,由於任意變更瓦片的有效長度或寬度恐將造成屋頂漏雨,因此,基於這點考量,一定要依據屋面板的尺寸處理才行。

瓦片的固定方式

固定瓦片的方法,有打釘固定法(釘固術)、鐵絲固定法、打釘與螺栓固定法、黏著法等。為了避免瓦片因遭受強風、積雪、地震等威脅而四處飛散或掉落,鋪設屋瓦頂時需考量到建築物的形狀、當地的風土民情、瓦片種類等因素,仔細挑選適合的瓦片。

圖1 傳統瓦與日式波形瓦

①傳統瓦（圓瓦與平瓦的鋪設方式）

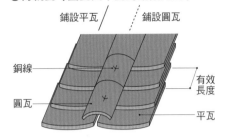

鋪設平瓦
鋪設圓瓦
銅線
圓瓦
平瓦
有效長度

②日式波形瓦（各部分的名稱）

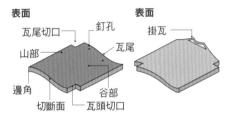

表面
表面
瓦尾切口
釘孔
山部
瓦尾
邊角
谷部
切斷面
瓦頭切口
掛瓦

表1 依製造方法區分瓦片種類

名稱	製造方法
陶瓷瓦・有釉瓦	最常見的日本瓦種類，是在表面塗上釉藥、燒製而成的瓦片。色彩豐富、且耐久性佳，價格較低。
燻瓦（黑瓦）	在燒製瓦片的最後階段使用燻燒方式，使瓦片表面與碳成分產生作用形成皮膜，成為銀色瓦片。以前是用樹枝或樹葉燻燒，所以表面斑駁不均，容易形成灰色與黑色的斑點。但近年來的燒製作業已進展為機械化，大多能製造出光澤均一的銀色表面。價格比陶瓷瓦高兩成左右。
鹽燒瓦（紅瓦）	在瓦片表面塗上鹽後進行燒製，使瓦片表面呈現出獨特的紅褐色。
無釉瓦	不使用釉藥燒製的瓦，可分成在窯中混入黏土以外物質所燒製成的瓦、與在窯中自然變化的窯變瓦。雖然這種瓦片的價格偏低，但吸水率較高，不適用於寒冷地區。

圖2 波形瓦的掛瓦工法

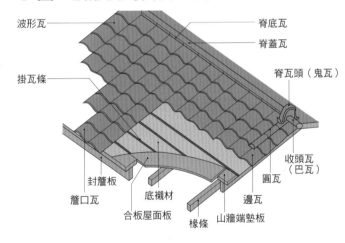

波形瓦
脊底瓦
脊蓋瓦
脊瓦頭（鬼瓦）
掛瓦條
收頭瓦（巴瓦）
圓瓦
封簷板
底襯材
邊瓦
簷口瓦
合板屋面板
椽條
山牆端墊板

圖3 瓦片的有效長度與寬度

瀉水方向（至簷端）的尺寸分配

簷口瓦的有效長度
簷口瓦的有效長度
簷口瓦的有效長度
簷口瓦的有效長度
簷口瓦的有效長度
合板屋面板
掛瓦條
底襯材
屋頂瓦片高度
簷口瓦的露出尺寸

水平方向的尺寸分配

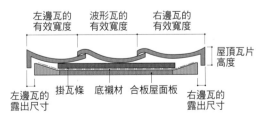

左邊瓦的有效寬度
波形瓦的有效寬度
右邊瓦的有效寬度
屋頂瓦片高度
左邊瓦的露出尺寸
掛瓦條
底襯材
合板屋面板
右邊瓦的露出尺寸

057

屋頂工程
石板瓦屋頂

Point 鋪設石板瓦屋頂時，須依照瀉水方向上下重疊鋪設，以確保其防水性，橫向上則是要以緊密平鋪的方式鋪設。

石板瓦種類

所謂的石板瓦（slate），原本是指板岩剝落後形成的板狀薄片等天然材料；但現在提到的石板瓦，大多是指以水泥與強化纖維等主原料製作成型、並加以上色的產品（參見第65頁表「水泥板」列）。

石板瓦可依照形狀分成平形與浪形兩種。平形石板瓦因為便於設計、質地輕、施工性高、成本也較經濟實惠，所以多用於一般住宅，變化也相當多。以產品名稱來說，常見的有「COLONIAL」、「COLOR BEST」等。另一方面，浪形石板瓦則可分成常用於車站等場所的大浪形石板瓦，以及常用於獨棟住宅的小浪形石瓦板。

形狀・工法（以平形石板瓦為例）

平形石板瓦的鋪設方式，可分成依照有效長度排成一直線的一文字平鋪、及隨意鋪設小片石板瓦的不規則鋪設（圖2）。鋪設石板瓦屋頂時，須依照瀉水方向上下重疊鋪設，以確保其防水性；橫向上，得以緊密平鋪的方式鋪設（圖1）。固定時，應依照個別屋頂材的標記，

使用專用的固定釘，將每一塊石板瓦確實地固定在屋面板上。至於屋頂斜度、與最大瀉水長度，則依照屋頂的鋪設形狀而有不同的規定（表1）。

各部分的接合（以平形石板瓦為例）

平形石板瓦因為容易切割，切割工程不像瓦片那麼繁瑣。不過，在寬度方面仍需注意，像小片石板瓦因為寬度過小，要是放置於山牆與簷端部位便無法用釘子固定，所以要盡量避免將小片石板瓦放在屋頂邊緣，以免掉下來砸傷人。當需要調整瀉水方向的長度時，可從屋脊下方的第一層石板瓦開始調整起，需要特別注意第一層石板瓦與其下一層重疊部分的有效長度（圖1）。

簷端部分的接合方式也與一般屋頂的平鋪部分有所不同。首先，要在屋面板前端設置簷端排水槽，再以與屋頂石板瓦同材質的屋簷板（墊層）（圖3①）接合起來。至於山牆端排水槽、谷溝部分使用的板材、屋脊蓋板等部件，則要使用板金、或與石板瓦同材質的材料（圖3②）。

◗ 圖1 平形石板瓦的尺寸

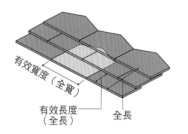

有效寬度（全寬）
有效長度（全長）
全長

◗ 圖2 平形石板瓦的形狀範例

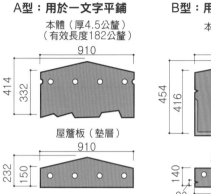

A型：用於一文字平鋪
本體（厚4.5公釐）
（有效長度182公釐）
910
414
332

屋簷板（墊層）
910
232
150

B型：用於不規則鋪設
本體（厚6公釐）
600
454
416

屋簷板（墊層）
140
20
600

◗ 表1 屋頂斜度與最大瀉水長度的基準範例（以上述A型、B型為例）

屋頂材質種類	斜度	3／10	3.5／10	4／10	4.5／10	5／10	5.5／10以上
A型（用於一文字平鋪）	山牆	7公尺	10公尺	13公尺	16公尺	20公尺	
	斜坡	5公尺	7公尺	10公尺	13公尺	16公尺	
B型（用於不規則鋪設）	山牆	—	—	10公尺	13公尺	16公尺	20公尺
	斜坡	—	—	7公尺	10公尺	13公尺	16公尺

◗ 圖3 平形石板瓦的簷端與屋脊的接合方式

①簷端

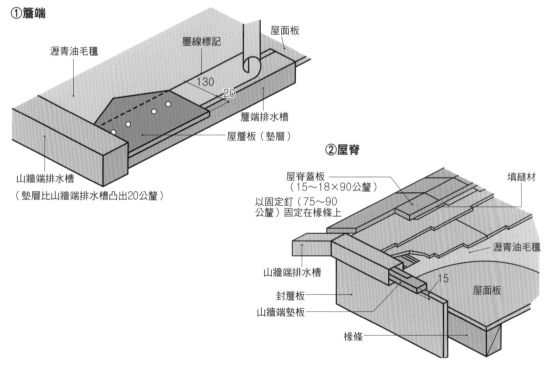

瀝青油毛氈
墨線標記
屋面板
130
20
簷端排水槽
屋簷板（墊層）

山牆端排水槽
（墊層比山牆端排水槽凸出20公釐）

②屋脊

屋脊蓋板
（15～18×90公釐）
填縫材
以固定釘（75～90公釐）固定在椽條上
瀝青油毛氈
山牆端排水槽
封簷板
山牆端墊板
15
屋面板
椽條

129

058
屋頂工程
金屬屋頂的材料

Point 當「貴金屬」與「卑金屬」相互接觸時，卑金屬會產生腐蝕現象。

金屬屋頂面材的特徵

使用於屋頂的金屬板不僅種類眾多，鋪設工法也很多樣化。金屬屋頂板的優點是質量輕，且防水性、防火性、加工性也很優良，所以只要選對適合的材料與工法，就能在寬度較寬的屋頂上使用。

金屬屋頂可以減輕屋頂本身的重量，還能有效降低建築結構上的負擔、提升材料搬運與安裝作業的效率。不過，單只採用金屬屋頂的話，除了隔熱性不佳之外，材質本身又硬又薄，因此隔音性也不會太理想。改善的方法就是從屋頂底襯、閣樓、天花板等處著手，進行屋頂全面性的補強。

屬屋頂面材的種類

以屋頂面材來說，除了鈦板或鋁鋅鋼板等耐蝕性較高的金屬板外，還有鋼板或不鏽鋼鋼板、鋁合金板、銅板等各種經過表面處理的板材也很普遍；就耐久性的考量來看，選擇範圍可說相當廣泛（表1）。

鏽蝕·腐蝕

金屬屋頂最大的弱點在於鏽蝕與腐蝕。不僅在海岸地區、溫泉地區、及工業地區的建築需要注意這個問題，即使在一般地區，由於有酸雨等，最好也能將金屬的耐蝕性納入考慮。

另外，因為釘子或金屬製的輔助產品和金屬板之間屬於異種金屬的結合，在這種狀況下一旦遇到水（媒介），就會產生電化學腐蝕，也就是所謂的「電蝕」現象。電蝕是指，當化學中活性較高（離子化傾向較高）的卑金屬與較安定（離子化傾向較低）的貴金屬接觸時，卑金屬就會產生腐蝕的現象。並且，當兩種金屬之間離子化傾向的差異（電位差）愈大，腐蝕現象就會愈激烈。

關於電蝕的因應對策，以銅屋頂為例，無論是釘子或金屬支座都應該選擇同質金屬。不過，在屋頂必須達到一定強度的情況下，也可以考慮選用不鏽鋼製的產品，這樣就不必擔心會發生電蝕現象。同樣地，使用的管材也必須考慮到電蝕問題，選用與屋頂相同的材料。

▶ 表1 金屬屋頂的材料

本表中各符號代表意義：○=可適用；△=雖可適用，但施工時要注意；X=不適用

屋頂面材		材料特徵	平鋪		縱直鋪		瓦棒鋪		浪板	摺板	橫鋪			
			一文字平鋪	菱形鋪	縱直鋪	立平鋪	有芯木	無芯木	波浪板鋪設	搭接式鋪設	段鋪	橫鋪	金屬瓦	熔接鋪設
表面處理鋼板	①熱浸鍍鋅鋼板（鍍鋅鐵板）	鍍鋅的被膜具有耐蝕性。輕質、且價格實惠，加工性也很優良。塗裝的優劣決定了耐久性的長短。	△	△	○	○	○	○	○	○	△	○	○	×
	②塗裝鍍鋅鋼板（彩色鋼板）	在工廠塗裝的產品，具有與①相似的特性，但耐蝕性比①還要優良，外觀也相當美觀。耐久性的長短取決於塗膜的品質。	△	△	○	○	○	○	○	○	△	○	○	×
	③鋁、鋅合金鋼板（鋁鋅鋼板）	具有鋅的耐蝕性與鋁的熱反射性。因為價格實惠、且性能佳，所以除了做為屋頂材料使用外，也是相當受歡迎的外裝材料。耐久性是①的3～6倍，加工性、塗裝性則與①差不多。也有塗裝合成樹脂的彩色鋁鋅鋼板。	△	○	○	○	○	○	○	○	△	○	○	×
特殊鋼板	④冷軋成型鋼板	耐久性、耐蝕性、耐熱性優良，且具高強度。碳含量愈少，耐蝕性愈佳，而且也會提升加工性，但是必須要有預防鏽斑的對策。	△	△	○	○	○	○	○	○	○	○	○	○
	⑤塗裝不鏽鋼鋼板	在工廠塗裝的不鏽鋼鋼板，不但可防止鏽斑，也能提升耐久性和美觀。但隨著塗膜的劣化，仍會產生鏽斑。	△	△	○	○	○	○	○	○	△	○	○	△
鋁合金板材	⑥鋁板、鋁合金板	耐熱性高，在酸性環境下也相當耐用。不僅輕質，耐蝕性、加工性也很優良。不過，載重性比鐵還差。	○	○	△	△	△	△	△	△	○	○	○	×
銅板	⑦銅板、銅合金	伸展性、加工性優良，表面的青綠色氧化膜可提高耐久性。因彈性低、撓曲性大，所以不適合製成摺板、浪板。因為接觸到亞硫酸氣體（二氧化硫）或硫化氫時便會產生腐蝕現象，所以不適用於溫泉地區。	○	○	○	○	○	△	×	×	○	○	○	×
	⑧表面處理銅合金板	預先進行銅板表面的轉化塗層處理，以人工製成青綠色、或經硫化處理後製成黑色的板材。	○	○	○	○	○	△	×	×	○	○	○	×
其他	⑨鋅合金板	加工性佳，材料與空氣接觸後會自然產生保護膜，其耐久性比一般板材還高。不過，使用於工業地區、海岸地區等地時會發生腐蝕現象。還有，以電蝕、低溫施工時板材容易潛變。因融點低，所以必須特別注意防火性。	○	○	○	○	○	×	×	×	○	○	○	×
	⑩鈦板	耐久性、耐蝕性、抗鹽性、強度、熱反射性等性能都非常優良，而且輕質。雖然適用於所有的工法，但缺點是價格昂貴，以及因強度高以致加工性不良。	△	△	○	○	○	○	○	○	△	○	○	○

金屬屋頂的鋪設

Point 選用長型板時，必須防止遇熱「膨脹」的現象。

關於金屬屋頂板的鋪設工法，自古以來有許多不同的方式。如今，隨著工業化的發展，軋製成型的長型鋼板已相當普遍。這種板材有縱向、橫向的咬合接縫、及接縫熔接等鋪設工法，而且還在持續開發更多新工法。金屬板的各種鋪設工法，大致上可依照鋪設方向、及有無屋面板來區分（圖1）。

鋪設方向（長材・矩形材）

縱直鋪式工法是將長型鋼板當成蓋板，順著屋頂的瀉水方向鋪設；採用咬合接縫的工法，還能凸顯出縱向的線條。

另一方面，橫鋪式工法則如同一文字平鋪工法，矩形屋頂面板的外觀會呈現出有如堆砌磚塊般的接縫，因貫通水平方向的接縫線而凸顯出橫向線條。至於一文字平鋪工法，因每塊屋頂面材的面積較小，所以不僅適用於單坡屋頂、蛋型屋頂、及歇山式屋頂（如傳統的廟宇屋頂）等（參見第123頁圖2），甚至，還適用於複雜曲面、且寬度較廣的屋頂形狀。

就使用長型板的瓦棒鋪式等縱直鋪式工法來說，必須防止屋頂面材產生遇熱膨脹的現象。另外，相較於使用長型板時接縫少的工法，橫鋪式工法則由於接縫較多，所以確實有防範雨水滲透功能較差的缺點。

因此，在金屬屋頂板的鋪設工法上，最重要的還是材料與工法的合適度、以及屋頂形狀與鋪設方向的合適度。

底襯（屋面板）的鋪設工法

金屬屋頂板的鋪設工法中所使用的底襯，必須依照鋪設方向、板材形狀、接縫方法等條件來選擇，再加上強度、及固定於底襯的方法等考量，能選用的工法就更加有限。

舉例來說，由於平鋪式工法是在屋頂上利用掛勾吊子將板材固定的工法，所以，其底襯就必須選擇可固定釘子的材料。另外，使用摺板、波浪板等成型板的鋪設工法，則因板材本身就具有剛性，所以可省略鋪設屋面板等底襯的施工程序，直接將金屬板鋪設在桁條上，是相當經濟實惠的施工方式。

▶ 圖1 金屬屋頂的鋪設工法

鋪設方向	基礎板材	工法	
橫鋪	有屋面板	平鋪式	一文字平鋪
			菱形鋪
			六角尖攢頂式
		橫鋪式	段鋪
			橫鋪
		金屬成型瓦	橫鋪
			縱直鋪
縱直鋪		熔接式	不鏽鋼防水
		瓦棒鋪	有芯木的瓦棒鋪
			無芯木的瓦棒鋪
			搭接式瓦棒鋪
		縱直鋪（Standing Seam）	縱直鋪
			立平鋪
			楔形榫頭式
	無屋面板	波浪板式	搭接式波浪板
			接縫式波浪板
		摺板式	搭接式摺板
			縱直鋪式摺板
			嵌合式摺板

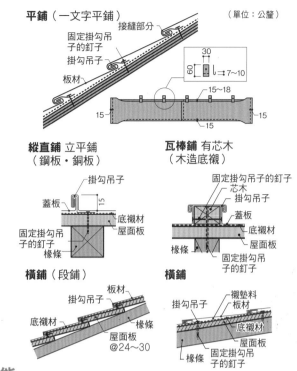

平鋪（一文字平鋪）　（單位：公釐）
接縫部分
固定掛勾吊子的釘子
掛勾吊子
板材
30　60　└⌐7～10
15～18
15　15　15

縱直鋪　立平鋪（鋼板・銅板）
蓋板
固定掛勾吊子的釘子
椽條
掛勾吊子
15
底襯材
屋面板

瓦棒鋪　有芯木（木造底襯）
固定掛勾吊子的釘子
芯木
掛勾吊子
蓋板
底襯材
屋面板
椽條
固定掛勾吊子的釘子

橫鋪（段鋪）
板材
掛勾吊子
底襯材
椽條
屋面板 @24～30

橫鋪
襯墊料
板材
掛勾吊子
底襯材
椽條
屋面板
固定掛勾吊子的釘子

▶ 圖2 金屬屋頂面材的種類與性能

鋪設方式	有芯木的瓦棒	無芯木的瓦棒		平鋪
		掛勾吊子	直線掛勾吊子	
傾斜度	10／100以上	5／100以上	5／100以上	4／10（1層接縫）、3.5／10（2層接縫）以上
傾斜尺寸	10公尺以下	30公尺以下	40公尺以下	10公尺以下
拱式屋頂的彎曲半徑	30公尺以上	20公尺以上	20公尺以上	5公尺以上
燕尾式屋頂的半徑	200公尺以上	200公尺以上	200公尺以上	5公尺以上
底襯的構造	木造	木造・RC造	木造・鋼骨造・RC造	木造

鋪設方式	縱直鋪	一文字平鋪	菱形鋪	橫鋪
傾斜度	5／100以上	30／100以上	30／100以上	20／100以上
傾斜尺寸	10公尺以下	10公尺以下	10公尺以下	20公尺以下
拱式屋頂的彎曲半徑	15公尺以上	5公尺以上	5公尺以上	1公尺以上
燕尾式屋頂的半徑	200公尺以上	5公尺以上	5公尺以上	1公尺以上
底襯的構造	木造（RC造）	木造・RC造	木造・RC造	木造・鋼骨造

瀝青瓦

Point 鋪設在屋面板、或可打釘的珍珠岩砂漿底襯上時,可合併使用瓦釘和接著劑(屋頂用彈性水泥),一面緊實固定好、一面依序重疊往上方鋪設。

瀝青瓦的特徵

瀝青瓦是在無機質纖維的基材上塗覆瀝青,並在表面上附著了有色的細砂礫所製成的薄板狀屋頂材料。其特徵是容易在曲面或形狀複雜的屋頂上施工,重量與金屬板一樣輕,施工性相當優良。但由於表面上用了色砂著色,所以外觀與金屬板不同,看起來較沈穩、柔和。

瀝青瓦是美國在一八六〇年代開發出的屋頂材料。雖然在昭和三十年代間(一九五五年～一九六四年)便引進日本,但因當時認定它不屬於不燃材料,所以未能普遍使用在一般木造住宅上。不過,到一九七〇年代時瀝青瓦在日本已被重新認定是不燃材料,而且在二〇〇〇年經過修法後,更取得了屋頂防火產品的認證而於市面上廣泛流通(圖1)。

鋪設工法

瀝青瓦的鋪設工法可分成兩種。一種是打釘固定法,適用於屋面板。這是在屋頂底襯材上鋪設屋面板或者可打釘的彈性水泥,然後將上層瓦片的尾端與下層瓦片的前端重疊,併用專用釘與接著劑使其固定的工法(圖2)。另一種是接著工法,適用於如RC造等無法以打釘方式固定的屋頂。這種工法是單純以屋頂用彈性水泥將瓦片黏在屋頂底襯材上的工法(圖3)。另外,也有在屋頂底襯上使用硬質聚氨酯類隔熱材來提升屋頂隔熱性能的隔熱工法等。

底襯材

木造或木質類構造的底襯材,通常是使用瀝青油毛氈。

一般來說,大多是採用瀝青防水的常溫工法,將自黏式改質瀝青防水氈,貼在像RC造的水泥砂漿、ALC板、各種板材等底襯材上(參見第138頁)。採用這種工法時,應特別注意不要讓底襯材因為水蒸氣(因混凝土結構體中的水分蒸發,並積留在防水層與混凝土之間)、或熱脹冷縮現象,而產生皺摺、變得凹凸不平,如此一來,才能預防屋頂因此漏水。

▶ 圖1 瀝青瓦的範例

在尺寸穩定性較好的玻璃不織布上，塗覆耐熱性與耐寒性優良的瀝青，表面再以特殊碎石附著。
出處：Maruesu Shingle日新工業

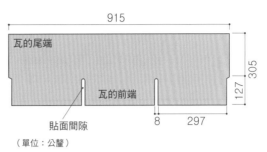

915

瓦的尾端

貼面間隙

瓦的前端

305

127

8   297

（單位：公釐）

▶ 圖2 採用打釘固定法的瀝青瓦施工範例

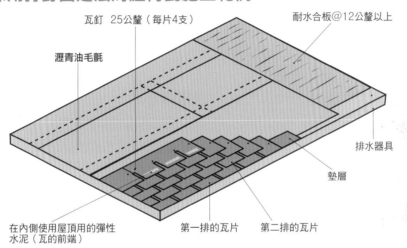

瓦釘　25公釐（每片4支）

瀝青油毛氈

耐水合板@12公釐以上

排水器具

墊層

在內側使用屋頂用的彈性水泥（瓦的前端）

第一排的瓦片　　第二排的瓦片

▶ 圖3 採用接著工法的瀝青瓦施工範例

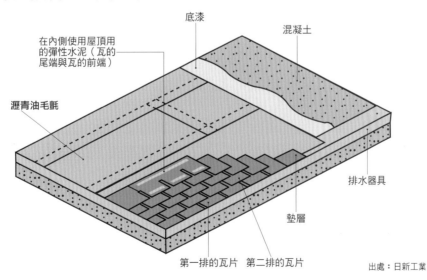

底漆

混凝土

在內側使用屋頂用的彈性水泥（瓦的尾端與瓦的前端）

瀝青油毛氈

排水器具

墊層

第一排的瓦片　第二排的瓦片

出處：日新工業

防水工程的種類

Point 防水工程的工法種類繁多，必須因應各部位或狀況來選擇適當的工法。

設置防水層的防水方法稱為「防水膜防水」（又稱「面防水」）。依照材料種類的不同，大致上可分成瀝青防水、薄片防水、塗膜防水三種。除此之外，還有不鏽鋼金屬板防水與水泥防水的工法（表1）。

瀝青防水

將熱融瀝青做為接著劑，在疊鋪了兩、三層瀝青油毛氈時，就做一層防水層。這種工法製成的防水層雖然在性能上相對安定，但作業程序較繁瑣（參見第139頁表1），而且還必須在現場設置熱融爐。大多用於RC造、鋼骨造的屋頂或浴室等處。

薄片防水

將合成橡膠類、聚氯乙烯類（PVC）、聚烯烴類等材料加工成薄片狀，再以接著或機械等方式固定好製成防水層，相較於瀝青防水工法，這種工法的作業程序少、施工速度快（參見第139頁表1）。不過，薄片防水雖然可因應底襯材龜裂等變化，但接合部位的施工仍必須特別留意。

塗膜防水

將聚氨酯橡膠類、壓克力橡膠類、橡化瀝青防水膠等液狀樹脂，以毛刷或滾輪塗布在底襯材上，使其硬化形成防水層。這種工法能夠製造出具有一定厚度的連續防水層，其強度與耐久性都相當優良。FRP（玻璃纖維強化塑膠）防水也屬於塗膜防水的一種，是將防水用的不飽和聚酯樹脂大量塗布在玻璃纖維墊上所形成的防水層。

水泥防水

主要用於室內露台地板等處的防水工法。這種工法並不設置防水層，而是在水泥砂漿中加入氯化鈣類、矽酸質類、高分子乳膠類等防水劑，調配成具防水性的防水水泥。

▶ 表1 防水膜防水工法的分類與特徵

材料	工法名稱	優點	缺點
高分子防水材料	瀝青防水	・因為層疊了多層瀝青，因此可形成無縫隙的薄片層。 ・因為防水層較厚，所以在性能上也相對安定。	・施工時的作業程序繁瑣，直到完工為止要花費的工夫較多。 ・因熔接瀝青時需要用火，因此會產生煙或異味，所以在大都市內多半不採用。
高分子防水材料	薄片防水	・大部分材料的可變形性較大，所以能因應底襯材的變化。 ・因為是採用接著劑或機械固定的方式，所以不使用火也可以接著。 ・施工快速。	・由於薄片之間的接合部位較脆弱，所以在施工時要特別謹慎。 ・因為接著劑含有溶劑，所以在密閉空間施工時，有中毒或發生火災的危險性。
高分子防水材料	塗膜防水	・因為防水層是採用塗布的方式來設置，所以可適用於各種形狀的屋頂。 ・可以形成完整、且連續的防水層。	・為了製造出品質與厚度平均的防水膜，必須確實執行施工管理。大多使用補強布來加強。 ・因為內含溶劑，所以有中毒或發生火災的危險性。
金屬防水材料	不鏽鋼金屬板防水	・由於透過熔接就能使接合部位一體化，因此可形成水密性極高的防水層。	・結構複雜的部分不好施工。

出處：『建築材料用教材』（一般社團法人）日本建築學會

▶ 表2 依部位區分的防水工法一覽表

防水層的種類		瀝青類			合成橡膠類	
防水工法的種類	防水工法的種類	熱工法	烘烤工法	常溫工法	加硫橡膠薄片接著工法	加硫橡膠薄片機械固定工法
非步行用屋頂的防水工法	防水層保護處理	○	○	○	—	—
非步行用屋頂的防水工法	露明式防水層	○	○	○	○	○
步行用屋頂的防水工法	防水層保護處理	○	○	○	—	—
步行用屋頂的防水工法	露明式防水層	—	—	—	—	—
斜屋頂的防水工法	防水層保護處理	—	—	—	—	—
斜屋頂的防水工法	露明式防水層	—	△	△	○	○
一般屋內用的防水工法	防水層保護處理	○	○	○	—	—
一般屋內用的防水工法	露明式防水層	—	—	—	—	—

防水層的種類		合成樹脂類			聚氨酯類	
防水工法的種類別	防水工法的種類	PVC薄片[1]接著工法	PVC薄片機械固定工法	EVA薄片[2]接著工法	全包覆式塗裝工法	噴塗工法
非步行用屋頂的防水工法	防水層保護處理	—	—	○	—	—
非步行用屋頂的防水工法	露明式防水層	○	○	—	○	○
步行用屋頂的防水工法	防水層保護處理	—	—	○	—	—
步行用屋頂的防水工法	露明式防水層	○	—	—	○	○
斜屋頂的防水工法	防水層保護處理	—	—	—	—	—
斜屋頂的防水工法	露明式防水層	○	○	—	—	○
一般屋內用的防水工法	防水層保護處理	—	—	○	—	—
一般屋內用的防水工法	露明式防水層	△	—	—	—	△

譯注：
1.PVC薄片，是聚氯乙烯類薄片的簡稱。
2.EVA薄片，是乙烯/乙酸乙烯酯共聚物類薄片的簡稱。

防水工程的工法

Point 只要疏忽了任何一個部位，防水工程就算是失敗。因此在所有防水作業中，每一道施工程序都務必要謹慎進行。

瀝青防水的工法

在瀝青防水工法中，最具代表性的是利用熱融瀝青來重覆張貼多張瀝青油毛氈的熱工法，但其缺點是施工時需要用火，所以會產生煙與異味（圖1左）。至於烘烤工法則是熱工法的改良，利用大型的噴燈（燃燒器），一邊對改質瀝青防水氈進行熱融處理、一邊重覆張貼，使其形成防水層（圖1中）。另外，還有不使用熱能的常溫工法，這種工法又可分為利用自黏式改質瀝青防水氈本身的黏著層進行張貼、再以滾輪滾壓接著的工法，以及在常溫下使用液狀的瀝青類材料、使防水氈緊密貼附的工法等（表1）。

薄片防水的工法

接著工法是指，在底襯材上同時塗上底漆（為了接合填封材與黏著體的增黏劑）與接著劑，或是只塗底漆或接著劑中的任何一項，再貼上合成橡膠類薄片、或自黏式瀝青油毛氈的工法。

全包覆式塗裝工法是指，在底襯材上塗上底漆，然後再灑上液狀材料，使防水層緊密黏著在底襯材上的工法。也可以在灑上液狀材料後再貼上補強布、防水氈、薄片等材料，以製成防水層（防薄片防水工法）（圖1右）。

此外，還有機械固定工法，也就是以五金構件將薄片或防水氈固定在底襯材上，以製成防水層（表1）。

塗膜防水的工法

塗膜防水的工法是將聚氨酯橡膠類、橡化瀝青防水膠類的液狀塗膜防水材料，以鏝刀、毛刷、或滾輪來塗布在底襯材上，以形成防水層。至於噴塗工法，則是使用專用的噴塗機將防水材料噴塗在底襯材上，使其形成具有一定厚度的防水層，這種工法大多用於防水改修工程等場合。

表1 各類防水工法的施工程序

施工程序 \ 工法名稱	瀝青防水的熱工法	瀝青防水的烘烤工法（噴火熱融工法）	瀝青防水的常溫工法	合成橡膠薄片的防水工法（接著工法）	PVC薄片的防水工法	加硫橡膠薄片的防水工法（機械固定工法）
1	塗布瀝青底漆	塗布瀝青底漆	塗布瀝青底漆	塗布底漆	塗布接著劑	重點式加強防水層
2	（塗布的底漆已確認乾燥後）重點式加強防水層	（塗布的底漆已確認乾燥後）重點式加強防水層	（塗布的底漆已確認乾燥後）重點式加強防水層	（塗布的底漆已確認乾燥後）重點式加強防水層	張貼PVC薄片	在平面上鋪設加硫橡膠薄片
3	鋪設瀝青油毛氈	張貼改質瀝青防水氈	張貼絕緣用的自黏式改質瀝青防水氈	（塗布的底漆已確認乾燥後）塗布接著劑	在牆角內側、外側張貼已成型的薄片	在水平與垂直面的交接處鋪設加硫橡膠薄片
4	鋪設彈性防水氈	張貼改質瀝青防水氈	張貼外露用的自黏式改質瀝青防水氈	張貼合成橡膠薄片（加硫橡膠薄片或非加硫橡膠薄片）	——	塗裝
5	鋪設瀝青油毛氈	鋪設絕緣膜	——	塗裝	——	——
6	塗布瀝青（第一層）	——	——	——	——	——
7	塗布瀝青（第二層）	——	——	——	——	——
8	鋪設絕緣膜	——	——	——	——	——

圖1 防水工法的施工範例

瀝青防水的熱工法

瀝青防水的烘烤工法

PVC薄片的防水工法

窗戶的種類

Point 開口尺寸的W（寬）與H（高），在木造建築是指外部尺寸，而在高樓大廈則是指內部尺寸。

所謂的窗戶，一般是指窗框、以及配套成組的工業製品。窗框的種類相當豐富，最常見的是鋁製品，其他還有鋼製品、木製品、樹脂製品等種類（表1）；以各種不同的材料製成的窗戶產品，不但能根據性能、也能根據開關形式來區別其特性。

窗戶的安裝（裝設部位）

窗戶依照安裝方法的不同，大致上可分成外部裝設、半外部裝設、以及內部裝設三種（圖1）。

外部裝設是指從外側牆壁裝上窗戶。主要使用於露柱壁上，由於牆壁內外兩側都不必再另外裝設窗框，較具簡潔的設計感，因此，窗戶大多使用像和室窗之類的格子窗。不過，由於這種窗戶只靠著螺絲來支撐整體重量，所以面積較大的窗戶經年累月後也可能出現下傾的情況。

半外部裝設是將窗框嵌入外牆內，因此會有一部分窗框從外側牆壁露出。此外，室內側也必須有窗框。一般的木造住宅大多以這種裝設形式為主流。不過，若因施做外部隔熱等工程使外牆的裝修較厚時，外側牆面上露出的窗框尺寸就要格外留意。

內部裝設則是將整個窗框收納入牆壁的厚度內。這種窗戶的窗框會裝設在室內側，外側牆壁可以另做窗框、或是以泥作工程將縫隙填補起來。內部裝設廣泛使用於鋼骨造或鋼筋混凝土造（RC造）的建築，因為都是以金屬錨栓來固定，因此可以在工地現場直接焊接。

開口部位的尺寸大小以W（寬）、與H（高）來表示。就木造建築用的窗框而言，所指的是外部尺寸；但就高樓大廈而言則是指內部尺寸，而且尺寸也會因廠商或產品的不同而有差異，選擇上必須多加留意。

設計上的特性

窗戶除了可以單體裝設外，還有其他許多種組合方式，例如有透過中樘梃（垂直構材）隔開的多窗式窗戶、或以中歸樘（水平構材，又稱為橫檔）隔開的上下兩段式窗戶等。另外，也可以透過組合各種不同的開關形式，做成變化多端的開口部（表2）。

▶ 表1 主要的窗框材質

鋁	輕質、且加工性優良的鋁，透過擠壓成型來確保氣密性、水密性、與斷面形狀，是建築物外部開口部分的主要素材。熱傳導率是鐵的四倍。
鋼製（鋼鐵）	因為鋼材無法避免生鏽，所以幾乎不會用在會淋到雨的部位上。但若是為了設計感而使用於建築物的外部開口部位時，會先經過烤漆等處理。
木製	與傳統的木製窗框不同，透過使用五金構件、或用心規劃斷面形狀，而提高了氣密性。由於木材的熱傳導率低於鋁的1／1500以下，所以隔熱性相當好。
不鏽鋼	一般採用耐蝕性最為優良的SUS304來製造。強度、耐久性都比鋁還要優異，除了店舖或辦公大樓等建築物的外部出入口外，也有許多住宅採用此種材質。
樹脂	以耐氣候性高的硬質聚氯乙烯（PVC）板製成窗框。PVC的熱傳導率是鋁的1／1000以下，所以隔熱性佳。
複合材料	組合不同素材所製成的窗框。尤以注重鋁的耐氣候性、樹脂的隔熱性而組合兩者的窗框居多。也有一些木製窗框會搭配鋁來保護表面。

▶ 表2 主要的窗戶開關形式

雙扇滑動窗	雙向窗	上下對拉窗
透過滑動左右兩片玻璃窗來操作開關的窗戶。具有通風、採光的效果。	透過窗戶轉軸自由地往左右任一方滑動來操作開關的窗戶。	透過上下滑動玻璃窗來操作開關的窗戶。
固定窗	內傾窗	百葉窗
以採光為目的，將無法開關的玻璃直接嵌入窗框所形成的窗戶。也稱為FIX窗。	在玻璃窗的下方設置轉軸，開窗時上側會向內傾斜的窗戶。	有數片片狀的可動式玻璃，能以把手來操作開關的窗戶。

▶ 圖1 窗戶安裝（接合部位）的種類（以鋁窗為例）

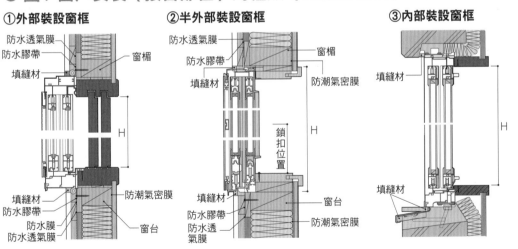

①外部裝設窗框　②半外部裝設窗框　③內部裝設窗框

窗戶的性能

Point 隔熱性能的好壞，取決於面材（玻璃面）、窗框形狀（縫隙）、窗框材質這三大要素。

窗戶應具備的性能

窗戶可具備各式各樣、不同的機能與性能，例如有採光、通風、排煙等機能，或具有水密性、氣密性、隔音性、隔熱性、耐風壓性、防結露性、防火性、防盜性等性能。無論是上述性能中的哪一項，在JIS（日本工業規格）裡都明文定出了相關的等級[3]。

另外，在JASS 16（日本建築工程標準規格書的門窗施工）中也記載著，不具有水密性、氣密性、耐風壓性等各種性能的窗戶稱為一般窗戶，而具有各種性能的窗戶，則分別稱為隔音窗、或隔熱窗等（表1）。

隔音窗

隔音性是聲音穿透難易度的指標。具有隔音性的隔音窗，通常會用做面向喧鬧道路的建築物窗戶、或視聽室的出入口等處。由於隔音性取決於每單位面積的重量，重量愈重，隔音性愈高，因此就同樣材質的面材來說，厚度愈厚的隔音性便愈高。另外，附加在面材上的窗框形狀（氣密性）也會影響隔音性（圖1）。

隔熱窗

隔熱性是熱能傳導難易度的指標。具有隔熱性的隔熱窗，其熱貫流率的熱阻值愈大，隔熱性愈高。隔熱性能的好壞，取決於面材（玻璃面）、窗框形狀（縫隙）、窗框材質這三大要素。例如，在氣密性高的窗框上裝設雙層玻璃窗面、再以樹脂等材質對窗框做絕緣處理，這類的做法便能增加窗戶的隔熱性。

防盜窗

防盜窗是藉由格柵型鐵窗或電鎖等CP類的防盜鎖，來提高防盜性。所謂CP類的防盜鎖，是指使用於開口部位的建築防盜器材，具有一定的防盜性能，如可拖延宵小入侵的所需時間達五分鐘以上等。在日本，經合格認證的建築防盜器材都有CP的標示記號，以供一般民眾辨別選購（表2）。

譯注：

3.以台灣來說，窗戶的性能應符合CNS（中華民國國家標準，Chinese National Standards）的規範。主要檢測標準有三種，包括氣密性、隔音性、和水密性。其中，氣密性分為四級：120等級、30等級、8等級、2等級；隔音性能分為4級：25等級、30等級、35等級、40等級；水密性區分為五級：10kgf/m²、15kgf/m²、25kgf/m²、35kgf/m²、50kgf/m²。

▶ 表1 窗戶性能的項目與等級

性能項目	等級	等級與對應值	對應值的解釋與性能
水密性	W-1	100 Pa（pascal，大氣壓力的單位）	・壓力差。數值愈大，水密性愈佳。 ・加壓時，不可發生JIS A 1517中所列舉的不合格現象，如水流出窗外，或以飛沫、噴濺、溢出的形式溢漏至窗外等。
	W-2	150Pa	
	W-3	250Pa	
	W-4	350Pa	
	W-5	500Pa	
氣密性	A-1	120等級	・氣密性的等級。等級的數值愈小，氣密性愈佳。 ・通風量不可超過其他規定的氣密性等級。
	A-2	30等級	
	A-3	8等級	
	A-4	2等級	
隔音性	T-1	25等級	・隔音的等級。等級的數值愈大，隔音性愈佳。 ・適用於其他規定的隔音等級。
	T-2	30等級	
	T-3	35等級	
	T-4	40等級	
隔熱性	H-1	0.215㎡·K／W	・熱貫流率的熱阻值。數值愈大，隔熱性愈佳。 ・大於該等級的熱貫流率熱阻值。
	H-2	0.246㎡·K／W	
	H-3	0.287㎡·K／W	
	H-4	0.344㎡·K／W	
	H-5	0.430㎡·K／W	
耐風壓性	S-1	800Pa	・最大加壓壓力。數值愈大，耐風壓性愈佳。 ・加壓時，不能出現任何損壞現象。窗戶各部分的最大位移、最大相對偏移、及撓曲性的數值，都必須小於規定的數值。並且，在除壓之後，不可造成機能上的障礙。
	S-2	1,200Pa	
	S-3	1,600Pa	
	S-4	2,000Pa	
	S-5	2,400Pa	
	S-6	2,800Pa	
	S-7	3,600Pa	

▶ 圖1 隔音窗的範例

一般產品

單氣密條構造
氣密條

T-1產品

雙氣密條構造
氣密條

T-2產品

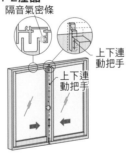

隔音氣密條
上下連動把手
上下連動把手

T-3產品

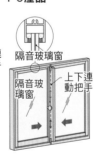

隔音玻璃窗
隔音玻璃窗
上下連動把手

▶ 表2 CP標誌與十七種開口部位的建築器具

1.門	2.窗	3.鐵捲門
①門（A種）[1]、②門（B種）[2]、③玻璃門、④內扇可調式開啟的門、⑤拉門、⑥玻璃拉門（含自動式）、⑦鎖、汽缸以及鎖鈕	①窗、②玻璃、③玻璃膜、④木板套窗（滑窗）、⑤格柵型鐵窗、⑥鐵捲窗	①重型鐵捲門、②輕型鐵捲門、③滑升門、④鐵捲門用的配電箱

原注：
※1主要用於三層樓以下建築物的門。
※2主要用於大廈與高級公寓的門。

065

玻璃片

Point 玻璃即使沒有變形，但也可能已經受損。因此，不可將應力集中在玻璃的某一點上，以免造成破損，這點相當重要。

玻璃的機能性

一般來說，玻璃是指無色、透明，且表面具有高平滑性的平板玻璃。玻璃具有選擇通透性的基本機能，也就是光與熱可自由穿透，但卻可以將風雨阻擋下來。許多玻璃都是以這種平板玻璃為基礎，再進一步發展成可讓特定物質穿透、或加以遮蔽等各具機能的玻璃。另外，還有一些玻璃，不只著眼於安全性而增添了機能，更同時提升了設計感。

玻璃強度

當玻璃受到外力時，即使外觀上沒有變形，但也可能已經受損了。玻璃之所以會破裂，原因之一就在於玻璃本身已經有了損傷，所以即使是再細微的損傷，只要應力集中在特定一點上，整塊玻璃就容易瞬間破損。

儘管玻璃的強度與厚度成正比，但重量也會隨著厚度而增加，所以為了使玻璃兼具強度高與重量輕等優點，目前已發展出強化玻璃、層合玻璃等種類。另外，也有出於防火或防盜考量而研發

出的鐵絲網玻璃、及防盜玻璃等種類。

通透性（舒適性）

選用玻璃時有效利用不同的通透性可打造出更為舒適的室內環境。舉例來說，雙層玻璃、隔熱玻璃或真空玻璃可達到隔熱與節能的效果；毛玻璃等則可遮擋外來視線，以確保個人隱私。另外，隔音玻璃可阻隔噪音，而抗UV玻璃則可有效阻隔紫外線等。

設計感

提升設計感也是玻璃的重要機能之一。如彩色玻璃、毛玻璃、和紙玻璃等，市面上有著各式各樣的裝飾玻璃（表1）。

另外，只要將各種機能性薄膜張貼在玻璃的樹脂膠膜上，就能為玻璃增添各種不同的機能。除了宜居性、防炫光、調整日照（圖1）、隔熱、遮擋視線等機能之外，還有增色、裝飾等具有設計感的機能。

▶ 表1 玻璃的種類與特徵

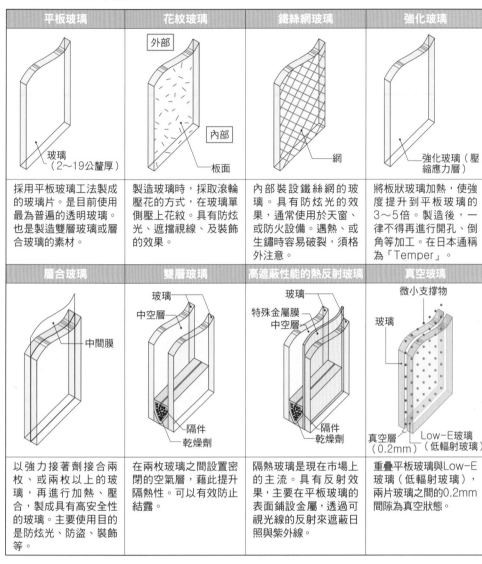

平板玻璃	花紋玻璃	鐵絲網玻璃	強化玻璃
玻璃（2～19公釐厚）	外部／內部／板面	網	強化玻璃（壓縮應力層）
採用平板玻璃工法製成的玻璃片。是目前使用最為普遍的透明玻璃。也是製造雙層玻璃或層合玻璃的素材。	製造玻璃時，採取滾輪壓花的方式，在玻璃單側壓上花紋。具有防炫光、遮擋視線、及裝飾的效果。	內部裝設鐵絲網的玻璃。具有防炫光的效果，通常使用於天窗、或防火設備。遇熱、或生鏽時容易破裂，須格外注意。	將板狀玻璃加熱，使強度提升到平板玻璃的3～5倍。製造後，一律不得再進行開孔、倒角等加工。在日本通稱為「Temper」。
層合玻璃	**雙層玻璃**	**高遮蔽性能的熱反射玻璃**	**真空玻璃**
中間膜	玻璃／中空層／隔件／乾燥劑	玻璃／特殊金屬膜／中空層／隔件／乾燥劑	微小支撐物／玻璃／真空層（0.2mm）／Low-E玻璃（低輻射玻璃）
以強力接著劑接合兩枚、或兩枚以上的玻璃，再進行加熱、壓合，製成具有高安全性的玻璃。主要使用目的是防炫光、防盜、裝飾等。	在兩枚玻璃之間設置密閉的空氣層，藉此提升隔熱性。可以有效防止結露。	隔熱玻璃是現在市場上的主流。具有反射效果，主要在平板玻璃的表面鋪設金屬，透過可視光線的反射來遮蔽日照與紫外線。	重疊平板玻璃與Low-E玻璃（低輻射玻璃），兩片玻璃之間的0.2mm間隙為真空狀態。

▶ 圖1 玻璃的太陽能輻射吸收係數
（簡稱G值，英文為G-value。是指當照射玻璃面的日照數值為1時，穿透至室內的能源比率。）

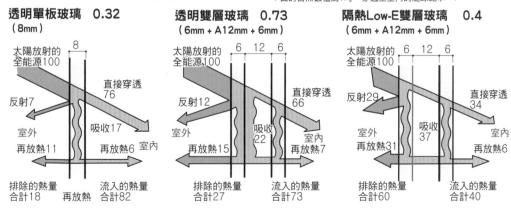

透明單板玻璃　0.32（8mm）

太陽放射的全能源100
8
直接穿透76
反射7
吸收17
室外
再放熱11
再放熱6　室內
排除的熱量合計18
再放熱
流入的熱量合計82

透明雙層玻璃　0.73（6mm + A12mm + 6mm）

太陽放射的全能源100
6　12　6
直接穿透66
反射12
吸收22
室外
室內
再放熱15
再放熱7
排除的熱量合計27
流入的熱量合計73

隔熱Low-E雙層玻璃　0.4（6mm + A12mm + 6mm）

太陽放射的全能源100
6　12　6
直接穿透34
反射29
吸收37
室外
室內
再放熱31
再放熱6
排除的熱量合計60
流入的熱量合計40

通透性材料

Point 在通透性材料中以玻璃最具代表性，但除此之外，樹脂材質的產品其實用途也相當廣泛。

各式各樣的通透性材料

只要一提到通透性材料，最容易聯想到的莫過於玻璃。但除此之外，由樹脂材質製成的各類產品也被廣泛地當成建築材料來使用。這些素材具有平板玻璃所沒有的機能與性能，只要依照使用條件與用途加以審慎選擇、採用的話，也能成為經濟性與設計感都相當優異的材料（表1）。

玻璃磚

玻璃磚是將兩個沖壓成型的柱型玻璃進行加熱熔接後所製成的建築材料。因為其內部幾乎呈現真空狀態，所以聲音的穿透損失較大，能發揮極佳的隔音效果。另外，也兼具良好的隔熱性與耐火性。近年來，由於預製板工法（即在工廠預先將玻璃磚組成板材）的盛行，目前已可進行大範圍的牆面施工（圖1）。

溝型玻璃

溝型玻璃的成型材料因為半透明素材面而有透光與擴光等特性，富有設計感，即使不設置中樘梃也能直接組構成牆面，相當經濟實惠。而且，要是採取雙層設置，還能有效隔熱與隔音；若是側接設置成玻璃柱型的結構，也可提升耐風壓力（圖2）。

壓克力板（PMMA板）

壓克力板以壓克力樹脂為主要成分，不僅有不會生鏽與腐蝕的特性，更具有透明性、易加工性、及耐氣候性。壓克力板的全光線穿透率高達93％，更勝過玻璃的92％。另外，也有中空壓克力板等產品，大多被用來做為看板招牌、店舖的外裝包覆材、或門窗素材等（圖3）。

聚碳酸酯板（PC板）

聚碳酸酯板的比重約為玻璃的一半，透明度與平滑性都很高，也很容易加工。聚碳酸酯板可分成平板、中空板、浪板等種類，除了被當成玻璃的替代品使用外，也經常被拿來當做隔間材料、隔間門窗、屋頂材料等。其優點是具有良好的耐衝擊性與隔熱性，但缺點是易受靜電破壞、及表面容易損傷（圖4）。

▶ 表1 通透性材料的主要種類比較表

材料名稱	壓克力板	聚碳酸酯板	玻璃
優點	• 極佳的透明性 • 優良的耐久性 • 施工性佳	• 不易破裂 • 不易燃燒	• 不易刮損 • 耐久性高 • 不可燃
缺點	• 高溫時易變形 • 易燃	• 易刮損 • 不易加工	• 易破裂 • 加工困難 • 重量較重
透明度	93%	86%	92%
加工性	佳	差	差
耐氣候性	佳	差	高
強度	強	極強	易破損、且破損處易造成危險
硬度（以PC板為1）	3～4	1	10
可燃性	可燃	自己熄滅	不可燃
比重	1.19	1.2	2.5（較重）

▶ 圖1 玻璃磚的結構

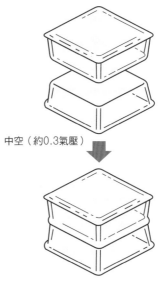

中空（約0.3氣壓）

將兩塊玻璃磚合而為一

▶ 圖2 溝型玻璃的施工工法

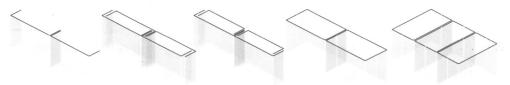

單層構成　　雙層構成（正規）　　雙層構成（嵌入式）　　玻璃柱型的平接構成　　玻璃柱型的側接構成

出處：日本板硝子公司的玻璃燒結體目錄

▶ 圖3 壓克力板

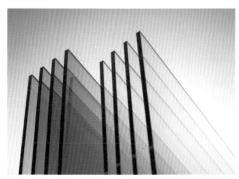

丙烯酸樹脂「壓克力板」（Mitsubishi Chemical Corporation）

▶ 圖4 聚碳酸酯

聚碳酸酯中空板（PC中空板）

窗戶・玻璃工程

填縫材種類・組成・形狀

Point 施工縫是採用二面接著，而非施工縫則是採用三面接著。

填縫材的分類

所謂的填縫工程，是指為了確保水密性與氣密性所實施的密封工程，主要施做於窗框與玻璃窗周圍，以及帷幕牆、外裝材料的接合部位等。

填縫材可分成定型與不定型兩種。一般來說，提到填縫材時，通常是指糊狀填充物的不定型填縫材。至於另一種定型填縫材，則是製成如墊圈狀、或玻璃窗溝槽般的長條狀，也因此，當固定的斷面位置需要進行填充與密封處理時，只要將填縫材緊貼在該斷面上並加以固定，就能有效發揮密封的效果（圖1）。

此外，不定型填縫材也可以再分成兩種。第一種是二液型填縫材，這種材料是直到施工前才在工地現場將做為主成分的基材與硬化劑混合、調製而成；第二種是一液型填縫材，這種材料須預先混合好，當其接觸到空氣中的濕氣或氧氣後便會自動硬化。這兩種填縫材，就伸縮性與接著性、或硬化特性等各方面都有所不同（表1）。

二面接著與三面接著

施工縫（遇熱或地震時可輕微移動的縫隙，working joint）是採用二面接著的方式（一面為暴露面）來施工，所以填縫材可輕微移動。施工時用襯墊料或隔黏劑輔助可避免形成三面接著的狀態（圖2）。

至於非施工縫（可移動性微乎極微的縫隙，non working joint），其縫隙寬度與填充深度都要控制在可容許範圍內，並且得採用三面接著的方式來施工，以確保填縫材的接著性。此外，為了確保接著性，底漆的選擇也相當重要。

前施工・後施工

填縫材施工的時機點，可分成在塗裝工程前便先填充填縫材的前施工，以及在塗裝工程後才將填縫材填充在塗膜上的後施工。採用前施工時，應注意後續的塗裝工程是否會發生乾燥不良的情況，或是否有剝離、破裂、污損等現象。

◉ 表1 不定型填縫材的分類

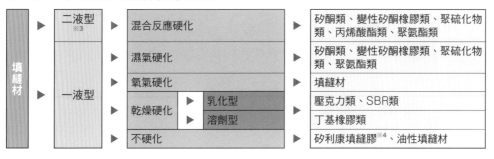

填縫材	二液型 ※3	混合反應硬化		矽酮類、變性矽酮橡膠類、聚硫化物類、丙烯酸酯類、聚氨酯類
	一液型	濕氣硬化		矽酮類、變性矽酮橡膠類、聚硫化物類、聚氨酯類
		氧氣硬化		填縫材
		乾燥硬化	乳化型	壓克力類、SBR類
			溶劑型	丁基橡膠類
		不硬化		矽利康填縫膠※4、油性填縫材

◉ 圖1 定型填縫材的種類

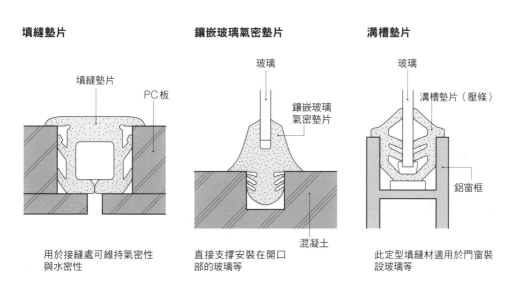

填縫墊片

填縫墊片
PC板

用於接縫處可維持氣密性
與水密性

鑲嵌玻璃氣密墊片

玻璃
鑲嵌玻璃
氣密墊片
混凝土

直接支撐安裝在開口
部的玻璃等

溝槽墊片

玻璃
溝槽墊片（壓條）
鋁窗框

此定型填縫材適用於門窗裝
設玻璃等

◉ 圖2 二面接著與三面接著

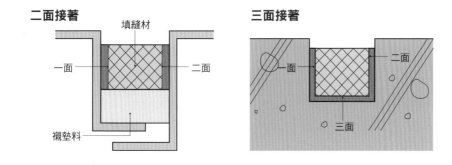

二面接著

填縫材
一面
二面
襯墊料

三面接著

一面
二面
三面

原注：
※3有另外使用著色劑的種類。
※4矽利康填縫膠也有三液型的種類。

窗戶的周邊設備

Point 單憑窗戶本身無法滿足人們對機能的需求，因此可善用窗簾或百葉窗來補強機能。

窗戶周邊設備的機能

人們對各種機能的需求無法單憑窗戶就完全獲得滿足，因此，應該善用窗戶周邊設備的各種建材來補強機能，其中，較具代表性的是窗簾與百葉窗。窗戶周邊設備的機能十分多樣化，不僅有可調節日照、明亮度、或視線的調節機能，也有能補強玻璃窗隔熱、隔音性能不足的隔斷機能，而且還有設計機能，可透過各式各樣的顏色與形狀、材質等元素讓窗戶更添設計美感。

另外，窗戶的周邊設備依照不同的設置位置，大致可分成內部元件與外部元件兩種（圖1）。

調節機能

調節陽光照射的調光功能，會隨著窗簾的開關方式或材質等差異而產生變化。像遮光窗簾與內窗可完全阻隔戶外光線，而百葉窗則能利用葉片的角度來調節日光照射量（圖2）。

另外，在導入戶外光線與戶外空氣的同時還能阻隔外來視線的機能，則稱為調視性。舉例來說，只須掛上蕾絲窗簾，便能使人難以看清室內環境；至於百葉窗的葉片角度、或做為內窗的觀景用和室窗等，也都具有調節視線的功能。

隔熱‧遮熱機能

在窗戶的周邊設備中，大多是為了提高室內暖房效率、增加隔熱性能所使用的產品。其中，最簡單的方式就是設置厚窗簾或和室門。就遮熱機能來說，為了防止陽光直射造成室內溫度上升，比起將百葉窗設置在窗戶內側，將百葉窗設置在窗戶外側更能發揮遮熱效果（圖2）。此外，木板套窗與鐵捲窗不僅有防盜性能，還具有防止窗面產生輻射冷卻效應的效果。

設計機能

布料品不僅織法、顏色、與樣式種類相當豐富，也很容易進行造型或加工，是居家空間中不容輕忽的設計要素，而窗簾便是其中代表。而近幾年來，連羅馬簾與布簾也不斷推陳出新，深具設計感的產品日益增加。

◐ 圖1 窗戶周邊設備的分類

內部元件

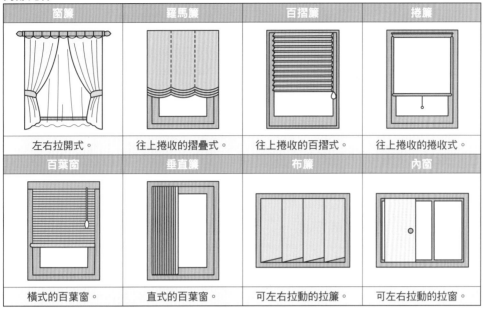

窗簾	羅馬簾	百摺簾	捲簾
左右拉開式。	往上捲收的摺疊式。	往上捲收的百摺式。	往上捲收的捲收式。
百葉窗	垂直簾	布簾	內窗
橫式的百葉窗。	直式的百葉窗。	可左右拉動的拉簾。	可左右拉動的拉窗。

出處：『窗戶美化』日本室內裝飾協會

外部元件

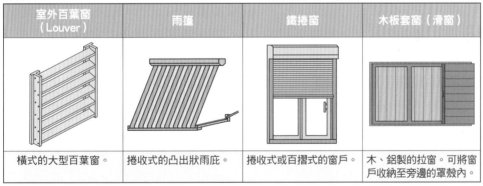

室外百葉窗（Louver）	雨蓬	鐵捲窗	木板套窗（滑窗）
橫式的大型百葉窗。	捲收式的凸出狀雨庇。	捲收式或百摺式的窗戶。	木、鋁製的拉窗。可將窗戶收納至旁邊的罩殼內。

◐ 圖2 百葉窗日射遮蔽效果的比較

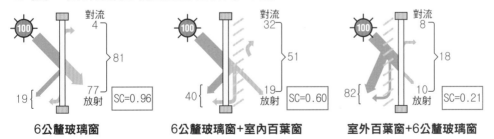

6公釐玻璃窗　　　　　　6公釐玻璃窗+室內百葉窗　　　　　室外百葉窗+6公釐玻璃窗

備註：SC為日射遮蔽係數。將3公釐厚的透明玻璃窗當做1來計算，數值愈低者，其日射遮蔽效果愈高。
出處：『居住環境學入門』彰國社

外壁板工程

外壁板的性能

Point 所謂的防火構造，對外壁板的性能、內裝材與牆壁內部
的構造、與施工的規格都有所規定。

外壁板的性能

①耐震性

地震發生時，會造成建築結構的負擔、影響結構穩定性的主要因素之一，便是外牆重量。使用外壁板建成的建築物重量，每棟都比澆置泥漿建成的建築物還輕，所以地震發生時建築物的負擔也比較少。另外，因接合部有施工縫[※5]而可隨著地震上下左右搖晃，所以也具有不易損壞的特性。

②防火性

建築物的外牆根據不同的建築區域、規模、與用途，必須遵循不同的防火性能規定（圖1）。在外壁板防耐火構造的規格中，有準耐火構造（四十五分鐘準耐火）、防火構造、準防火構造（準防火性能），因此必須選擇與該建築物的規定性能相合的外壁板產品[4]（表1）。

③隔熱性

以熱傳導率做為比較基準，窯業類外壁板（0.22W／m・k）的隔熱性能大約是灰泥壁（約13W／m・k）的六倍。另外，以中間夾有隔熱材的三明治複層金屬板製成的外壁板，也有一些產品的隔熱性能高達灰泥壁的四十五倍左右。由此可見，在外壁板當中也有具備高隔熱性能的產品。

④耐氣候性

外牆在自然條件的影響下，會逐漸劣化。因此，近年來許多防止外壁板表面褪色、老化的因應對策持續應運而生。例如製造出進行氟碳烤漆處理的金屬外壁板、或具有阻隔UV（紫外線）機能的纖維強化水泥板等。

⑤防污性

在外壁板上使用光觸媒塗料後，只需透過陽光照射便可分解外牆面的髒污，然後在下雨時藉由雨水沖淨。這類具有高度防污機能的塗料產品，近年來已逐漸普及。

原注：
※5這裡的施工縫，不是為了預留混凝土的脹縮空間或用來或控制裂縫大小，而是為了施工需要所設置的。施工縫的可動性比一般縫隙略大。
譯注：
4.台灣是依照營建署《建築設計施工編第三章建築物之防火》的規章，關於防火構造、防火時效有相關規定。

▶ 表1 依照區域與規模來區分的獨棟住宅防火規定概要

區域	用途	樓層	總表面面積（m²）					構造與各項條件
			S≦010	100<S ≦500	500<S ≦1,000	1,000<S ≦1,500	1,500<S ≦3,000	
（日本法律第61條）防火區域	獨棟住宅與木造公寓住宅	一、二樓建築	○					準耐火構造45分
（日本法律第62條）準防火區域	木造公寓住宅	一、二樓建築	○	○				耐火構造
		一、二樓建築	○	○	○	○		準耐火構造45分
		三樓建築	○	○	○	○		準耐火構造45分
	獨棟住宅	一、二樓建築	○					防火構造
		三樓建築	○	○	○	○		準耐火構造45分
日本法律第22條指定區域	木造公寓住宅	一、二樓建築	○	○				準防火構造
		一、二樓建築	○	○	○	○	○	二樓為300平方公尺以上時，為準耐火構造45分
		一、二樓建築	○	○	○	○	○	防火構造（二樓建築為200平方公尺以上、且2樓未滿300平方公尺時）
		三樓建築	○	○	○	○	○	準耐火構造60分
	獨棟住宅	一、二樓建築	○	○	○			準防火構造
		一、二樓建築	○	○	○	○	○	防火構造
		二樓建築	○	○	○			準防火構造
		二樓建築	○	○	○	○	○	防火構造

▶ 圖1 有延燒疑慮的部位

自隔壁的地界線算起，一樓部分為3公尺，二樓部分為5公尺以下的部分。

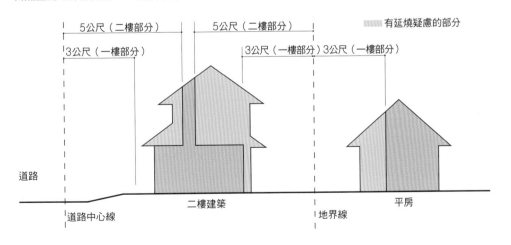

外壁板的種類

Point 外壁板屬於工業產品，大致上可分為窯業類外壁板與金屬外壁板兩種。

現在最普遍的外壁板，可依材質的種類大致區分為以下兩種。

窯業類外壁板

窯業類外壁板，是將做為主要原料的水泥類原料塑型成板狀，再經過養護、硬化所製成的產品。以無機質黏結劑、硬化劑、混和材為主要原料，依照組成成分的不同，可分成以下三種產品。

1 木質纖維強化水泥板

使用水泥等無機質黏結劑，並以木質纖維或木絲來增強、強化的產品。

2 纖維強化水泥板

使用水泥等無機質黏結劑，並以無機質、有機質纖維來增強、強化的產品。

3 纖維強化水泥、矽酸鈣板

使用水泥與矽酸鈣等無機質黏結劑，並以使用無機質、有機質纖維來增強、強化的產品。

金屬外壁板

金屬外壁板是由鐵、鋁、不鏽鋼、銅等金屬所製成，具有輕量、易施工的特性。另外，市面上普遍流通的還有「鋁鋅鋼板」，這是將輕量且不易生鏽的鋁板、與耐久性優良的不鏽鋼板與銅板合製成板材後，再鍍上鋁、鋅、矽製成的鋼板。

為了強化隔熱性能，有些金屬外壁板的內襯會使用三聚異氰酸樹脂、或酚醛發泡樹脂，也有產品會將硬質聚氨酯保溫板、或酚醛發泡樹脂，夾在鋁鋅鋼板等外壁板中間。

外壁板的設置方式

外壁板的設置方式，可分成橫向設置與縱向設置（圖）。由於部材的最大長度約在3公尺左右，所以接續部位可以用裝飾板條來美化。

圖 設置外壁板的方式

①橫向設置

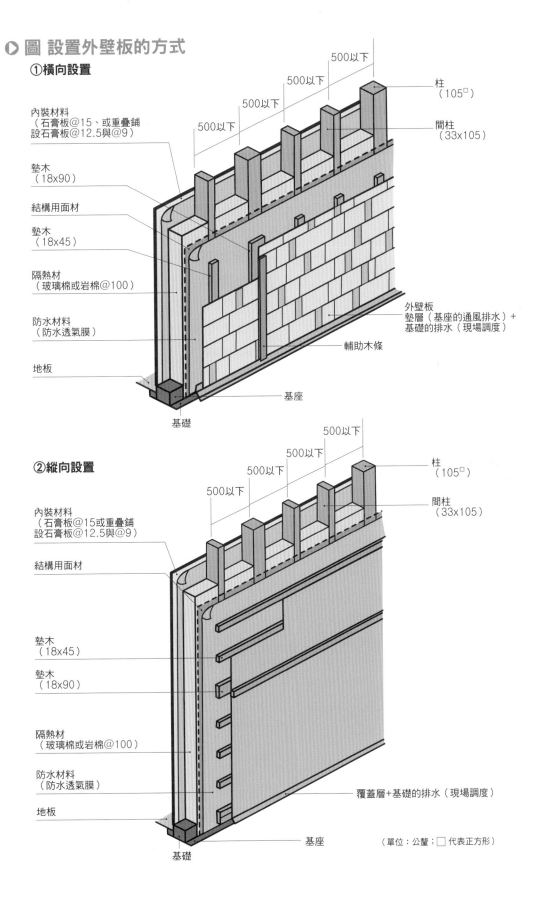

- 內裝材料（石膏板@15、或重疊鋪設石膏板@12.5與@9）
- 墊木（18x90）
- 結構用面材
- 墊木（18x45）
- 隔熱材（玻璃棉或岩棉@100）
- 防水材料（防水透氣膜）
- 地板
- 基礎
- 基座
- 柱（105□）
- 間柱（33x105）
- 500以下
- 外壁板 墊層（基座的通風排水）+基礎的排水（現場調度）
- 輔助木條

②縱向設置

- 內裝材料（石膏板@15或重疊鋪設石膏板@12.5與@9）
- 結構用面材
- 墊木（18x45）
- 墊木（18x90）
- 隔熱材（玻璃棉或岩棉@100）
- 防水材料（防水透氣膜）
- 地板
- 基礎
- 基座
- 柱（105□）
- 間柱（33x105）
- 500以下
- 覆蓋層+基礎的排水（現場調度）

（單位：公釐；□ 代表正方形）

外壁板工程
外壁板的部材

Point 外壁板有許多各種用途的部材，有些可確保牆壁內的通風，有些可提升設計感等。

基礎施工

①防水透氣膜

採用可防止從外部滲水進來、且可讓室內的濕氣蒸散出去的防水膜（參見第90頁），防水膜的貼法是採橫向鋪開、由下往上逐層張貼（圖1）。上下層的重疊尺寸為100公釐以上。至於左右層的重疊尺寸最好有300公釐以上，而且重疊處一定要設置在有柱子、或間柱的地方。此外，上下層的接縫部分也要盡可能控制在同一直線上。由於雨水容易從牆外角與牆內角的部位滲入，所以必要時，可因應實際情況在這些部位張貼兩層以上的防水透氣膜。

②縱墊木、橫墊木

墊木是固定外壁板的底襯材，大多時候也兼具通風用途（參見第90頁）。墊木的厚度最好有15公釐以上，如此一來除了能確保釘子可以完全釘入、確實固定外，也能對抗外壁板因彎曲性與撓曲性所產生的拉力。至於墊木的寬度，因為必須考量通風層的寬度，所以最好確保在18公釐以上較佳。

外壁板的補助部材

①收邊材

專門用來美化牆角收邊的部材，可以選擇與裝修材相同的材質。

②排水槽

排水槽是防止雨水滲入牆壁內部的部材，有些排水槽還設有可輸送空氣至通風層的空氣孔，兼具通風效果。排水槽有不鏽鋼製、鋁鋅鋼板製等種類，還能搭配裝修材、選用同色系的材料。可裝設在外牆下方做為基礎的排水槽使用，或者也可以裝設在外壁板的上下接縫處等。

③填縫材

為了防止雨水滲入，像外壁材的接合縫隙、外部開口部位的周圍、外牆貫通部分的周圍等，都要以填縫材加以填充、密封。

④其他部材

除了上述各種部材外，其他還有屋簷天花板的通風收邊材、開口部分的排水槽、或其他具有設計感的部材等（圖2）。

◉ 圖1 防水透氣膜的施工

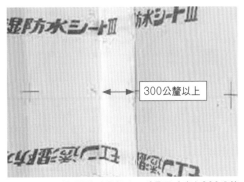

防水透氣膜的施工情況。由圖可知，施工順序是採用橫向設置的方式，由下往上逐層地往上張貼。

左右層防水透氣膜的重疊部分。重疊尺寸應有300公釐以上。

◉ 圖2 外壁板的輔助部材範例

輔助部材的施工位置

收邊材

現場加工的收邊材

排水槽

排水槽

屋簷天花板的收邊材

屋簷天花板的收邊材

板金類的輔助部材

木質外壁板

Point 以自然材料製成的木質外壁板，是具有良好耐震性與隔熱性等性能的外壁材。

板材的種類與尺寸

日本基於法規中的防火規範，能於建築物外牆上使用木材的機會已逐漸減少了。不過，若撇除防火性不談，光就耐震性與隔熱性等性能來看，木材是相當優良的外壁材。

以日本的國產材來說，在實際運用範例上，大部分是使用較能耐水與耐濕氣的杉木、檜木、和柏木。有些地方也有使用落葉松的範例。至於從國外進口至日本的輸入木材，一般則以柏科的美西紅側柏最常見。

板材厚度的最小尺寸會因施工與設置方法而異，倘若想要完工後的板厚達到7.5～18公釐，那麼板寬至少要有105～180公釐左右，才能達到標準。至於長度，則有1.82公尺、2公尺、3公尺、3.64公尺、4公尺等各種不同的尺寸。

設置方式

①縱向的鋪法（縱向壁板）

縱向設置壁板時，要先每隔450公釐以內設置一根18×45公釐以上的橫向墊木，再把已先施工好防水膜的板材鋪設在墊木上。設置方式有將板材側邊分別做成凹凸部、再相互扣緊的舌槽邊接、方榫邊接、半槽邊接等方式。也可以小間隔平鋪板材、再以木板壓條與鄰接兩片板材用釘子固定好（圖1右①），或是以凸字形的木板壓條插入兩片板材的縫隙來固定（圖1右②）；或者，也可以在兩片板材的間隔處再疊鋪上一片板材（日文為「大和張り」，音ya-ma-to-ha-ri）。

②橫向的鋪法（橫向壁板、雨淋板）

橫向設置板材時，會以間柱的面和柱子或橫向墊木整合起來，將先做好防水膜處理的板材鋪置在間柱上。雨淋板與間柱之間的接合縫，有些會採舌槽對接的方式，但一般比較常用的是直接對接的方式。至於雨淋板的設置，有將板材上下重疊接合後、再壓上直立木板壓條（押緣）來固定的方式（日本押緣式雨淋板）（圖2上），或是將板材上下重疊接合後、再以有凹凸狀嵌合口的直立木板壓條嵌入雨淋板來固定的方式；也有不使用木板壓條，將雨淋板依固定斜率上下重疊接合的方式（英式系統雨淋板）（圖2下），或是將板材上下做成凹凸部，將雨淋板相嵌接合成垂直平面的方式（德式系統雨淋板）等。

木質類防火材料

為了因應法規上的防火規定，目前也開發出新的木質外壁材，例如將防火藥劑加壓注入木材內部的外壁材。由於這種外壁材的內部注入了藥劑，所以打釘固定時必須使用具耐化學溶劑特性的不鏽鋼釘、或黃銅螺釘。

◐ 圖1 設置縱向壁板

半槽邊接壁板

當板寬過小、但又必須採用半槽接
合時，雖然用一支釘子也能固定，
但最好還是用兩支釘子來固定，可
以增加壁板的穩定性。

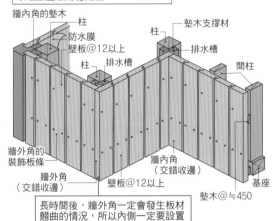

牆內角的墊木
柱
防水膜
壁板@12以上
柱
排水槽
墊木支撐材
排水槽
間柱
牆外角的
裝飾板條
牆外角
（交錯收邊）
牆內角
（交錯收邊）
壁板@12以上
墊木@≒450
基座

長時間後，牆外角一定會發生板材
翹曲的情況，所以內側一定要設置
排水槽。

壁板的其他設置方式

①縱向壁板，縫隙以木板壓條固定

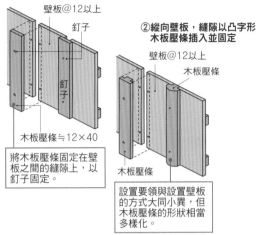

壁板@12以上
釘子
釘子
木板壓條≒12×40

將木板壓條固定在壁
板之間的縫隙上，以
釘子固定。

②縱向壁板，縫隙以凸字形
木板壓條插入並固定

壁板@12以上
木板壓條
木板壓條

設置要領與設置壁板
的方式大同小異，但
木板壓條的形狀相當
多樣化。

◐ 圖2 雨淋板的設置方式

日本押緣式雨淋板

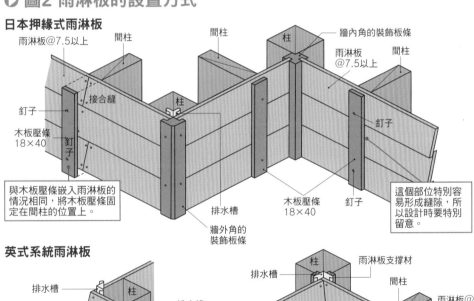

雨淋板@7.5以上
間柱
間柱
柱
牆內角的裝飾板條
雨淋板@7.5以上
間柱
接合縫
柱
釘子
釘子
木板壓條18×40
釘子
柱
排水槽
牆外角的
裝飾板條
木板壓條18×40
釘子

與木板壓條嵌入雨淋板的
情況相同，將木板壓條固
定在間柱的位置上。

這個部位特別容
易形成縫隙，所
以設計時要特別
留意。

英式系統雨淋板

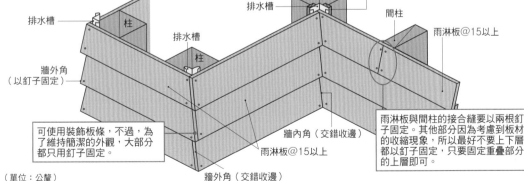

排水槽
柱
排水槽
柱
牆外角
（以釘子固定）
雨淋板支撐材
排水槽
間柱
雨淋板@15以上
牆內角（交錯收邊）
雨淋板@15以上
牆外角（交錯收邊）

可使用裝飾板條，不過，為
了維持簡潔的外觀，大部分
都只用釘子固定。

雨淋板與間柱的接合縫要以兩根釘
子固定。其他部分因為考慮到板材
的收縮現象，所以最好不要上下層
都以釘子固定，只要固定重疊部分
的上層即可。

（單位：公釐）

金屬板的種類

Point 金屬具有耐氣候性、加工性、形狀多樣性等各種不同的特性，使用時需從中選擇適當的種類。

金屬板的種類

金屬的種類大致上可分為鐵、與非鐵金屬（鋁、鋅、鈦等）這兩大類。

主要的金屬材料，除了含有碳成分的鐵、將鐵碳合金的鋼塊軋製成的鋼板、及已提高了耐氣候性的熱浸鍍鋅鋼板外，還有不鏽鋼鋼板、鋁合金鋼板、鋁鋅鋼板等種類（表1）。

金屬材料的形狀

除了鋼板外，金屬材料還有各式各樣的形狀，例如有帶狀斷面的扁鋼、L形斷面的角鋼、四方形斷面的方型鋼管、圓形斷面的圓型鋼管、C形斷面的C型鋼、ㄈ字形斷面的U型鋼，以及四方形或圓形的鋼材如方鋼、圓鋼等（圖1）。

金屬加工方法

金屬的加工方法主要有以下幾種：使用沖壓機進行板金加工的沖壓加工法；將加熱軟化的金屬材料放入容器，並施加壓力使金屬從容器前端孔洞擠出成型的擠壓加工法；將加熱軟化的金屬材料自一定直徑的孔洞中抽製成型的引伸加工法；將金屬熔化並注入模具，待其冷卻、固定成型的鑄模加工法；以及利用剪切機來剪切金屬的剪切加工法等。

金屬的加工品

依照各種不同的加工技術，可以製造出各式各樣的金屬產品。舉例來說，有在金屬板上打孔加工的沖孔金屬板、以金屬線材組織成網狀的金屬網板、波浪型斷面的浪板、方形波浪狀的角浪板、在板材上切出孔洞後再擴大孔洞製成的菱形網狀金屬擴張網，以及用板材夾覆加工成蜂巢狀的芯板以提升強度的蜂巢板等（圖2）。無論是哪一種金屬加工品，其加工性都相當優良，皆可大量生產。

▶ 表1 主要的金屬種類

種類	特徵	種類	特徵
鑄鐵	在鐵與碳的合金中，碳含量為1.7%以上的金屬。雖然無法軋製成型，但鑄造性極高，即使是複雜的形狀也容易鑄成。	不鏽鋼鋼板	鋼混合鉻與鎳等所製成的合金，以SUS做為標記。常做為建築材料使用的是SUS304。
鋼板	將含有碳素的鐵、與碳合金的鋼塊軋製加工所製成的鋼板。3公釐以下的稱為薄鋼板，3公釐以上的則稱為厚鋼板。	鋁合金鋼板	由於鋁的質地軟，因此得加入各種元素製成合金使用。因為在大氣中會形成氧化膜，所以耐鏽蝕性強；也因為輕質，所以加工性優良。
高耐氣候性軋鋼板	由於對初期發生的鏽蝕可形成具安定作用的氧化膜，幾乎可阻止鏽蝕情況繼續惡化，因此即使沒有塗裝也能夠長期使用。	銅板	因為在大氣中會形成具安定性的保護膜，所以耐氣候性優良，經年累月後會變成青綠色。加工性與延展性優良，除了使用於屋頂與外牆外，也能製成各種精緻的夾具或零件。
熱浸鍍鋅鋼板	將薄鋼板進行熱浸鍍鋅處理，透過鋅本身的犧牲性防蝕特性來保護鋼板。	黃銅（銅鋅合金）	銅與鋅的合金，也稱為黃銅。

▶ 圖1 金屬形狀一覽表

名稱	扁鋼	角鋼	方型鋼管	圓型鋼管	C型鋼	U型鋼（槽鋼）	方鋼	圓鋼
形狀	I	L	□	○	⊏	⊏	■	●
主要用途	欄杆扶手、或百葉窗板	次要構件的支撐材	夾層、或金屬家具的支腳等	欄杆扶手、或金屬家具的支腳等	間柱、或桁條等	次要構件、或桁條等	欄杆扶手、或金屬家具的支腳等	欄杆扶手、或金屬家具的支腳等

▶ 圖2 金屬加工品範例

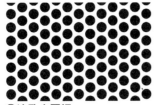

①沖孔金屬板
控制視線的可視範圍，同時兼具通風效果。具有隱密性。

②金屬網板
做為裝飾材，可創造出薄如皮膜般的視覺效果。

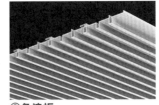

③角浪板
做為天花板或外牆使用，不占空間、且可創造出輕盈的視覺效果。

④金屬擴張網
剛性佳、且經濟實惠，可做為柵欄或樓版使用。

⑤金屬蜂巢板
輕質、有剛性、且經濟實惠，可當成家具的檯面或面材來使用。

金屬加工・鍍金處理

Point 金屬經過各式各樣的加工處理後，可充分展現出各種不同的特性。

金屬與熱

由於金屬的熱膨脹係數相當地高，當暴露在年溫差50℃以上的環境中當做外裝材料使用時，經常會發生變形或表面凸起等現象。因此，厚度較薄的部材等，一方面得將斷面製成摺板或波浪等形狀以提高材料本身的強度，另一方面也得將金屬端部折彎縮減材料寬度、讓固定間隔變窄，藉此防止金屬發生變形、凸起等現象。

再者，金屬的熱傳導率也很高，容易造成外裝材料的熱負載增加、或產生結露現象。對此，可以透過設置各種合成樹脂或隔熱材做成複合化的襯底，或是增設隔熱層、通風層等來加以因應。

金屬防蝕

金屬的鏽蝕現象，除了有長時間的自然鏽蝕外，還有與異種金屬接觸所產生的電蝕現象等（參考第130頁）。

防止金屬鏽蝕處理方法，有熱浸鍍鋅處理與陽極氧化處理等。熱浸鍍鋅處理是把金屬浸泡在溶有鋅元素的鍍金槽裡，使金屬表面形成合金層來增加防蝕效果；而陽極氧化處理則大多用於鋁素材，使鋁素材的表面生成陽極氧化薄膜，以提高耐蝕性。

另外，在薄板材方面，如鋁鋅鋼板、或者表面塗裝並覆蓋塑膠片的被覆材等，一般也會運用上述的方式進行防蝕處理（表1）。

金屬表面處理

如果是素材本身就具有耐氣候性的不鏽鋼或鋁等金屬的話，通常只要經過表面處理，就能運用在各種設計上。關於金屬表面的處理方法，如機械噴砂處理、刷上細膩刮痕的髮紋處理等，有各式各樣的表現方式。

一般來說，由於金屬的表面處理是事前在工廠施做的，如果沒有充分評估後續的製作方式，金屬表面容易在運送過程、現場作業、或進行熔接時受到損壞，這點要多加注意。

▶ 表1 金屬表面處理的主要項目

表面處理種類	特徵
噴砂處理	透過空壓機壓縮空氣、或利用螺槳產生的離心力等，將粒狀的研磨材料吹附在加工物上的加工方法。
滾筒研磨處理	將材料與研磨劑一起放入容器中，加以迴轉、振動來進行研磨的方法。可使表面的光澤均勻。
拋光處理	使拋光粉附著，透過迴轉加以輕柔地拋光，屬於直接接觸材料表面來進行研磨的方法。
髮紋處理	沿著同一方向刷上刮痕（髮紋）的方法。
振動研磨處理	以不規則手法製造出纖維般研磨傷痕的手法。是抑制光澤的霧面處理。
消光處理	以毛面滾壓機（dull roll）軋製，使表面呈現細微凹凸的方法。
壓花處理	使用空壓機將板材壓出圖案、呈現出立體感的方法。
蝕刻發紋處理	使用化學性或電蝕方式來熔解金屬表面或形狀的方法。較難處理金屬板或板金類材料，只能對薄板進行基本加工、或簡單的圖案加工。

髮紋處理

消光處理

蝕刻發紋處理
（梨地花紋）

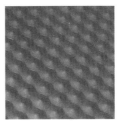
噴砂處理

▶ 圖1 處理金屬表面所使用的工具

金屬研磨劑

平面砂輪機

研磨機

金屬刷

鋼絲絨

磁磚 ‧ 石材

Point 磁磚與石材之類的外裝材料,應留意寒害、剝落、爆裂、髒污等問題。

磁磚與石材的注意事項

耐久性優良的磁磚與石材,是做為保護建築物結構的外裝材料而被廣泛使用,其特徵是形狀、色彩、與質感都相當多樣化(表1、表2)。

另一方面,如接縫的寬度大小、深度、分布區域、及牆外角與牆內角的輔助部材等,這些在設計、施工時需審慎評估、規劃的項目,也為數不少。另外,關於施工後的寒害、剝落、爆裂、污損等問題,也需要注意、並擬定對策。

①寒害

寒害是因為磁磚與石材吸收了水分後,因為凍結而反覆產生膨脹、溶解的現象所造成的。由於寒害的發生率取決於材質的吸水率,因此可選用質地十分緻密的石質或瓷質磁磚,以避免發生寒害。至於在吸水率高的石質或陶質磁磚的選擇上,則得經過充分地評估才行(表2)。

②剝落

剝落現象主要發生在底襯的砂漿層、或混凝土結構體的界面,所以工法的評估、選擇非常重要。磁磚與石材等材料內側的凹凸形狀稱為「背溝」,為了能與界面完全嵌合,其形狀可說是極重要的關鍵。另外要注意的是,接縫深度太深也是造成剝落的原因之一(圖1)。

③爆裂

爆裂通常是伴隨著砂漿底襯、或混凝土結構體的細微裂痕而發生,例如開口部的邊角、隱柱壁的中央、柱子與樑的接角等。這些容易發生爆裂的地方,可事先在底襯設置伸縮縫,使其與完成面的伸縮調整縫、混凝土結構的龜裂誘發縫一致的話,便可防止爆裂現象的發生。

④髒污

髒污可分成從材料內部滲透出的污垢、以及外部沾黏上的污垢。前者是指黏結砂漿層的鹼液滲透出來後,附著在接縫處與磁磚表面上所形成的白華(efflorescence,俗稱壁癌),或是指在磁磚表面上有白色粉末狀東西附著的現象等。

表1 建築用石材的分類

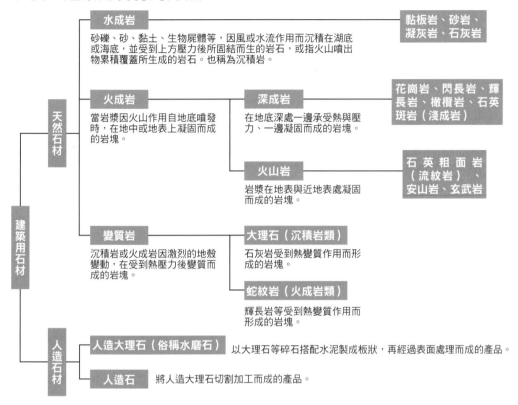

天然石材

水成岩
砂礫、砂、黏土、生物屍體等，因風或水流作用而沉積在湖底或海底，並受到上方壓力後所固結而生的岩石，或指火山噴出物累積覆蓋所生成的岩石。也稱為沉積岩。
→ 黏板岩、砂岩、凝灰岩、石灰岩

火成岩
當岩漿因火山作用自地底噴發時，在地中或地表上凝固而成的岩塊。

深成岩
在地底深處一邊承受熱與壓力、一邊凝固而成的岩塊。
→ 花崗岩、閃長岩、輝長岩、橄欖岩、石英斑岩（淺成岩）

火山岩
岩漿在地表與近地表處凝固而成的岩塊。
→ 石英粗面岩（流紋岩）、安山岩、玄武岩

變質岩
沉積岩或火成岩因激烈的地殼變動，在受到熱壓力後變質而成的岩塊。

大理石（沉積岩類）
石灰岩受到熱變質作用而形成的岩塊。

蛇紋岩（火成岩類）
輝長岩等受到熱變質作用而形成的岩塊。

人造石材

人造大理石（俗稱水磨石） 以大理石等碎石搭配水泥製成板狀，再經過表面處理而成的產品。

人造石 將人造大理石切割加工而成的產品。

圖1 磁磚的主要工法

①乾式工法
無縫處理（磚型）

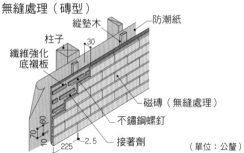

- 防潮紙
- 縱墊木
- 柱子
- 纖維強化底襯板
- 磁磚（無縫處理）
- 不鏽鋼螺釘
- 接著劑

30 / 70 / 60 / 10 / 225 / 2.5

（單位：公釐）

②濕式工法

改良式壓著施工法

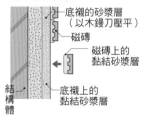

- 底襯的砂漿層（以木鏝刀壓平）
- 磁磚
- 磁磚上的黏結砂漿層
- 結構體
- 底襯上的黏結砂漿層

壓著施工法

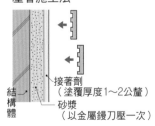

- 結構體
- 接著劑（塗覆厚度1～2公釐）
- 砂漿（以金屬鏝刀壓一次）

濕式工法出處：INAX

表2 陶瓷器的分類與主要特徵

	特徵	材質狀態（吸水率）	有無上釉
瓷質	質地具透明性，緻密且堅固，輕敲擊時會發出金屬般的清脆聲音。破碎時斷面呈貝殼狀。	吸水率極低（1%以下）	上釉、無釉
石質	雖然不像瓷質那樣透明，但經過玻璃質化可降低吸水率。土製瓷磚也可列入此分類中。	吸水率低（5%以下）	上釉、無釉
陶質	質地為多孔質、且吸水率相當地高，輕敲擊時會發出沉悶的濁音。	吸水率高（22%以下）	大部分無釉
土質	質地有色、多孔質、且吸水率相當地高。	吸水率極高（大）	大部分無釉

備註：上釉：是指施塗了釉藥的產品；無釉：是指無施塗釉藥的產品。

泥作材料的分類

Point 雖然泥作工程曾沒落一段時日，但近年來基於空氣、環境等環保因素的考量，又再次受到了矚目。

泥作材料的種類與性質

做為加水施工的濕式工法代表，在泥作材料上包含了暴露在空氣中時會與二氧化碳產生化學反應而硬化的氣硬性材料，以及混合水時會與水產生化學反應而硬化的水硬性材料等。

①砂漿

水硬性材料的砂漿，是將水泥質材料與河砂等細骨材，與混合水後所製成的材質（表1）。一般砂漿使用的是波特蘭水泥（普通水泥），但也有使用白水泥的白色砂漿、或加入顏料的有色砂漿等，這些砂漿廣泛使用為表層處理或底襯材。另外，添加了合成樹脂類的樹脂泥漿，由於能讓材料更加緊密地附著在底層，還具有防水功效，所以可用來保護混凝土、防水，或用來修補、填補缺損部位。

②混合石膏

以熟石灰、白雲石灰、凝結延遲劑調合成的混合石膏，在施工時加入砂等材料，再混合水就會製成水硬性材料，硬化後具有耐水性。這類材料乾燥的速度相當快，短時間內便能達到需求硬度；而且硬化時的容積變化量不大，也不易發生龜裂。

③灰泥

灰泥是以石灰岩、貝殼燒製而成的氣硬性材料。因為黏性較低，通常會添加黏膠性物質（以前是使用海草，但現在已改用高分子化合物等元素）、或麻纖維（細分出的馬尼拉麻纖維）來防止龜裂。

④土牆與砂牆

土牆與砂牆是傳統式的牆壁，共分成底塗、中塗、及上塗這三層結構。用於上塗的土壤依照地域的差異，有各式各樣的種類可供選擇（表2）。

⑤矽藻土

矽藻土是藻類的遺骸堆積而成的黏土狀泥土。因為具有超多孔質構造，所以通氣性與吸附性都相當優良。近年來，常做為優良機能的水硬性泥作材料而被大量使用。

◗ 表1 砂漿的調配比例（容積比）

底襯材	下層或底塗	表面修整、中塗	上塗	施工場所
	水泥：砂	水泥：砂	水泥：砂	
混凝土 PC板	—— 1：2.5 1：2.5 1：2.5	—— —— 1：3 —— 1：3	1：5 1：2.5 1：3 1：3 1：3.5	張貼物底層（底塗）的地板 地板表面 內牆 天花板、屋簷 外牆、其他
混凝土磚	1：3 1：3	1：3 1：3	1：3 1：3.5	內牆 內牆、其他
金屬模板 金屬網 鐵板 鐵絲網	1：3 1：2.5 1：2.5	1：3 1：3 1：3	1：3 1：3.5 1：3.5	內牆 天花板 外牆、其他
木絲水泥板 木片水泥板	1：3 1：3	1：3 1：3	1：3 1：3.5	內牆 外牆、其他

◗ 表2 日本土牆使用的主要色土

名稱	顏色	日本產地	用途[5]	備註
淺蔥土	淡藍色	淡路（德島） 伊勢（三重） 江州（滋賀）	糊狀塗覆、水狀塗覆、半糊狀塗覆、大津磨	可加入少量的煤灰來調整顏色。
稻荷黃土	黃色	伏見（京都）	糊狀塗覆、水狀塗覆、大津磨、土壤塗覆、底襯材補強、半糊狀塗覆	今治、豐橋等地也有許多黃土產地。
京錆土	茶褐色	伏見（京都） 山科（京都）	糊狀塗覆、水狀塗覆、半糊狀塗覆	豐橋等地也出產錆土。
九條土	灰色 深黃色	九條（京都）	糊狀塗覆、水狀塗覆、半糊狀塗覆、大津磨	可用加入煤灰的深褐色錆聚樂土替代。
江州白	白色	江州（滋賀）	糊狀塗覆、水狀塗覆、半糊狀塗覆、大津磨	山形等地也出產白土。
聚樂土	淡褐色 深褐色	大龜谷（京都） 西陣（京都）	糊狀塗覆、水狀塗覆、半糊狀塗覆	淡褐色是黃聚樂土，深褐色是錆聚樂土。
紅土	淡紅色	內子（愛媛） 沖繩（沖繩）	糊狀塗覆、水狀塗覆、半糊狀塗覆、大津磨	也會添加白土使用。

譯注：
5.糊狀塗覆是以銀杏草糊為黏料，半糊狀塗覆是以些微海藻糊溶液為黏料，水狀塗覆只混合水，而大津磨能使壁面平滑如鏡。

077
泥作工程
泥作材料的底襯

Point 塗覆材料的上塗黏度如果比底塗的黏度高，會容易發生龜裂或剝落的現象。因此，愈接近底塗，得使用黏度愈高的材料。

泥作材料的底襯種類

①砂漿塗層的底襯

砂漿塗層的底襯，以往一般是在窄幅的木條上安裝金屬製的金屬網或金屬模板而製成（圖2、圖3）。不過，近幾年來由於傾向建造平滑表面，所以大多改用表面已做出凹凸層、可直接塗覆上砂漿的「薄板」（lath cut board）來取代金屬網當做底襯；而且，這種板材本身也可當成承重面材。

②土牆的底襯材

土牆或灰泥等傳統牆壁的底襯，使用的是以棕櫚繩等細繩將剛竹或矮竹編成格子狀的竹網（圖1）。

施工時，首先要將做為底塗、黏度最高的高黏度[6]黏土（白土）塗覆在竹網上，待其充分乾燥、硬化。接著，中塗再使用粒度較細、黏度較弱的黏土進行塗覆。中塗施工時，只要以織孔較大的粗棉布（日文「寒冷紗」）覆蓋，便能提升接著性以防止龜裂。

③內裝牆壁的底襯

在內裝的泥作底襯方面，大多會使用板材。在石膏板的接縫上，也會使用粗棉布覆蓋以防止龜裂。

底襯材與塗覆材料之間的適合性

底襯材與塗覆材料之間化學特性的適合與否也相當重要。例如石膏類等酸性塗覆材料會使金屬製的網狀底襯材受損。另外，不耐鹼性的多孔石膏板與強鹼性的白雲石灰，以及木製底襯材與鹼性且含水性高的砂漿等，也都不適合搭配使用。另外，石膏只要混合到些許鹼性物質，就容易發生硬化不良的現象，這點也須特別注意。

泥作底襯施工時的注意事項

各道施工程序中的塗覆工程，都必須趕在硬化時間內完成。尤其是水硬性材料，不但受到凝結、硬化時間的限制，而且材料還無法二度混合使用。

原注：
※6為了提升與底襯材的接著性，添加許多黏結劑以提升黏度。

圖1 竹網底襯（編竹夾泥牆）的標準工法

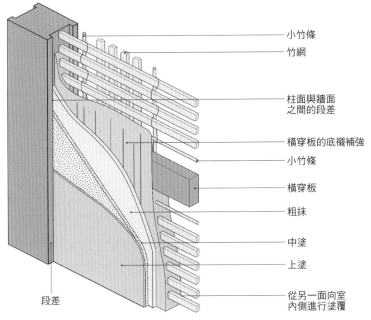

- 小竹條
- 竹網
- 柱面與牆面之間的段差
- 橫穿板的底襯補強
- 小竹條
- 橫穿板
- 粗抹
- 中塗
- 上塗
- 從另一面向室內側進行塗覆
- 段差

圖2 木條底襯的標準工法

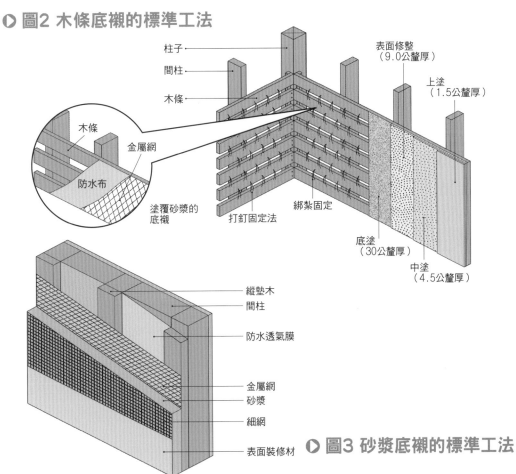

- 柱子
- 間柱
- 木條
- 表面修整（9.0公釐厚）
- 上塗（1.5公釐厚）
- 木條
- 金屬網
- 防水布
- 塗覆砂漿的底襯
- 打釘固定法
- 綁紮固定
- 底塗（30公釐厚）
- 中塗（4.5公釐厚）
- 縱墊木
- 間柱
- 防水透氣膜
- 金屬網
- 砂漿
- 細網
- 表面裝修材

圖3 砂漿底襯的標準工法

泥作材料的表面處理

Point 雖然泥作工程較費工夫，但是透過不同手法所展現出的各式各樣的設計感，正是泥作的魅力所在。

泥作工程表面處理的手法

塗覆後便可完工的泥作工程，隨著不同的塗覆工法，可呈現出形形色色的設計樣貌（圖1）。

①壓實

壓實是以鏝刀直接按壓材料的基本工法。一般來說，可分成將中塗或底塗的表面以木製鏝刀均勻整平厚度的工法，以及將上塗以金屬鏝刀密實地均勻壓實的工法。

②抹平

抹平是指僅需塗平中塗便完工的工法，原本是比壓實簡便的手法。不過，也有在中塗的灰泥砂漿施工完成後直接以鏝刀抹平其表面的工法，這種方式雖然比較費事，但可以凸顯骨材質地，呈現出粗糙的表面效果。

③磨光

磨光是指先壓實含有水分的上塗材料後，再以鏝刀、布、或手加以摩擦，直到表面出現光澤為止的高級工法。在日本的傳統工法中，除了有對摻入稻草屑、紙屑等纖維的灰泥壁進行磨光的工法外，也有對使用灰土、引土這兩種上塗材料的大津壁進行磨光的工法，還有以鏝刀壓實土佐灰泥壁（其灰泥成分較特別），直到水泥漿出現光澤後再灑上亮粉（雲母粉）來磨光的工法等。另外，使用石灰泥的義式磨光法雖然是歐洲自古以來使用的手法，但現在為了做出新的質地，也已經改用現成的調合材料。

④粗糙面

是等表層達到一定的硬化程度後，再以刷子、刷毛、鋼絲刷、聚苯乙烯板等工具塗刷表面，創造出具設計感的粗糙面。因為最終呈現的表面效果取決於施工者的判斷力（見識、技術），所以施工前必須進行具體的討論。

另外，所謂的洗石子工法，主要是是在砂漿中加入碎石混練後做為塗材塗覆到牆上，然後在材料尚未硬化前以水沖洗表面、讓碎石露出來的工法（圖1右下）。

▶ 圖1 泥作工程表面處理的範例

以鏝刀壓實

磨光

抹平

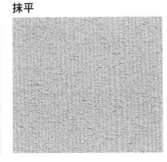

以刷子刷出條紋

以刷毛拉出條紋

塗覆後不抹平

條紋表面

以鏝刀抹出鏝刀紋路

洗石子

▶ 圖2 以泥作工程進行裝飾的範例

凸稜格子牆

灰泥壁裝飾

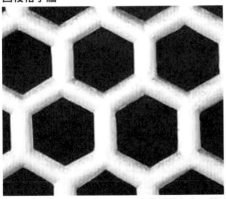

在日本關東，由於比關西還難取得優質的色土，所以在灰泥壁的表面處理上，研發出更為洗鍊的工法。

塗裝材料的種類

Point 能保護材料、並且添加設計感的塗裝材料，其施工幅度
廣及建築物的內、外部，種類也包羅萬象。

一般塗料的分類

塗料的主要原料是樹脂、顏料、添加劑、以及稀釋劑，其中，依照稀釋劑的種類又可分成溶劑型塗料與水溶性塗料兩種。近年來，由於考量到溶劑中含有VOC（揮發性有機化合物），施工時會有勞動安全衛生上的疑慮、以及大氣污染、室內空氣污染等，因此有改用水溶性塗料的趨勢。

另外，如果依照塗料中樹脂成分的耐氣候性等性能來分類的話，塗料還可分成丙烯酸樹脂（壓克力樹脂）類、聚氨酯樹脂類、含矽丙烯酸樹脂類、氟樹脂類等，一般來說，在上述排列中愈後面的樹脂，其耐氣候性就愈優良（表）。

溶劑型塗料（OP・SOP・VP）

溶劑型塗料有強溶劑型與弱溶劑型兩種。前者是需要加入揮發性強的稀釋劑等強溶劑才能使用的塗料；後者則是要加入閃火點較高的弱溶劑。溶劑型塗料可在低溫的環境下使用、且乾燥時間短，因此施工性非常優良；至於耐久性方面，也比加水稀釋的水溶性塗料來得佳。油漆（OP）因為原本是以植物油做為溶劑，所以乾燥時間較長，但現在也已經被弱溶劑型的調合漆（合成樹脂型）（SOP）給取代；SOP不但施工容易，價格也相當經濟實惠。另外，聚氯乙烯樹脂塗料（VP）則由於具有自然熄火性，即使塗膜表面著火也不會延燒到其他地方，因此經常被使用在加油站等處的外牆上。

水溶性塗料（EP）

所謂的合成樹脂乳膠塗料（EP），是把合成樹脂加入水中加以混合製成的乳化狀塗料，這種塗料可以用水稀釋。為了開發出不危害空氣品質的乳膠塗料，相關業者還在持續研發革新技術，除了以往的丙烯酸樹脂塗料（AEP）、乙酸乙烯酯塗料外，也陸續開發出適用於外裝材料、具有高耐久性的塗料，如聚氨酯樹脂塗料、含矽丙烯酸樹脂塗料、氟樹脂塗料等。

▶ 表 塗裝材料的特性一覽表

名稱	適用質地	使用於屋外	耐久性與預估需重新粉刷時間	其他特徵	預估成本（日圓／平方公尺）※3
漆（薄漆）	木質	×	耐水性、耐藥品性、耐磨損性優良。	抗紫外線的效果差。必須在高濕度的環境下乾燥。	20,000～30,000（上4次薄漆）
腰果漆	木質	×	與聚氨酯樹脂塗料同等級。耐磨損性佳。	暴露在紫外線下會褪色。乾燥相當花費時間。	3,500～5,500（塗覆效率50%）
保護漆	木質	×	雖然比其他塗料還差，但塗膜不會產生裂痕。2年。	雖然塗裝作業的效率差，但初學者也能進行塗裝作業。	2,000～2,500（WATCO OIL）
蠟	木質	×	雖然具有撥水性，但防濕性差。半年。	乾燥相當快速、且施工性佳。	800～1,000
木材保護著色塗料	木質	○	初次塗覆的兩年後需重新粉刷，之後每隔5年再補粉刷一次即可。	不適用於噴塗。	1,500～1,700（上2次漆）
快乾漆	木質	×	比聚氨酯樹脂塗料略差。	乾燥快速（一般大約1～2小時）。	1,500～2,500（上3次漆）
醇酸樹脂塗料	木質	△※1	耐水性、耐酸性、耐油性佳。約4～5年（屋外）。	乾燥相當花費時間。以刷毛塗覆的施工性佳。	1,800～2,700（上3次漆）
	金屬	○			—
兩液型聚氨酯樹脂塗料	木質	△※1	優良。約9～10年（屋外）。	高級裝修材料。塗膜性能僅次於含矽丙烯酸樹脂塗料。	2,500～3,000（上3次漆）
	金屬	○			—
	水泥				—
丙烯酸樹脂塗料	金屬	○	更為優良。約6～7年（屋外）。	乾燥快速，施工性佳。	1,900～2,200（上3次漆）
	水泥				—
含矽丙烯酸樹脂塗料	金屬	○	非常優良。約10～12年（屋外）。	塗膜性能與氟樹脂塗料相當接近。	3,700左右（上4次漆）
	水泥				—
氟樹脂塗料	金屬	○	非常優良。約12～15年（屋外）。	是目前耐氣候性最優良的建築用塗料。	4,600左右（上4次漆）
	水泥				—
調合漆	木質	○	不適用於講求耐久性的場所。約2～5年（屋外）。	雖然乾燥較慢，但施工性相當優良。	1,800～2,000（上3次漆）
	金屬				
合成樹脂乳膠漆	木質	△※2	不適用於講求耐久性的場所。約5～6年（屋外）。	施工程序單純，施工性佳。	1,600～2,000（上3次漆）
	水泥				
聚氯乙烯樹脂（PVC）塗料	木質	○	比調合漆、合成樹脂乳膠漆還優良。	可使用於講求耐水性、防霉性的部位。	1,800～2,100（上3次漆）
	金屬				—
	水泥				—

本表中各符號代表意義：○＝可；△＝在附帶條件下尚可；×＝不可。

備注：

※1 因清漆不同，不適合塗覆於屋外木頭。

※2 雖然適用於屋外，但實際使用案例大多用於屋內。

※3 除了基礎調整費、養護費、施工架費用外的材料、施工、設計價格。（參考價格）

外牆噴塗材料

Point 施工時，透過不同的泥作與塗裝工程，外牆會呈現出各式各樣的質地與效果。

裝飾用的噴塗材料也是塗裝材的一種，具有塗層厚度，因為可以展現出各式各樣的質地，所以自日本昭和三十年代（一九五五年）起，就被運用在當時的國民住宅外牆上，做為外裝材料。之後，塗裝材料也在耐久性、耐氣候性、防污性等方面不斷改良，到了現在仍繼續廣泛活用於新居或改建工程上。

外牆噴塗材料的種類

屬於噴塗於外牆的外牆塗裝材料，就單層的類型來說可分成塗層厚度約3公釐的薄塗裝飾塗料，以及塗層厚度約4～10公釐的厚塗裝飾塗料。另外，還有共具底漆、中層漆、面漆三層的裝飾用複層塗料，其塗層厚度為1～5公釐，耐氣候性與耐久性都相當優良。這些材料一般也被稱為「噴塗紋外壁板」，大致上可分成水泥（C）、丙烯酸樹脂（E）、矽（Si）等三種材質。

防水型的裝飾用複層塗料相當具有彈性，即使襯底發生裂痕，塗膜也不會破裂，因此又稱為「彈性防水塗料」。無論是哪一種裝飾用複層塗料，除了可用於鋼筋混凝土（RC）材質外，也都適用於砂漿、混凝土磚等材質；但是，因為環氧樹脂類的裝飾用複層塗料在硬化時收縮力較大，所以不適用於表面強度較弱的ALC板或矽酸鈣板等材質。

外牆塗裝材料的表面處理

就薄塗裝飾塗料而言，由於其噴塗完成的狀態表面能表現出泥作工程中抿石子[6]的紋路，所以也稱為噴塗砂紋，不但具有設計感，CP值（性能價格比，Cost-Performance ratio）也相當高（圖上）。而厚塗裝飾塗料，除了可呈現噴塗後未經修飾的原始模樣外，還能以各種鏝刀或造型滾輪來加工，做出各種立體的模樣。可通稱為「仿岩塗料（stucco）」（圖中）。

至於裝飾用複層塗料，除了能噴塗成橘皮紋、凹凸紋，或進行滾輪加工等處理外，也能以鏝刀塑型出鏝刀紋（圖下）。

譯注：
6.抿石子是一種泥作手法，主要是先將石頭與水泥砂漿混合攪拌後，抹在粗胚的牆面上，待水泥略乾時，用海棉擦拭表面水泥，讓混拌其中的石子浮現出來。

◉ 圖 外牆噴塗材料的表面處理

薄塗裝飾塗料

噴塗紋（砂壁狀）

橘皮紋

滾紋

厚塗裝飾塗料

噴塗紋（仿岩效果）

噴塗紋凸部加工處理

鏝刀紋

條紋

造型滾輪壓花

造型滾輪壓花

裝飾用複層塗料

噴塗凹凸紋

橘皮紋

凹凸紋

表面的前處理要點

Point 表面的前處理是影響塗裝工程結果好壞的重要因素,因此是不可或缺的施工程序。

表面的前處理是指為了讓塗料能夠與材料緊實密所做的處理,大致可分為兩部分,第一種是清除材料面的髒污、附著物等雜質,使表面平滑潔淨的刮除處理,第二種則是填補材料的缺損部位,使表面平滑完整的修補處理。在日本國土交通省的「公共工程標準規格書18・素地調整」中有詳細介紹,以下只針對被塗物的種類列出相關要點。

木質類材質的封孔處理

木質類材質應使用溶劑等來清除髒污或附著物、或進行樹脂清除處理。對於柳安木、桉樹等導管較發達的樹種,為了避免塗料滲入樹的導管內、或防止底層、中層發泡,應塗上封孔劑,以封住木材上的孔洞。接著,針對蟲眼、木紋、細毛等處進行研磨處理、節疤處理、修補處理後,再將整個材料研磨成平滑面(圖1)。

金屬類材質的防鏽處理

就鋼鐵材質來說,是先以刮削器、鋼絲刷等工具清除塗裝面的髒污或附著物,然後使用溶劑去除油脂成分後,再進行除鏽處理。除鏽處理有利用酸洗的化學性處理方式,與利用噴砂、磨光機等的物理性處理方式。而最為精細的規格是,在上述除鏽程序後再進行化成皮膜處理(chemical conversion treatment),也就是使化成的塗膜與材料緊密貼合,再使用防鏽底漆塗布於底層上(圖2)。至於鍍鋅鋼材質,與鋼鐵同樣都要先去除髒污、油脂成分,之後再進行化學皮膜處理,或塗布蝕刻底漆(專為鍍鋅鋼表面的前處理而設計的防護漆)(圖3)。

水泥類材質與底漆塗布

水泥類材質含有水分,而且屬於鹼性又具有吸水性,所以必要時應先進行刮除處理,再整面塗布可防止塗料滲入水泥的底漆。之後,進行修補處理,填補凹洞或切削後凹凸不平的部分。並且,在板材的接縫與混凝土面上,也可以鋪上織孔較粗的粗棉布做為底襯(圖4)。

▶ 圖1 表面的前處理工程（木質材質）

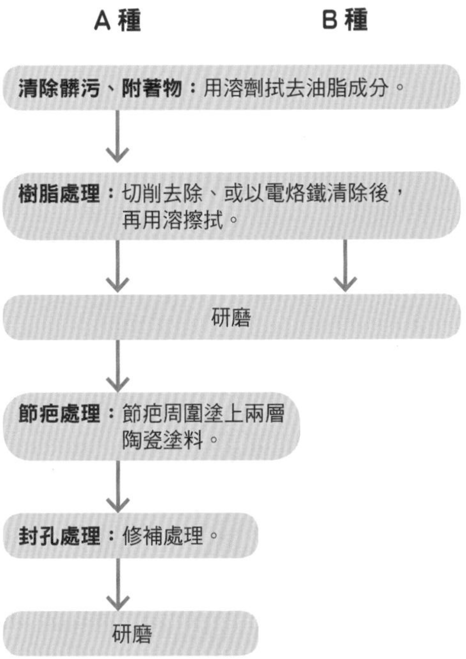

A種　　　　　**B種**

清除髒污、附著物：用溶劑拭去油脂成分。

↓

樹脂處理：切削去除、或以電烙鐵清除後，再用溶擦拭。

↓

研磨

↓

節疤處理：節疤周圍塗上兩層陶瓷塗料。

↓

封孔處理：修補處理。

↓

研磨

▶ 圖2 表面的前處理工程（鋼鐵材質）

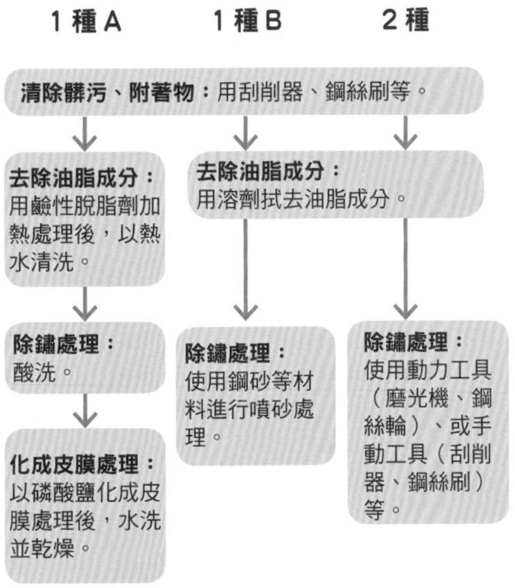

1種A　　　**1種B**　　　**2種**

清除髒污、附著物：用刮削器、鋼絲刷等。

↓

去除油脂成分：用鹼性脫脂劑加熱處理後，以熱水清洗。

去除油脂成分：用溶劑拭去油脂成分。

↓

除鏽處理：酸洗。

除鏽處理：使用鋼砂等材料進行噴砂處理。

除鏽處理：使用動力工具（磨光機、鋼絲輪）、或手動工具（刮削器、鋼絲刷）等。

↓

化成皮膜處理：以磷酸鹽化成皮膜處理後，水洗並乾燥。

▶ 圖3 表面的前處理工程（鍍鋅鋼材質）

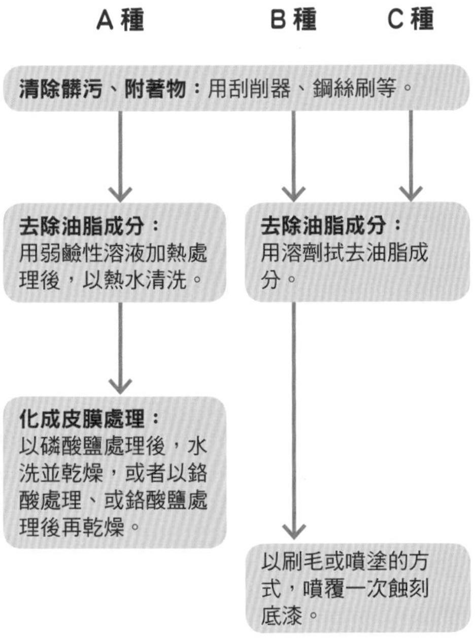

A種　　　**B種**　　　**C種**

清除髒污、附著物：用刮削器、鋼絲刷等。

↓

去除油脂成分：用弱鹼性溶液加熱處理後，以熱水清洗。

去除油脂成分：用溶劑拭去油脂成分。

↓

化成皮膜處理：以磷酸鹽處理後，水洗並乾燥，或者以鉻酸處理、或鉻酸鹽處理後再乾燥。

以刷毛或噴塗的方式，噴覆一次蝕刻底漆。

▶ 圖4 表面的前處理工程（水泥材質）

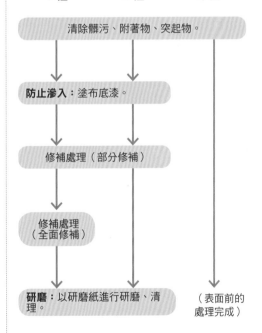

1種　　　**2種**　　　**3種**

清除髒污、附著物、突起物。

↓

防止滲入：塗布底漆。

↓

修補處理（部分修補）

↓

修補處理（全面修補）

↓

研磨：以研磨紙進行研磨、清理。

（表面前的處理完成）

機能性塗料

Point 除了保護材料、美化外觀之外，具有特別機能的塗料便稱為「機能性塗料」（表1）。

超耐氣候性塗料・低污染型塗料

使用於建物外部的塗料最講求耐氣候性。氟樹脂塗料在日本JIS規格中被認定為超耐氣候性塗料，雖然價格比較昂貴，但安定性相對較高，耐氣候性也十分優良，從使用期限（壽命週期）的成本觀點來看，可發揮相當高的性能。

並且，外部塗裝也很講求耐污染性。專門為了減少表面附著污垢而開發出的低污染型塗料，其塗裝面具有親水性，污垢不但不易附著、也容易去除。另外，還有一種含有光觸媒成分，只靠雨水沖洗就能洗淨污垢、屬於自我洗淨型的塗料（圖1）。

耐火塗料・防火塗料

耐火塗料是火災時用來保護鋼架的鋼結構耐火被覆材料，塗膜成分在受熱後會分解、發泡而形成隔熱層（圖2，另參見第92、94頁）。另一方面，一般的防火塗料是指，塗裝在木材上使木材不易起火或燃燒的塗料（但並非使木材成為不燃材料）（參見第92頁）。防火塗料的塗裝面具有像亮光漆一般的光澤，呈現出與木材質地不一樣的風貌。

遮熱塗料

由於遮熱塗料的成分中使用了陶瓷而能反射紅外線，所以主要可做為因應夏季日照時的對策。遮熱塗料與遮熱材料一樣，都會阻擋陽光的熱能，因此冬季若想利用太陽能的話，就不適合使用這種塗料。

木材保護塗料

因為木材是多孔質的素材，所以如果未經過塗裝處理，便容易產生各種變化，如沾染髒污、發霉，木材表面纖維起毛等。而可抑制這些情況發生的木材保護塗料，主要有形成塗膜的噴塗型、與浸塗型兩種。為了不破壞木材的吸放濕性，最好選擇浸塗型的保護塗料。

▶ 圖1 低污染塗料的結構

傳統型的塗膜（疏水性・親油性）

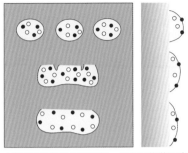

水滴落到塗膜表面後滑落，易留下條狀污痕。

低污染型的塗膜（親水性・撥油性）

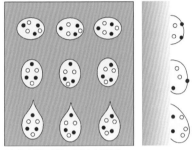

形成水膜，髒污易被水沖刷。

▶ 圖2 耐火塗料的發泡過程

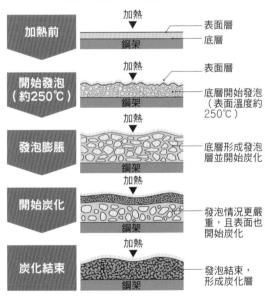

出處：Nippon Paint Co., Ltd.

▶ 表1 機能性塗料的分類與種類

機能	種類
光學性	發光、螢光塗料
	夜光塗料
	迴歸反射塗料
	熱線吸收塗料
	抗紫外線塗料
	光電塗料
	光彈性塗料
	雷射塗料
	液晶顯示器用的抗反射塗料
電氣・電子材料	絕緣塗料
	半導體塗料
	防帶電塗料
	導電塗料
	電波吸收塗料
	防電磁波塗料
	電場防護油漆
	二次電子放射塗料
	磁性塗料
	電子用的標線噴漆
環保・安全	防結冰、不沾塗料
	防結露塗料
	止滑塗料
	超耐氣候性塗料（低污染型、自我洗淨型）
	隔音、防振塗料
	抗輻射線塗料
	測漏噴劑
	防貼塗料
	防霉塗料
熱性	散熱塗料
	耐熱塗料
	耐火、防火塗料
	示溫塗料
抗生物	防霉塗料
	抗菌塗料
	殺蟲、防蟲塗料

column
屋頂

因漏水而形成的晴天雨

　　一談到屋頂，最令人擔心的事莫過於漏雨了。但是，在才剛完工不久的住宅中，要是在寒冬的晴天竟然從天花板開始像滴雨般的漏水，水滴不斷落下，這可就不只是「晴天霹靂」，而簡直成了名副其實的「晴天雨」。

　　漏水時，只要查看天花板的內部，便會發現屋面板布滿了水滴。這是因為使用暖氣造成室內空氣的濕度上升，而這樣的室內空氣又接觸到因晴天的輻射冷卻而變得冰涼的屋面板，所以才導致結露現象。

　　其中一項成因，應該是以金屬板鋪設的單坡屋頂面朝北方的關係。甚至，若是在屋頂內部設置了收納空間，這個空間便會屯積大量的室內濕氣，造成屋頂內部通風不良。對此，需多下工夫來增加通風量，以解決問題。

　　以往的日本住宅都設有緣廊跟通道，藉此形成區隔室外與室內的一個「緩衝空間」。即使是現代的住宅，也會在屋頂內部或地板下方等處設置「看不見的緩衝空間」，這樣的空間對於居住環境的舒適感而言，可說是相當具有影響力。

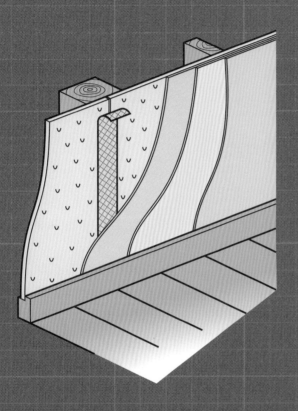

4

內裝材料・
室內裝修工程

室內裝修工程
木質類材料

Point 單層木地板使用的是實木材。複合式木地板則依表面的貼面材與基材而有所差異。

木質類的地板材統稱為「木地板」（Flooring）。木地板不但溫潤、觸感良好，隔熱性與調濕性也非常優良。而且，由於表面平滑而容易清掃，所以還具有不易發霉、不易滋生壁蝨、塵蟎等衛生方面的優點。

木地板可大致分成單層木地板與複合式木地板兩類，各自有其優缺點。這兩種木地板的用途，都可分再為格柵用、與直接鋪設用（表1）兩種。

單層木地板

是指將實木製成板狀鋪設而成的地板，這種木地板可呈現出原木的質感。只要選擇適當的材種與塗裝方法，就能創造出充滿木質香氣的休閒空間。相反地，也正因木材是天然素材，所以也會有伴隨著木質特性而產生的缺點，例如因木質的伸縮性造成接合處出現縫隙、翹曲、或裂痕等。此外，由於木材的木紋與顏色等會有差異變化，因此也必須進行加工處理。

單層木地板的種類可分成條狀木地板、方塊狀木地板、馬賽克拼花木地板三種，目前使用最為廣泛的是條狀木地板。條狀木地板依照樣式的不同，還可再細分成三個種類（圖1）。

複合式木地板

在日本的JAS規格中，單層木地板以外的都屬於複合式木地板。一般而言，這是指合板等基材表面上貼有修飾用的貼面材、結構兩層以上的地板。

複合式木地板的貼面材厚度愈厚，等級就愈高。和單層木地板相比，複合式木地板的品質因差異度小而更加穩定，加上材料的尺寸也較大，因此具有施工性優良的優點。另外，複合式木地板還有各種因應地暖規格、防音規格、耐水規格等的機能性商品，種類相當豐富。

木地板的施工方法

施工方式有以暗釘將地板固定在格柵上的格柵鋪設法，以及併用接著劑與釘子將地板固定在合板等底襯材上的直接鋪設法（圖2）

▶ 表1 種類與用途

種類		用途		定義
		格柵用	直接鋪設用	
單層木地板	條狀木地板	○	○	山毛欅、橡樹、樺樹等闊葉樹，喬木等南洋材，單片針葉樹鋸成板（包含縱向接合的木板）。
	方塊狀木地板	—	○	用兩片以上的鋸成板並排接合成正方形或長方形的地板。
	馬賽克拼花木地板	—	○	將兩片小片的鋸成板（長度22.5公分以下的木板，也稱為「木片」）並排，以紙等材料組合而成的地板。
複合式木地板	一種複合式木地板	○	○	是指只以合板做為基材的地板。有表面是天然木皮的鋸成板或單板經貼面過的「天然木皮貼面合板」，以及除了天然木以外還做了特殊加工的「特殊加工貼面合板」。
	兩種複合式木地板	○	○	以鋸成板、集成材、單板層積材、或木芯板合板做為基材的地板。
	三種複合式木地板	○	○	由上述一種複合或兩種複合的基材所組合而成的地板，或者其他木質材料（MDF、HDF等）所組合而成的地板。

▶ 圖1 條狀木地板的種類

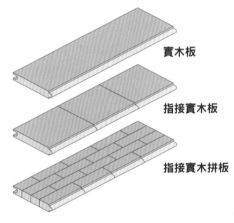

實木板

指接實木板

指接實木拼板

實木板：長度與寬度方向都沒有接縫的地板。不使用接著劑。
Uni（指接實木板）：長度方向有接縫的地板。大多採用「指接」的接合方式。
FJL（指接板實木拼板）：長度與寬度方向都有接縫的地板。

備註：指接實木板與指接實木拼板的共同特徵是板材尺寸都比較小。透過將每一片木材尺寸縮小再接合的方式，較能避免施工上的錯誤，而且還可有效活用無瑕疵的邊材。
出處：『地板指南』日本地板工會

▶ 圖2 施工方法

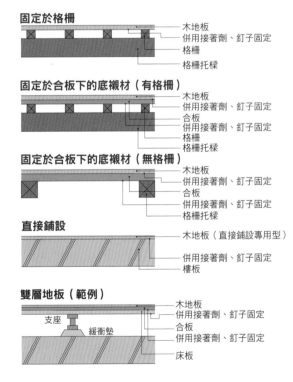

固定於格柵
- 木地板
- 併用接著劑、釘子固定
- 格柵
- 格柵托樑

固定於合板下的底襯材（有格柵）
- 木地板
- 併用接著劑、釘子固定
- 合板
- 併用接著劑、釘子固定
- 格柵
- 格柵托樑

固定於合板下的底襯材（無格柵）
- 木地板
- 併用接著劑、釘子固定
- 合板
- 併用接著劑、釘子固定
- 格柵托樑

直接鋪設
- 木地板（直接鋪設專用型）
- 併用接著劑、釘子固定
- 樓板

雙層地板（範例）
- 木地板
- 併用接著劑、釘子固定
- 合板
- 併用接著劑、釘子固定
- 床板
- 支座
- 緩衝墊

天然材料

Point 除了循環型資源之外，其他以建材或接著劑等混合製成的建材，也都稱為複合建材。

榻榻米（疊蓆）

榻榻米（疊蓆）是一種在芯材的榻榻米板上，縫上用藺草（又稱燈芯草）和線編織而成的蓆面與裝飾邊條（疊緣）等所製成的板狀地板裝修材料。榻榻米的長度稱為一間（寬度稱為半間），大小稱為一疊，其實際尺寸大小雖然因地區而異，但都是可用來計算空間大小的基本單位（表1）。榻榻米不僅能帶給足部舒適的觸感，也具有適當的彈性。此外，因為使用的是天然素材，只要定期更換表層，就能再生循環地持續使用。

榻榻米可分成只使用稻桿的天然榻榻米、完全不使用稻桿的人工合成榻榻米、以及合併以上兩種的半人工合成榻榻米三種。人工合成與半人工合成榻榻米的榻榻米板中，使用的是稱為榻榻米底板的隔熱板、或是聚苯乙烯板。

沒有裝飾邊條（疊緣）的正方形榻榻米，稱為「無邊條榻榻米」（日文慣稱為「琉球疊」）。傳統的無邊條榻榻米是以七島藺（盛產於日本九州東北部的大分縣）為原料所製成，相當厚實而具有耐久性，耐火性也十分良好。

瓊麻‧椰樹

以天然的瓊麻纖維或椰子纖維編織而成的地板材，具有粗糙的質感，調濕性與隔音性都很優良。這類材料最大的特徵就是不會產生靜電；此外，也有將這兩種材料混織而成的產品。

軟木地板

軟木地板是以軟木屑為主原料製成的磁磚狀地板材。軟木地板是輕質、有彈力，而且保溫、隔熱性都相當優良的素材，除了有磁磚狀、板狀外，還有其他可用於木地板加工的種類。

天然石材

天然石材的質感高級，依照不同的表面處理方式，便能呈現出截然不同的樣貌，這可說是其魅力之一。石材不但耐久性高、且抗衝擊性也不錯。但是，使用於住宅時，必須考慮到比熱大小的問題。

表1 榻榻米（疊蓆）的尺寸（成品的尺寸大小）

蓆面在日本JAS規格上的種類	JIS規格的尺寸	通用名稱		尺寸上的稱呼	寬度（公釐）	長度（公釐）	備註
第一種	95W－55	京間[1]	本京間 本間間 五寸間	六三間	955	1910（6尺3寸）	為日本關西、中國、山陰、四國、九州等地域的稱呼。由於柱間尺寸是6尺5寸，所以也稱為5寸間。
第二種	91W－55	中間[2]	中京間	三六間	910（3尺）	1820（6尺）	大多為日本中京地區、部分東北、北陸、沖繩地區的稱呼。也稱為並京間。
第三種	88W－55・60	柱間[3]	江戶間 關東間	五八間	880	1760（5尺8寸）	以前大多是日本名古屋以東地區的稱呼，近年來在日本各地都很常見，柱間尺寸是6尺。也稱為東京間。

參考：『新編 建築材料資料手冊』OHM社

表2 榻榻米板的種類與剖面結構（JIS）

區分（記號）		榻榻米的材料與結構	榻榻米板的剖面（最上面為表面）
天然榻榻米（WR）JIS A 5901	6層型	以稻稈為材料所製成的。	上層／中層／下層（含切短的稻稈）
	4層型		中層／下層（含切短的稻稈）
稻稈、聚苯乙烯板的半人工合成榻榻米JIS A 5901（PS-C）		以聚苯乙烯板為芯材，上下層覆蓋稻稈所製成的榻榻米。	補強材／擠塑式聚苯乙烯隔熱保溫板／下層（含切短的稻稈）
榻榻米底板的半人工合成榻榻米JIS A 5901（TB-C）		以榻榻米底板為芯材，上下層覆蓋稻稈所製成的。	榻榻米底板／下層（含切短的稻稈）
人工合成榻榻米	I型（KT-I）	以榻榻米底板為主材料所製成疊蓆。	保護材／榻榻米底板（重疊三片以上，疊成規定的厚度）
	II型（KT-II）	以榻榻米底板與聚苯乙烯板（PS）為主材料，有兩層結構。	保護材／榻榻米底板（一片或兩片）≧20公釐
	III型（KT-III）	以榻榻米底板與聚苯乙烯板（PS）為主材料，有三層結構。	保護材／榻榻米底板（1張或2張）≧10mm／榻榻米底板＝10mm
	K型（KT-K）	以聚苯乙烯板（PS）為主材料所製成，底層具有框架補強材。	軟墊／補強材／底層材／框架補強材
	N型（KT-N）	以聚苯乙烯板（PS）為主材料所製成的榻榻米	軟墊／補強材

圖例： 上層　底層材　擠塑式聚苯乙烯隔熱保溫板（XPS發泡隔熱板）　橫鋪層

譯注：
1.日本以京都為中心的西日本所慣用的柱間基準尺寸。2.日本京都以東、關東地區以西地區所慣用的柱間基準尺寸。3.日本關東地區、東北地方、北海道等地所慣用的柱間基準尺寸。

地毯

Point 地毯的等級，是依照纖維種類、絨毛形狀、長度、與密度來決定的。

地毯是以纖維製成的地板鋪蓋材料。在保留了素材原有的特性之下，觸感相當柔軟，保溫性高、且防音性也相當優良。為了補強素材本身的缺點，目前市面上出現了許多附加各種機能的地毯產品，如防火、防污、防蟲等。地毯所使用的纖維，主要有天然纖維的毛料，與化學纖維的尼龍、丙烯酸纖維、聚酯纖維、聚丙烯纖維等，依照素材不同而形成特徵上的差異（表1）。而地毯的質地，則是取決於絨毛的形狀、長度與密度。

地毯的種類

地毯依製造方法的不同，大致可分成以基布與絨毛同時織成的編織地毯，以及如刺繡般在基布上繡入絨毛後，再以接著劑等加以固定的刺繡地毯兩種（表2）。就編織地毯的編織方法而言，有威爾頓地毯（Wilton Carpet）、阿克明斯特地毯（Axminster Carpet）等，這類地毯因密度高而顯得質感高級，但在價格上也相對昂貴。

日本國內販售的地毯以絨毛地毯中的簇絨地毯（Tufted Carpet）最為大宗。

簇絨地毯的毯面又分為割絨和圈絨兩種。

至於在簇絨地毯背面貼上塑膠類的襯墊、並預先剪裁成磁磚大小的地毯，則稱為方塊地毯。這種地毯不僅在搬運、或施工時都相當便利，而且還能進行局部的替換。但選用這類地毯時，不只是絨毛表層，最好連地毯內側的素材也都加以評估、確認。

施工方法

地毯的施工方法，有卡條式固定法、與黏著式固定法。卡條式固定法是先在地板貼牆的周圍縫隙中以釘子固定好有斜向倒刺釘的卡條，再將地毯均整地平鋪在地板上，並將地毯邊緣拉到卡條的斜向倒刺釘上勾住、加以固定。至於黏著式固定法，則是使用鋸齒狀鏝刀均勻地塗布黏著劑後，將地毯直接張貼在地板上的方法。

▶ 表1 各種素材的特徵（以最具代表性的材質取相同絨毛量所做的比較）

特徵＼素材	毛料	丙烯酸纖維	尼龍（絲狀）	聚丙烯纖維（絲狀）	聚酯纖維（紡紗）
踩踏觸感	◎	◎	○	△	○
不易扁塌彈力佳	○	△	◎	△	△
不易脫毛或起毛球	△ ※1	△ ※1	◎ ※2	◎ ※2	○ ※3
耐髒汙、易清潔	○	△	△ ※4	○	○
保溫性、隔熱性	◎	○	△	△	△

評價基準　◎非常好　　○：好　　△：普通
※1：依種類與處理方法而異（○～△）　　※2：紡紗類為○
※3：絲狀類為◎　　※4：撥水加工處理為○
出處：『優質地毯2020』日本地毯工會

▶ 表2 依製造方法分類

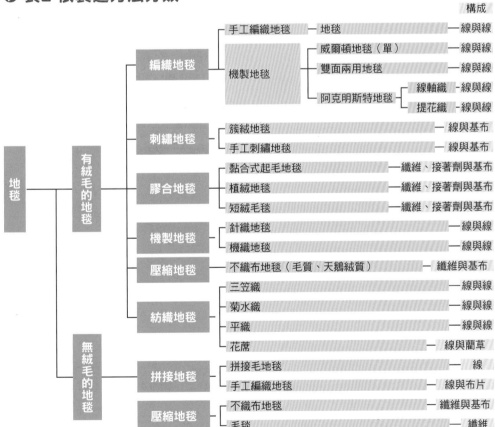

出處：日本地毯工會網頁　（http://www.carpet.or.jp/index.html）

086
室內裝修工程
樹脂地板

Point 樹脂地板的顏色相當多樣化、且價格實惠，因此在成本效益上相當划算。

樹脂地板是以合成樹脂或天然樹脂為原料所製成的地板裝修材。完成品可分成正方形的地磚（片狀地板）與捲筒狀的卷材地板。

樹脂地板通常具有耐水性、且維護性佳，所以被廣泛用於學校、醫院、店舖、住宅的用水設備等場所。

PVC類地板

PVC（聚氯乙烯）類地磚可分成黏結劑（由聚氯乙烯樹脂、增塑劑或安定劑製成）含有率達30％以上的同質PVC地磚，以及黏結劑含有率未滿30％的異質PVC地磚。近年來，鋪設型的PVC地磚已逐漸普及，由於不必使用接著劑，可輕易拆除、重複施工，因此回收再利用也相當容易。另外，還有俗稱「P Tile」的半硬質異質PVC地磚，也相當普遍（表1）。

至於捲筒狀的PVC卷材地板，則是依照有無發泡層或基層來做分類（表2）。被稱為「CF軟墊」的軟墊地板（Cushion Floor），在發泡層的上方還有印刷層與透明PVC（聚氯乙烯）層。透過精巧的印刷處理與浮雕加工等組合，可創造出如木材或石材等素材般、花色豐富的仿真質感。

非PVC類地板

非PVC類地板做為以天然樹脂為原料的地板，可以油毯與橡膠地板為代表。這類地板具有相當優良的帶電防止性，可有效防止靜電（表3）。

塗裝地板

塗裝地板就素材而言，大多使用環氧樹脂（Epoxy）或聚氨酯樹脂（PU），前者硬度較高，後者則較有彈性。無論哪一種素材，顏色的變化都相當豐富，且接合處不明顯、表面平滑完整。另外，也有具耐熱性、耐藥品性、耐油性等特殊機能的產品，可用於工場或醫院等場所。

◖ 表1 PVC（聚氯乙烯）類地磚的種類與特徵

種類			黏結劑含有率（％）	特徵
黏結型	異質PVC地磚	半硬質	未滿30	價格經濟實惠，在施工性、尺寸安定性、耐重性、耐燒焦性、維護性等方面，都相當優良。不過，因為耐磨耗性較差，所以走動頻繁的地方最好能使用厚3.0公釐的產品。
		軟質	未滿30	設計上的變化（圖樣）比半硬質豐富，步行感良好。至於其他的優、缺點與半硬質幾乎相同。
	同質PVC地磚※1		30以上	具有設計感、質感高級，在耐磨耗性、耐藥品性、耐鹼性方面都相當優良。缺點是價格昂貴、且易被香煙之類的火苗燒焦。
鋪設型	鋪設型PVC地磚		30以上	使用時不會產生位移，是容易拆除、且可重覆再利用的地磚。不過，不包含卡扣式地磚。

原注：
※1異質PVC地磚包含純PVC地磚（不含填充材）、及積層PVC地磚。

◖ 表2 PVC（聚氯乙烯）類卷材地板的種類與層結構

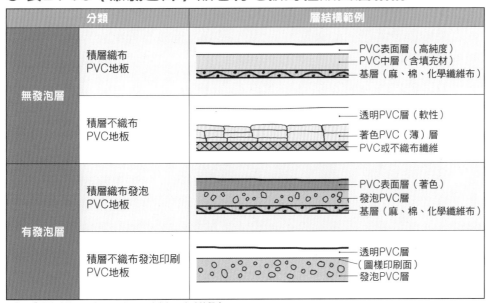

分類		層結構範例
無發泡層	積層織布PVC地板	PVC表面層（高純度）／PVC中層（含填充材）／基層（麻、棉、化學纖維布）
	積層不織布PVC地板	透明PVC層（軟性）／著色PVC（薄）層／PVC或不織布纖維
有發泡層	積層織布發泡PVC地板	PVC表面層（著色）／發泡PVC層／基層（麻、棉、化學纖維布）
	積層不織布發泡印刷PVC地板	透明PVC層（圖樣印刷面）／發泡PVC層

出處：『建築材料用教材』（一般社團法人）日本建築學會

◖ 表3 非PVC類地板的種類與特徵

種類	結構	特徵
橡膠地板・橡膠皮	以天然橡膠或合成橡膠為填充材，加入黏土、碳酸鈣等元素製作成型的橡膠地板、橡膠皮。	具有橡膠獨特的彈性，有不同於PVC類地板的步行感。耐磨耗性優良，適用於走動頻繁的場所。缺點是價格昂貴、且耐油性差。
油毯・油皮	在亞麻仁油與松香混合物經氧化聚合後的油質中，加入松節油、軟木粉、木粉、著色劑等，製作成型油毯、油皮。	不僅具有沈穩的質感，在抗菌性、帶電防止性、耐久性等方面也相當優良。但比起PVC類地板，施工性較差。

出處：『建築材料用教材』（一般社團法人）日本建築學會

087
室內裝修工程
機能性材料

Point 根據材料的不同，可將各式各樣的機能組合起來。為了使室內環境更加舒適，應評估機能性材料的使用方式。

隔音・吸音機能

對家庭劇院影音設備、鋼琴室等需有高隔音性的空間來說，不僅在裝修材上要多下工夫，還必須包括底襯材、開口部等進行綜合性的隔音對策。如果是為了日常生活的舒適性所做的隔音、吸音措施，可以選用岩棉天花板材，或是在牆壁中設置矽藻土、備長炭壁等具多孔質而容易吸音的室內裝修材料，就可達到良好成效。（圖1）。

調濕機能

除了木材以外，以灰泥、矽藻土或備長炭等做成的泥作牆壁也是極具代表性的調濕材料。以露柱壁工法做成的和室，包括地板上鋪設的榻榻米在內，可說是調濕機能非常優良的室內空間。至於乾式工法所使用的，大多是將多孔質礦物或岩棉等原料加工成板狀的調濕建材。這類的建材，在日本已由（一般社團法人）日本建材‧住宅設備產業協會規定了關於調濕性能與品質管理體制的基準，並實施調濕建材的登錄‧標示制度（圖3）。

吸附・分解污染物質的機能

矽藻土等表面積較大的多孔質材料，由於容易吸附空氣中的髒污，所以能發揮淨化空氣或除臭機能（圖2）。甚至，還有可根據不同配方成分分解污染物質的材料，或透過光觸媒技術來分解污染物質的裝修材料。

寵物對策

對家中飼養寵物的人來說，最期盼的應該是因應臭味與抓痕的對策。牆壁與天花板選用具有除臭機能的建材，便能大幅抑制臭味。至於因應抓痕的對策，則可選用不易因抓傷而損壞、或即使損壞也很容易修繕的建材。如果選用抗抓痕、高耐久性的壁紙，分別張貼在腰壁（及腰高度的裝潢牆板）和牆壁上半部的話，後續的維護作業也會相對容易。並且，要是選用具有抗菌機能的建材，更能兼顧飼主與寵物雙方的健康。

▶ 圖1 機能性材料

板狀建材（隔熱‧吸音‧調濕）

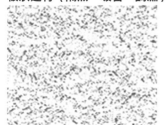

裝飾吸音天花板材（Solaton，是
指符合日本環保標章的產品）
（照片：日東訪）

磁磚狀建材（調濕）

日本INAX的「ECOCARAT」伊
奈健康壁磚
（照片：INAX）

泥作建材（調溫）

矽藻土

▶ 表1 除臭機能建材的種類與特徵

主要有效成分	作用	臭味來源
沸石類	多孔的天然礦物沸石（鋁矽酸鹽）可吸附臭味。搭配二氧化鈦可產生光觸媒作用有效分解有害物質或臭味。	・廁所臭味、煙味 ・寵物臭味
磷灰石被覆三氧化鎢＋二氧化鈦（複合式光觸媒）	多孔的磷灰石（磷酸鈣陶瓷）可吸附臭味，再透過二氧化鈦光觸媒來分解。併用三氧化鎢是為了不受限於太陽光，只要照明燈有紫外線就可以達到除臭效果。	・廁所臭味 ・寵物臭味
銳鈦礦二氧化鈦	二氧化鈦照射紫外線所產生的光觸媒反應可分解臭味。	・廁所臭味、煙味 ・寵物臭味
胺基酸吸附劑	與有害物質甲醛、乙醛起化學反應並且吸附，以達到除臭效果。	・甲醛臭味 ・乙醛臭味
備長炭	備長炭多孔的表面有物理性吸附臭味的效果，同時表面因高溫炭化時經化學反應所生成的官能基「官能基（氫氧離子、OH離子）」也會產生化學性吸附，有效達到除臭效果。	・廁所臭味、腐敗臭味 ・寵物臭味
矽藻土類	多孔的矽藻土可吸附臭味。也有建材會添加觸媒來氧化分解臭味。	・廁所臭味、煙味 ・寵物臭味

▶ 圖2 矽藻土（電子顯微鏡照片）

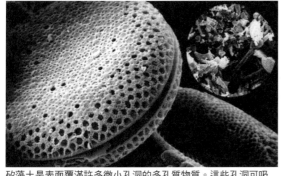

矽藻土是表面覆滿許多微小孔洞的多孔質物質。這些孔洞可吸
附臭味等，改善空氣品質。

▶ 圖3 調濕建材標章

調 濕 建 材

▶ 詞彙的定義以及使用基準

1.抗菌：抑制產品表面增生細菌。

2.除菌：以過濾或洗淨的方式去除物體上所附著的微生物數，具有高清潔性。

3.滅菌：完全消滅或去除所有附著在物體上、或物體本身所含的微生物，形成無菌狀態。

4.消毒：殺死或去除附著在物體上、或物體本身所含有的病原體微生物，使其喪失傳染力。

5.殺菌：完全消滅所有依存在對象物上的微生物。

※由於第3、4、5項恐怕與藥事法有所牴觸，故不記載建材機能性的相關內容。　　　出處：（一般社團法人）日本建材‧住宅設備產業協會

室內裝修工程
木質牆壁・天花板裝修材

Point 因有益健康而頗具人氣的實木材，在使用前須先了解木材的特性，這點相當重要。

使用於牆壁與天花板室內裝修的木質材料，有實木板、集成材、合板（貼面合板）等各種類型（圖2，另參見第42、44頁）。

實木板

實木板的優點是，不含有害物質、可讓人享受到天然木材的自然觸感、具有高吸放濕性等。為裝修用途而製成的實木板稱為壁板（圖1），大多以檜木、杉木、花柏、柏木等針葉樹製成。另一方面，以闊葉樹製成的平板材，斷面的年輪紋路別具趣味，可欣賞木紋的變化，除了做為牆壁、天花板的裝修材外，也能用來製造家具。

實木板受到室內環境的影響，容易發生開裂、翹曲、彎曲等現象。因此，為了確保施工後品質沒有偏差（變異），需事先仔細調查、選用加工精度較高的材料，這點相當重要。

集成材

集成材是斷面尺寸較小的木材（板材），以膠合劑黏合製成的材料（參見第45頁）。經過乾燥後鮮少發生開裂、翹曲的現象，而且強度差異小、品質相當穩定，所以大多做為結構材使用，但室內裝修時也可使用。

貼面合板

合板是以薄木板等單板（薄板）貼合製成的材料（參見第45頁），因此在做為室內裝修材料時，大多使用在合板表面上張貼了裝修用單板的貼面合板。

在合板表面張貼天然木皮（切製薄板）的板材，稱為天然木皮貼面合板，和比實木板相比，不僅價格更優惠、品質更不易產生偏差（形成變異），而且還同樣可讓人享受到天然木頭的觸感。除了天然木皮貼面合板之外，其他需進行表面加工處理的合板，都稱為特殊加工貼面合板。有張貼合成樹脂類材料的合成樹脂貼面合板、塗裝的彩色塗裝合板、張貼PVC薄片的PVC膠合板、在合板表面印刷上木紋等花樣的印刷合板等。

● 圖1 壁板的邊接範例

①對頭接合

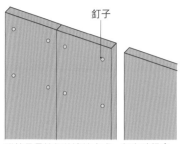

釘子

雖然是最簡便的邊接方式，但有時候會
因為板材乾燥、收縮而在接合處產生縫
隙。固定方式是從板材正面打入釘子。

②舌槽邊接

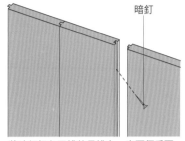

暗釘

將暗釘打在舌槽的母槽上，表面便看不
出釘痕。另外，在接合面通常會做倒角
處理。

③半槽邊接

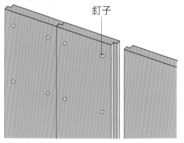

釘子

因為有半槽重疊，所以即使板材乾燥、
收縮，也不會產生縫隙。另有，也可在
重疊部分空出一點間隙。

④方栓邊接

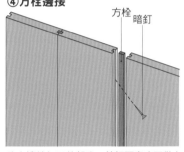

方栓 暗釘

沒有邊接加工的部分，其板面寬度可做有
效使用，可從方栓部位以暗釘固定。方栓
的厚度必須達到護牆板度的1／3左右。

● 圖2 各種集合板與合板

雖然集成材可
以從五金行購
入，但最近柳
安木愈來愈不
易購得了。

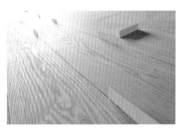

煙燻乾燥的邊接竹集
成材。竹集成材的表
面特別緻密，品質差
異小、相當穩定。大
多當做搭配地暖系統
的地板使用，但也能
使用在各種室內裝修
部位。

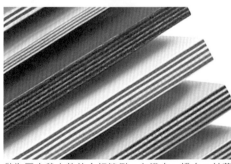

做為固定基本款的合板範例。有椴木、樺木、針葉
樹、柳安木等，種類相當豐富。

在輕質的巴沙木（輕木）芯材的表面，張貼鋁、
木、鋁＋PVC塑膠等製成的複合板。

牆壁 · 天花板的裝修

Point 施工持續簡化，建材也朝著多樣化邁進。最好選擇適合居住、有益健康的材料。

室內裝修的工法大部分是採用乾式工法與濕式工法。

乾式工法是將壁紙或板材張貼在石膏板上的工法，而濕式工法則是採用泥作工程或用砂漿把磁磚或石材黏貼在牆壁上的工法。

壁貼

近年來，住宅牆壁與天花板使用的室內裝修材料，大多是在做為底襯材的石膏板上進行塗裝、或是張貼壁紙等。壁紙也稱為「壁貼」（cloth），是在紙、布、乙烯基、天然木薄片、金屬等各種素材上再加上一層紙襯底的產品。由於採用乾式工法施工，因此工期短、且施工性佳。另外，選用質地厚的壁貼除了比較不易受到底襯材的影響外，施工性也很好。

泥作工程

泥作施工的接縫不顯眼，還能透過混入不同的骨材來呈現不同的樣貌。原料可使用石膏、灰泥、土壁、砂壁、矽藻土等（表1）。

塗裝

塗裝施工的接縫也不顯眼，並增添多樣化的色彩，富有視覺上的設計感。不同的使用場所適用的塗料也不一樣，而且近幾年來水性塗料比有機溶劑受歡迎。另外，漆、腰果漆、柿漆等天然塗料也很熱銷。

磁磚

近年來，磁磚的機能面相當多樣化，有調濕效果、或觸感不會冰冷的磁磚等，可以因應不同場合來選用。

玻璃、石材、金屬

近年深受好評的室內裝修風格有使用玻璃、壓克力等建材演繹光線效果的風格，還有使用人造大理石、金屬板等材質來營造摩登感的風格等。

▶ 表1 泥作工程的主要表面材料

種類	特徵
灰泥	是指在硝灰石中混入可防止裂痕的纖維質所製成的材料。灰泥是以天然材料為原料，不但調濕性優良，也不易結露。由於相當適合高溫多濕的日本，所以自古使用至今。
土壁・砂壁	是指在色土與色砂中，混入纖維的傳統材料。與灰泥同樣調濕性優良、且不易結露。會隨著各地土、砂的顏色，呈現出不同的風貌。有使用日本京都附近土壤的「京壁」、混雜有栗色九條土的「聚樂壁」、使用紅色氧化鐵的「紅壁」等，種類相當繁多。
矽藻土	是指使用的土壤中堆積了許多太古植物與浮游生物的材料。也因可做為燒烤用炭爐的素材而著名。不但具有調濕性、耐火性、隔熱性，還有脫臭效果，是相當環保的材料。

▶ 圖1 非PVC（聚氯乙烯）類的壁紙範例

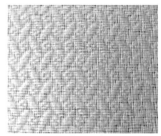

以混入木漿製造的人造纖維編織成的壁布。

和紙製品的調濕、調光、吸音等機能都非常優良。

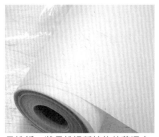

月桃紙。將月桃這種植物的莖混合木漿後製成的紙壁紙。

▶ 圖2 壁紙的施工方式

壁紙的底襯處理

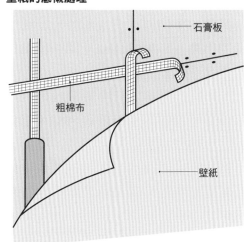

石膏板

粗棉布

壁紙

壁紙施工時，需先針對做為底襯材的內裝板連接部分、釘子和螺絲頭進行修補。並且，為了補強板材的接縫處，可預先貼上粗棉布或纖維網。

壁紙的張貼方法

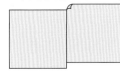

①對接張貼

是一般壁紙常用的張貼方法。這種方法雖然最不費工，但不適用於花紋樣式的壁紙。

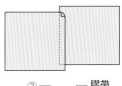

②重疊張貼

適用於像和紙等較薄的壁紙。這種方法不會形成皺摺，但關鍵在於必須將重疊的部分仔細處理好。

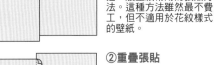
③ 膠帶
上層 下層
① ②

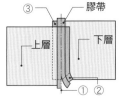

③重疊裁切

①對齊上層壁紙與下層壁紙的花樣並加以重疊，重疊處都以膠帶貼合後再進行裁切。②將上層壁紙的裁切部分取下。③將上層壁紙的裁切處微微捲起後，取下下層壁紙的裁切部分，最後再以滾輪將上層捲起的壁紙滾壓固定於牆上。

090
室內裝修工程
牆壁裝修的底襯

Point 底襯的施工精準度會對裝修的完工品質產生極大影響，因此施工時應特別謹慎。

用於牆壁裝修的底襯構成

關於牆壁的底襯，先在柱子與間柱上設置用來支撐底襯材的墊木或是縱墊木、再鋪設底襯板的隱柱壁工法，是最為常見的。另外，露柱壁工法則是將底襯材鋪設在柱子之間的水平橫穿板上，或是在間柱上設置墊木後再鋪設底襯材。若是採用KD材（參見第42頁）或集成材等可減少結構材收縮的材料，也可直接在柱子與間柱上鋪設底襯材。

底襯材的施工精準度會對裝修的完工品質產生極大影響，因此最為重要的是施工時應特別用心。而底襯板的接合縫隙上則應張貼粗棉布，進行修補處理。

底襯板

被用來做為底襯板的，有合板、粒片板、MDF板（參見第45頁）等木質板材，以及石膏板等具備優良防火性能的無機板材。

所謂的石膏板，是以燒石膏為主原料製成芯材、再於其兩面貼上原紙製成板狀的材料，也稱為「plaster board」。石膏板除了被認定是防火性能優良的不燃材料外，也具有遮音性能，是最常做為裝修底襯板、使用於牆壁或天花板等部位的材料。

在貼面板與壁紙等裝修工程中，不使用水的工法稱為乾式工法，相對地，泥作施工等需要使用水的工法，則稱為濕式工法。而具有耐水性的石膏板則可做為泥作工程等濕式工法中的底襯材使用。另外，像磁磚的底襯部位、或洗手間等容易產生濕氣的居家空間，其底襯材也可選用耐水石膏板。

底襯板若選擇具有吸放濕機能的產品，再搭配具有透濕性的裝修材一起使用，就會發揮加乘效果。另外，被認定為可做為耐力部材的板材，只要依照施工基準進行施工，即可當成構成承重牆的材料使用。

▶ 圖1 底襯材料

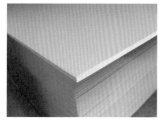

石膏板
以主原料石膏為芯材，然後在兩面及長向側邊上覆蓋石膏板專用原紙所製成的板材。

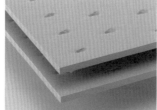

多孔石膏板
在石膏板上穿孔，使其可以緊密附著著泥作材料的板材。

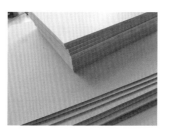

MDF板
將木材纖維凝聚成型後，熱壓製成的板材。例如家具內襯等。

▶ 圖2 泥作・塗裝施工的底襯處理

多孔石膏板底襯材（泥作工程）

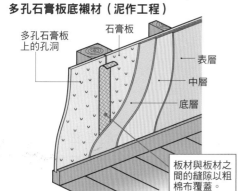

- 多孔石膏板上的孔洞
- 石膏板
- 表層
- 中層
- 底層
- 板材與板材之間的縫隙以粗棉布覆蓋。

多孔石膏板是指在石膏板表面開孔的板材。一般做為牆壁的底襯材。大多用於和室。

土壁（泥作工程）

柱面與牆面的嵌合溝槽，可用來定位牆表面的平整度。而且即使柱子的寬度收縮，柱子與牆壁之間的縫隙也不會太過明顯。

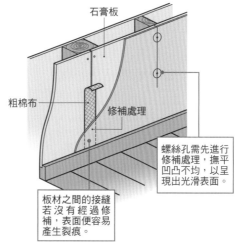

- 竹條
- 橫條
- 柱子
- 表層
- 中層
- 底層

接合縫隙（塗裝工程）

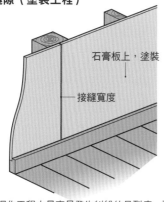

- 石膏板上，塗裝
- 接縫寬度

塗裝與泥作工程中最容易發生糾紛的是裂痕。裂痕容易發生於兩塊底襯板的接合處（縫隙）。這個範例中的底襯材，是預先在板材接合處做出一道接縫，塗裝後便較不容易出現裂痕。

石膏板（塗裝、泥作工程）

- 石膏板
- 粗棉布
- 修補處理
- 螺絲孔需先進行修補處理，撫平凹凸不均，以呈現出光滑表面。
- 板材之間的接縫若沒有經過修補，表面便容易產生裂痕。

天花板的結構與形狀

Point 天花板在展現設計感的同時，也要具備防音或隔熱等機能。

天花板的構成

天花板的內層是整體天花板結構的一部分，具有一定的機能，如可做為屋架、樓板構架與室內之間聲音或溫熱空氣的緩衝空間，也可當成電氣配線、或設備配管的設置空間等。

至於天花板的底襯，首先要在樑或格柵上設置能固定天花板的吊筋，再安裝天花板格柵的墊木與天花板格柵後，才能進行天花板與天花板底襯的施工。為了不讓上部的振動傳遞到其他地方，也可在樑與圍樑之間的橫條上設置吊筋。另外，有些吊筋甚至可以調整高度，或是具備防振機能。

天花板的形狀

最常見的天花板是屋頂呈現水平面的平頂天花板。其他還有隨著屋頂斜度傾斜的單斜天花板、對稱傾斜如山峰形狀的雙斜天花板、及對稱傾斜如倒船底形狀的船底形天花板等。日本的茶道館建築，使用的大多是將平頂天花板、與外露出屋頂貼面的單斜式天花板這兩種形狀組合起來所形成的折疊式天花板。

另外，日本的寺廟或書院造建築，使用的則是在天花板四周設置直立的彎曲肋板（日文為「支輪」）以形成格框、具有段差的折頂天花板（圖1）。

天花板的裝修方法

最為簡便、普遍的天花板裝修方法，是將石膏板或合板等底襯材釘在天花板格柵上的格柵式天花板（圖2右下）。施工後，可在板材表面進行塗裝或貼上壁紙來加以飾面。

日本的和室天花板，則可分成在天花板材的接縫處空出一點間際的長條式天花板、在長條式天花板上橫置竿緣裝飾的竿緣天花板、以及在拼接成格子狀的格框中設置鑲板（合板）的方格天花板等（圖2）。

另外，也有不使用天花板格柵、而是利用二樓樓板的格柵來安裝天花板的樓板型天花板（圖1右下），以及不設置天花板材、直接將二樓樓板當做一樓天花板的露明天花板等裝修方法。露明天花板使用的是兼具樓板與天花板機能的厚板，外觀相當簡潔有力。

◗ 圖1 天花板的形狀

平頂天花板

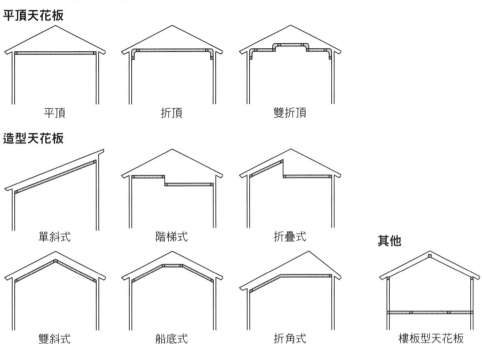

平頂　　　　折頂　　　　雙折頂

造型天花板

單斜式　　　階梯式　　　折疊式

其他

雙斜式　　　船底式　　　折角式　　　樓板型天花板

◗ 圖2 天花板施工法的種類

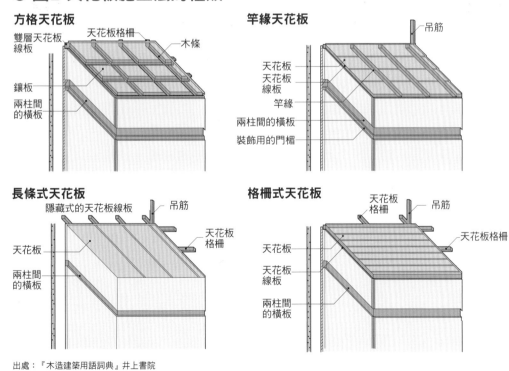

方格天花板

雙層天花板線板
天花板格柵
木條
鑲板
兩柱間的橫板

竿緣天花板

吊筋
天花板
天花板線板
竿緣
兩柱間的橫板
裝飾用的門楣

長條式天花板

隱藏式的天花板線板
吊筋
天花板
天花板格柵
兩柱間的橫板

格柵式天花板

天花板格柵
吊筋
天花板
天花板格柵
天花板線板
兩柱間的橫板

出處：『木造建築用語詞典』井上書院

092
室內裝修工程
接著材料

Point 選用接著材料時，應特別留意對人體健康及環境所造成的影響。除了甲醛外，也必須確認有無其他揮發型的化學物質。

接著劑是建築工程中不可或缺的材料，大多用於乾式工法。另一方面，接著劑散發出的揮發性有機化合物，是導致病態建築物症候群（病屋症候群）的主要原因之一，因此接著劑中所使用的化學物質是否也對人體健康產生影響，便成了各界關注的問題。在日本，由於甲醛含量已受到建築基準法的限制，因此現在以散發量極少的F☆☆☆☆為主流產品。不過，接著劑的溶劑或可塑劑、防腐劑等，除了含有甲醛外，有些還含有日本厚生勞動省公布的《室內濃度指針值》所提到的化學物質。其中，也有疑似會形成環境荷爾蒙[1]、或具致癌性的物質，因此在日本依照不同的使用狀況，必須參考MSDS（化學物質安全資料表）[2]加以確認（表）。

接著劑的種類

接著劑可依照硬化反應加以分類，大致可分成：溶液會在乾燥後硬化的溶劑揮發乾燥型；因水分、熱、光或硬化劑等產生化學反應而硬化的化學反應型；加熱融化後可進行塗布，需經過冷卻才會硬化、接著的熱熔型；像郵票般以水或溶劑沾濕後就能活化、進行黏貼的水黏型等。此外，也有像膠帶般可持續保持黏性的種類。

工程現場使用的接著劑

在室內裝修工程中，無論是壁紙、地板材料，還是內裝板材、磁磚等室內裝修材料，都必須使用接著劑。不過，像壁紙等會以大範圍使用的「聚醋酸乙烯乳化漿」產品，以往因成分內含有可塑劑而有安全疑慮，目前則已研發出了不含可塑劑的產品。另外，使用黏著膠膜的黏貼方法（乾式工法），不但沒有溶劑揮發的疑慮，還具有不必等到乾燥就能黏貼等優點。

譯注：

1.環境荷爾蒙又稱為內分泌干擾素（Endocrine disrupter substance，簡稱EDS），是指會對負責維持生物體內恆定、生殖、發育、或行為的內生荷爾蒙造成干擾的外來物質。

2.在台灣，可至環保署毒性化學物質災害防救查詢系統（http://www.eric.org.tw/）查詢相關規定，確認使用材料的安全性。

● 表 室內裝修用接著劑的用途區分與使用範例

用途	被塗材	接著劑	備註
室內裝修底襯工程（混凝土面、砂漿面等） 地板裝修工程（混凝土面、砂漿面、木板面等）	木磚、墊木、天花板格柵、格柵、吊筋等的安裝	聚醋酸乙烯樹脂溶液、環氧樹脂（高黏度物）、氯丁二烯橡膠	荷重過大時，可併用螺栓等做為輔助。需注意混凝土、砂漿等表面的強度與含水率。
	瀝青磚、PVC石棉磚	瀝青類、聚醋酸乙烯樹脂	——
	軟質PVC地板	氯丁二烯橡膠、NBR–酚醛樹脂	——
	PVC地板、橡膠地板	氯丁二烯橡膠、NBR–酚醛樹脂	——
	油毯、雙面PVC卷材地板、雙面橡膠卷材地板	聚醋酸乙烯乳化漿、合成橡膠乳液	——
	木質材料（馬賽克拼花式木地板、硬紙板等）	聚醋酸乙烯乳化漿、聚醋酸乙烯樹脂溶液（添加填充劑）、氯丁二烯橡膠	——
牆壁裝修工程（混凝土面、砂漿面、木板面等）	張貼紙、布	聚醋酸乙烯乳化漿與澱粉	
	張貼壁面合板、纖維板、無機板等	氯丁二烯橡膠、聚醋酸乙烯乳化漿、聚醋酸乙烯樹脂溶液（添加填充劑）	當特別要求耐水性時，有時會使用環氧樹脂（添加填充劑）。
	張貼PVC牆腳板、地磚	NBR–酚醛樹脂、氯丁二烯橡膠	——
	人造大理石、石材、磁磚	聚合物水泥砂漿、環氧樹脂	水泥混合用聚合物擴散材料是使用SBR乳膠、聚醋酸乙烯乳化漿、聚丙烯酸酯乳液等。
天花板裝修工程（木板面、石棉水泥板面等）	礦纖吸音板、隔熱板、無機輕質板	聚醋酸乙烯乳化漿、聚醋酸乙烯樹脂溶液（添加填充劑）	——
	木材板、無機板	聚醋酸乙烯乳化漿、聚醋酸乙烯樹脂溶液（添加填充劑）、氯丁二烯橡膠	與釘子等併用。接著劑可有效防止翹曲、變形等現象。
	張貼紙、布	聚醋酸乙烯乳化漿與澱粉	——
防滑工程（砂漿面等）	金屬防滑產品、磁磚防滑產品	環氧樹脂、聚醋酸乙烯樹脂溶液（添加填充劑）、氯丁二烯橡膠	——
	塑膠防滑產品	氯丁二烯橡膠、NBR–酚醛樹脂、聚氨酯樹脂	——
安裝器具	錨定螺栓、五金器具等	環氧樹脂、聚醋酸乙烯樹脂溶液（添加填充劑）	——
安裝隔熱材料	泡沫體（發泡體）、玻璃棉、岩棉	環氧樹脂、NBR–酚醛樹脂（耐熱用）、氯丁二烯橡膠（耐熱用）、聚醋酸乙烯樹脂溶液（添加填充劑）	大多會發生結露等問題。需注意耐水性。

093
隔間門・家具
室內隔間門的種類・部位

Point 設置室內隔間門時，應考量房間的使用便利性與動線、家具的配置等，就整體的協調性來做決定。

門與窗戶・開關門與推拉門

室內隔間材料可大致分為出入口的門與窗戶。而且，門又可依照開閉方式分成前後開閉的開關門與左右開閉的推拉門兩種。開關門有單開型、雙開型、子母型、摺疊型等；推拉門則有單拉型、雙拉型、雙向滑動型等，可依照使用目的或需求機能來選用。

室內木製隔間門的種類

①框門

是在實木組成的框架中嵌入鑲板或玻璃、具有厚重感的門。嵌有玻璃的門也稱為木框玻璃門（圖1）。

②平面門

是在做為底襯的骨材兩面張貼上合板加以一體化、予人簡樸印象的門。由於輕質、且價格便宜，所以成為西式裝潢（內裝）門的主流。一般來說，表面會加工成平滑面，但也可以嵌入鑲板、玻璃片、百葉窗等，製成如框門般的樣式（圖2）。

③木條板門

是將細木條以一定間距平行組裝成

的木條板門（日文為「舞良戶」，音ma-i-ra-do）。依照組裝方向，可分成橫條板門與直條板門（圖3）。

④百葉門

是將葉片狀的板材以一定間隔、且稍微傾斜的角度組裝成的門。適合做為更衣室或衣櫥等必須保持通風處的門板（圖5）。

⑤隔扇

是先以木材製成格子狀的框架，再於框架上張貼底層的和紙、表層的隔扇門紙（日文為「襖紙」）所製成的門。框架可塗上布漆或腰果漆來飾面，或者是不經加工、直接呈現框架原本的材質。除了標準的日式隔扇外（圖4），還有其他多樣化的形狀。

⑥和室門

是在豎框與橫框之間嵌入直、橫木條，再貼上和室紙所構成的門（圖5）。門框、木條部分是使用杉木、美國香柏、雲杉等。以橫組障子門[3]、荒組障子門[4]為標準類型，此外還有許多種類。

譯注：
3. 是指門框寬90〜95公分、高180〜190公分、直木條三根、橫木條大約11〜12根的障子門。
4. 橫木條與直木條數量較少的障子門。

▶ 圖1 框門的部位名稱與種類

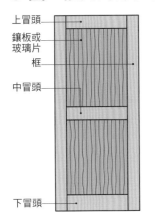

上冒頭
鑲板或玻璃片
框
中冒頭
下冒頭

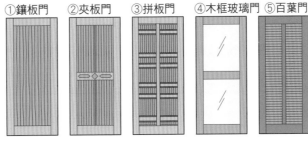

①鑲板門　②夾板門　③拼板門　④木框玻璃門　⑤百葉門

①基本上只使用一片門板。
②大部分當成隔間材使用。
③經常被使用於寺廟建築。
④因應空間需求，可選用透明玻璃或花紋玻璃等。
⑤適用於西式裝潢風格。

▶ 圖2 平面門的構成、部位名稱與種類

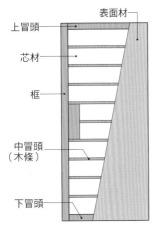

表面材
上冒頭
芯材
框
中冒頭
（木條）
下冒頭

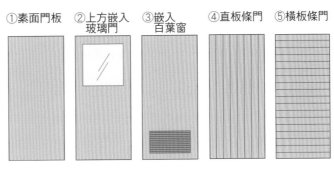

①素面門板　②上方嵌入玻璃門　③嵌入百葉窗　④直板條門　⑤橫板條門

②設計重點在於嵌入的玻璃窗形狀與面積大小。
③使用於需要二十四小時換氣通風的場所，為了促進通風，可設置百葉窗通風口。
④與⑤兩種形式，直板條門較偏日式，橫板條門則較有西洋風。

▶ 圖3 木條板門的部位名稱

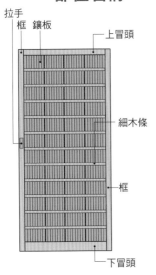

拉手
框　鑲板
上冒頭
細木條
框
下冒頭

▶ 圖4 日式隔扇的構成與部位名稱

▶ 圖5 和室門的部位名稱

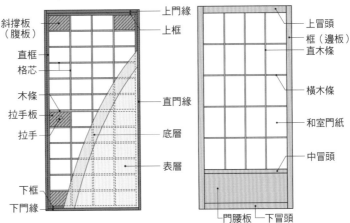

斜撐板（腹板）
直框
格芯
木條
拉手板
拉手
下框
下門緣

上門緣
上框
直門緣
底層
表層

上冒頭
框（邊板）
直木條
橫木條
和室門紙
中冒頭
門腰板
下冒頭

094
隔間門・家具
室內隔間門的材料・五金

Point 近幾年來的室內隔間門，已不只是使用木材，也可使用聚碳酸酯板等樹脂材料。

室內隔間門的材料

室內隔間門除了有木製、金屬（鋁、鋼鐵）製的產品外，近年來也有樹脂（聚碳酸酯板、或稱PC板等）製的產品問世（參見第146頁）。並且，光是木製隔間門，就有使用實木材的框門、使用合板的平面門等，樣式多樣、且變化豐富（參見第202頁）。另外，也有鑲入玻璃的門或窗等，用於室內隔間門的材料可說是多不勝數。

隔間門的五金構件

隔間門的五金構件，可大致分成進行開閉時手會直接碰觸到的門把五金，以及為了輔助開關而裝設在門窗上的輔助五金（圖1）。

① 門把五金

用於開關門的五金構件稱為把手，用於推拉門的五金構件則稱為取手。門把五金的材料中添加了不鏽鋼、黃銅（鋅銅合金）、鋁等金屬，但也可使用樹脂、珍貴木材、橡膠、陶瓷、天然石等材料。

把手的種類，主要有圓形門把（俗稱喇叭鎖）、水平式門把、指壓式門把、以及推拉式門把等（表1）。以往室內門的代表性把手是圓形把手，但近年來水平式把手已逐漸取而代之，成為標準把手。此外，還有使用於緊急出口等場所的下壓式把手、置入櫥櫃的嵌入式把手等，因應不同用途而有各式各樣的把手。

另外，取手則像是於門窗表面進行雕刻、僅從表面微凸出來般，嵌入、固定於門窗上。而隱藏把手主要是安裝於推拉門的側面，需要時才會旋轉拉出來使用。

② 開關用的輔助五金

為了輔助開關而使用的輔助五金，有用於開關門的門弓器、丁雙（蝶型鉸鏈）、暗丁雙（暗鉸鏈），以及用於推拉門的滾輪、掛鉤等。另外，可輔助前後開關門的輔助五金，還有門擋、開閉器等（表2）。

◐ 圖1 開關式門使用的五金

設置在門的上、下兩方以支撐門板，有外露式與隱藏式兩種。

可從室內查看來訪者的裝置。

門弓器（內側）
窺孔器

天地鉸鏈（外側）

丁雙（外側）

門鍊扣（內側）

連接門板與門框，預防門被完全打開。

鎖＋水平式門把或圓形門把（喇叭鎖）

門把的標準安裝高度，是從門的下端算起約820～880公釐處。

門擋

地鉸鏈　暗栓

防止門板或門把撞到牆壁的五金。可裝設在門上、地上或牆腳板上。

用於較重的門，有外露式與隱藏式兩種。

可嵌入、安裝在門板側面的上、下兩端。

◐ 表1 把手的主要種類

種類	圓形門把（喇叭鎖）	水平式門把
形狀		
特徵	握把呈現圓形。由於需要握力，所以不適用於幼兒與高齡者。	只要由上往下壓便可開啟，使用方便，是開關門的標準門把。

種類	指壓式門把
形狀	
特徵	以大姆指輕輕按壓，便能開啟鎖舌。

（照片：上方兩張：SUGATSUNE工業；左下：BEST。）

◐ 表3 開關用輔助五金的主要種類

種類	門弓器	丁雙（蝶型鉸鏈）	暗丁雙（暗鉸鏈）
形狀			
特徵	裝設在具有重量的門、或玄關門上的五金。利用反彈的彈力來關門，可以油壓阻尼器來調整關閉速度。	安裝在門框和門板的部材上，做為開關主軸的懸掛五金。有平丁雙、自動迴歸鉸鏈、重力式丁雙、法式丁雙等。	與丁雙一樣是門的懸掛五金，但因暗丁雙有上下軸做為固定器，所以相當堅固、且防盜性高，可常用於大門。可分成天地鉸鏈與地鉸鏈。

種類	滾輪・掛鉤	門擋	開閉器
形狀			
特徵	滾輪安裝在推拉門的底部，是輔助滑動以開關門的五金。而自上方垂吊的吊門，上框裝設有軌道、掛鉤，並透過掛鉤的滑動來開關門。	安裝在地板、或牆腳板上，可防止門在開關時因碰撞而受到損傷。	用來支撐門重量的五金。可緩和門在激烈開關時的速度，有制動式與多段式。

（照片：左上、右上：美和LOCK；中上、中下：SUGATSUNE工業；右下：BEST。）

095

隔間門・家具

系統家具的材料・五金

Point 系統家具可創造出具整體性的室內裝潢風格，如在材質上和室內隔間門達成協調感等。

系統家具可依照空間的尺寸大小來訂做，也可以和室內隔間門等取得材質上的協調感。又如能夠組裝廚房、用水設備或是AV機器等，這些都是現成家具所沒有的優點。但相反地，由於系統家具較難因應生活型態的變化來做調整，所以事先必須謹慎地加以評估。

系統家具可分成製造家具的家具工程、製造櫥櫃的木工工程、以及製造隔間門的隔間工程三種。其中，以家具工程的精準度最高，但成本也較為昂貴。

系統家具的材料

系統家具使用的材料，光是木製家具就有實木材、木芯板、層積材、鑲板（合板）等（圖1）。其他還有金屬（不鏽鋼、鋁）、鏡、玻璃、樹脂等材料，種類相當繁多，可依照設計、成本加以選用。

系統家具的五金構件

家具的五金構件，有握把類、懸掛類、閂扣類門擋、以及滑入式鉸鏈等鉸鏈類，另外還有開閉器、滑軌、腳輪等五金構件。

①丁雙（蝶型鉸鏈）

可分成平丁雙、重力式丁雙、從外側看不見的滑入式鉸鏈與隱藏式鉸鏈、上下安裝的天地鉸鏈、玻璃鉸鏈、開門時可以與家具櫃板呈現同一平面的90度翻板鉸鏈和180度翻板鉸鏈、以及因隔間等需求所使用的屏風鉸鏈等（表1）。

②開閉器

適用於上拉開啟、下押關閉的家具，是可以支撐物品重量的五金構件。（表2）

③閂扣類門擋

固定門板的關閉位置的五金構件。可以磁鐵門擋、或雙輪門擋來固定（表2）。

④滑軌

使抽屜等滑動的五金構件。即使是餐具架等具有重量的抽屜也很容易拉取出來，此外，還有可以自動緩慢關閉的消音自走式滑軌等，種類相當豐富，機能也十分齊全（表3）。

▶ 圖1 木製系統家具的材料

木芯板：
在以層積材製成的底襯上張貼合板。

層積材：
使用細實木板材所組成。

鑲板（合板）：
在底襯材框架兩邊張貼合板。

▶ 表1 丁雙的主要種類

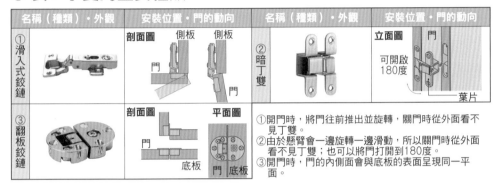

名稱（種類）・外觀	安裝位置・門的動向	名稱（種類）・外觀	安裝位置・門的動向
①滑入式鉸鏈	剖面圖　側板　側板　門　門	②暗丁雙	立面圖　門　可開啟180度　葉片
③翻板鉸鏈	剖面圖　門　底板　平面圖　門　底板		①開門時，將門往前推出並旋轉，關門時從外面看不見丁雙。 ②由於懸臂會一邊旋轉一邊滑動，所以關門時從外面看不見丁雙；也可以將門打開到180度。 ③開門時，門的內側面會與底板的表面呈現同一平面。

▶ 表2 閂扣、開閉器的主要種類

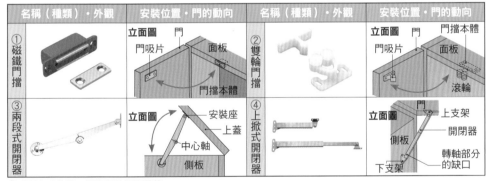

名稱（種類）・外觀	安裝位置・門的動向	名稱（種類）・外觀	安裝位置・門的動向
①磁鐵門擋	立面圖　門　門吸片　面板　門擋本體	②雙輪門擋	立面圖　門　門擋本體　門吸片　面板　滾輪
③兩段式開閉器	立面圖　安裝座　上蓋　中心軸　側板	④上掀式開閉器	立面圖　門　上支架　開閉器　側板　轉軸部分的缺口　下支架

①以磁力吸住門，使門保持關閉狀態。
②利用滾輪的彈性將門夾住。
③將彎曲的懸臂伸直，使門維持一定的角度。
④將門固定在一定的角度，再次往上掀起便可解除固定。

▶ 表3 滑軌的主要種類

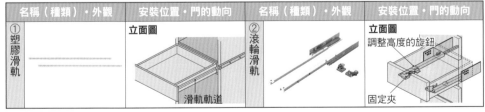

名稱（種類）・外觀	安裝位置・門的動向	名稱（種類）・外觀	安裝位置・門的動向
①塑膠滑軌	立面圖　滑軌軌道	②滾輪滑軌	立面圖　調整高度的旋鈕　固定夾

①利用塑膠的滑度來滑動的固定式滑軌。
②透過滾輪轉動來來滑動的伸縮式滑軌。

壁龕

Point 在鮮少設計和室格局的現代住宅中，設置簡易的壁龕，也不失為營造出和風感的方式。

壁龕的構成

壁龕是日本傳統房間內的擺設空間。最正式的壁龕是書院造的日式壁龕，由壁龕、床脇（壁龕旁的收納空間）、書院構成。面對壁龕時，左邊為壁龕、右邊為床脇的形式稱為「順擺設」，至於左右相反的形式則稱為「逆擺設」。另外，茶道館的壁龕，則是在形式上、材料上，都以截然不同的手法來建造。

①壁龕

日式壁龕是由床柱、床板、床框、以及「落掛」所構成（圖1）。

就床柱而言，以使用具有徑斷面（直紋）的角材製成的樣式最為正式，不過受到茶道館的影響，也可使用表面有縱向凹紋的圓木（杉木的圓木表面具有縱向凹紋）、或是表面經過水磨處理的光滑圓木（將杉木去皮，以水磨機製成光滑面的圓木）等。

在床板方面，可使用實木板、天然木皮貼面合板、或榻榻米等。使用一整片實木板時，可在實木板背面每隔500公釐設置一條橫木條，以防止翹曲現象。

所謂的床框，是指為了收整比地板高一段的床板，而設置在其橫向前方的貼面材。以黑色為正式的色系。

至於「落掛」，則是指在壁龕上方的垂壁底端橫向吊掛著的橫樑。與床框平行，設置的位置比床脇的橫板略高一些。從正面可以看見徑斷面（直紋），底端則可看見木紋；但在茶道館中，有時則使用竹子或細圓木來建造。

②床脇

由上儲物櫃（天袋）、下儲物櫃（地袋）、以及展示空間（違棚）構成。也有不設置下儲物櫃而只有地板的樣式，或是地板與下儲物櫃共存的樣式。

③書院

是窗台往走廊方向凸出以便採光的窗戶形式。以往這類窗戶具有如書桌般供人讀書寫字的作用，不過現在則是出於設計感的考量而設置。書院的形式，可分成窗台往走廊凸出約450公釐的窗台書院，以及不凸出緣廊、而是內縮於柱子間的平書院。

▶ 圖1 壁龕的構成

❶書院欄間　❷束柱　❸垂壁　❹落掛　❺壁龕牆壁　❻兩柱間的橫板　❼橫樑　❽地板　❾床柱
❿床板　⓫床框　⓬短柱　⓭書院窗　⓮床脇

▶ 表1 壁龕的種類

名稱	特徵
日式壁龕 （本床）	以壁龕、床脇、書院構成的正式壁龕。
無床框壁龕 （蹴込み床）	不設置可收整床板邊緣的床框，可直接看見床板邊緣的壁龕。
平壁龕 （踏込み床）	床板與地板無高低段差的壁龕。
仿真壁龕 （織部床）	不設置壁龕，在牆壁上直接安裝橫木板後再釘上掛軸用的釘子，使牆壁看起來如壁龕般的格局。
獨立式壁龕 （袋床）	在平壁龕正面設置翼牆與竹條格窗，呈現出內凹式的獨立空間。主要用於茶室。
簡易式壁龕 （釣り床）	不設置床柱、床框、床板，直接以落掛、垂壁構成的壁龕。
移動式壁龕 （置き床）	將可移動的平台放在房間角落，使其看起來如同壁龕一般。可與簡易式壁龕、仿真壁龕併用。
土壁壁龕 （洞床）	壁龕內部的牆壁、天花板以土壁工法塗覆建造而成。

平壁龕的一種，原叟床範例。

仿真壁龕的範例。

column
室內地板

關於「木質地板」

　　這裡要討論的不僅限於地板材料，還關乎人們對「木質」材料的想法。在接洽工程時，若聽到業主表達出「喜歡木頭」、「木質觸感較好」等喜好時，千萬不要百分之百地「相信」。

　　每當我與業主討論設計內容時，關於地板材料，我總會同時請業主參看單層地板與複合地板、無塗裝或浸塗塗裝、以及樹脂塗裝等樣本，詳細地說明各種材料的優、缺點，以確認業主是否真的喜歡木質地板。

　　以複合木地板為例，不僅表面沒有縫隙、品質也比較穩定。而採用樹脂塗裝的地板時，無論清潔或維護都相當輕鬆，表面也不易刮傷。雖然這兩者表面都具有木頭的外觀，但特性卻與木頭有別。只要剝除複合木地板表面上的貼面板，就會裸露出不同的素材。至於樹脂塗裝的地板，雖然也有木紋外觀，但卻不具備木頭的吸放濕性，就連摸起來也沒有木頭的溫潤觸感。

　　那麼，何不藉此機會檢視看看，你喜歡的「木頭」是什麼樣的木頭？你喜歡的「木質觸感」又是指什麼樣的感覺呢？

5

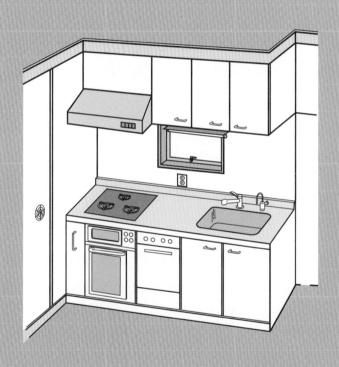

設備・
外構工程

097

設備‧配管‧電力工程

廚房

Point 廚房是家人與朋友交流情感的主要場所，已逐漸成為家庭空間的中心。

廚房的種類

　　廚房的整體布局可分成 I 型、II 型、L型、U型、中島型、開放式等類型（圖1）。從構成來看，則可分成由流理台、瓦斯台、料理台等單體組裝而成的組合式廚房，以及預先組裝好各部材的系統式廚房兩種（圖2）。

廚房的主要設備

①水槽與流理台的面板

　　水槽與流理台(工作檯面)的面板素材，有不鏽鋼、琺瑯、人造大理石、樹脂類等材質，形狀也相當多樣化。

②加熱調理器

　　可大致分成瓦斯與電熱兩種。瓦斯加熱器設有火口，而日本在二〇〇八年修法後，便明訂使用者有義務設置瓦斯偵測感應器，以提升使用安全。另一方面，電爐不需要燃燒瓦斯，所以不會產生空氣汙染，其中，又以安全性較高的IH電磁爐最受消費者喜愛，也適合高齡者下廚時使用。

③換氣扇

　　換氣扇有安裝在牆壁上的螺槳式風扇、利用離心力的多翼式風扇、以及具有高排氣功能的渦輪風扇。另外，還有與加熱器一體化的抽油煙機、IH電磁爐專用的抽油煙機、以及下吸式抽油煙機等類型。

④其他的嵌入式廚房器具

　　廚房中除了有上述設備外，還會嵌入各式各樣的器具設備，例如洗烘碗機、微波爐、淨水器、整水器、垃圾處理機等。

廚房各部位的素材

　　就廚房的地板材料來說，考慮到應具有防水性、耐熱性、耐久性等性能，多半使用磁磚、PVC卷材地板、PVC地磚等材料。另外，流理台的牆面除了長久以來普遍使用的磁磚以外，近年來廚房用壁材等貼面板材也愈來愈受歡迎。

◎ 圖1 廚房的布局

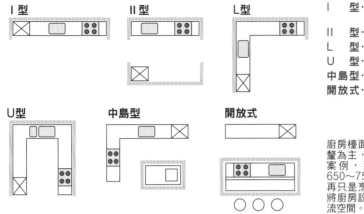

Ｉ　型	⋯ 橫向的動線距離較大。適用於較狹窄的空間。
Ⅱ　型	⋯ 適用於兩人同時作業時。
Ｌ　型	⋯ 動線距離較短。
Ｕ　型	⋯ 適用於一人作業時。
中島型	⋯ 適合使用電磁爐。
開放式	⋯ 廚師可與用餐的人直接面對面談話。

廚房檯面的高度，近年來以850公釐為主，但也有設計到900公釐的案例，而檯面的深度也加深至650～750公釐左右。另外，廚房不再只是烹飪的場所，現代家庭大多將廚房設計成聚集家人、朋友的交流空間。

◎ 圖2 廚房的設備

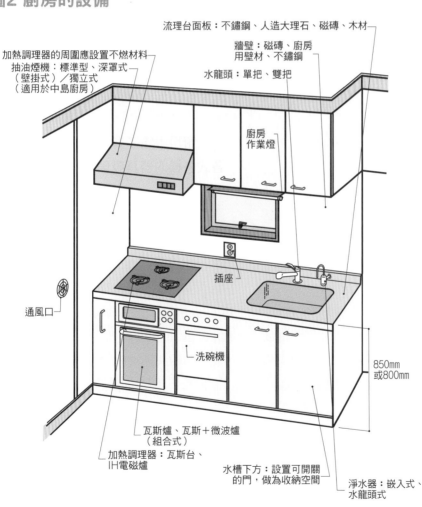

流理台面板：不鏽鋼、人造大理石、磁磚、木材

牆壁：磁磚、廚房用壁材、不鏽鋼

水龍頭：單把、雙把

加熱調理器的周圍應設置不燃材料

抽油煙機：標準型、深罩式（壁掛式）／獨立式（適用於中島廚房）

廚房作業燈

插座

通風口

850mm或800mm

瓦斯爐、瓦斯＋微波爐（組合式）

加熱調理器：瓦斯台、IH電磁爐

洗碗機

水槽下方：設置可開關的門，做為收納空間

淨水器：嵌入式、水龍頭式

設備・配管・電力工程

浴室

Point 近年來，浴室被視為家中的「第二起居室（客廳）」，
因此實現讓浴室生活變豐富的機能也愈來愈多樣化。

傳統浴室・系統浴室

長久以來，浴室的主流做法都是採用先在牆壁與地板進行防水處理後再以面材做飾面，然後才設置浴缸的傳統泥作工法。不過近幾年來，基於施工與維修方面的考量，採用系統浴室（系統衛浴）的比例日益提高。系統浴室又可再進行分類，有構成浴室的所有要件（地板、牆壁、天花板、門等）全都由工廠生產的全套式系統浴室，以及只有一部分由工廠生產、其他部分仍在現場施工設置的半套式系統浴室。系統浴室因品質穩定而具有高防水性，而且施工工期也比較短（圖1）。

浴室的裝修材料・浴缸種類

採用傳統的泥作工法時，地板的裝修材料通常以石材、磁磚為主，選擇材質時不只要考量設計感，還得顧慮到地板濕滑可能造成危險等使用上的便利性與安全性。近來，市面上更出現了即使赤腳踩上去也不會覺得冰冷的新地板材料。

而牆壁的裝修材料，除了傳統的磁磚與天然石材、木材以外，最近也經常採用浴室用壁材等貼面板材。

另外，關於浴缸的種類，有和式（日式）浴缸、洋式（西式）浴缸、與和洋折衷式浴缸（圖2）。而浴缸設置的方式，則有獨立式、嵌入式、與半嵌入式等。

至於浴缸的素材，從天然材質、到樹脂類的材質，有各式各樣的材料可使用（表1）。

浴室的設備

浴室乾燥機不僅有通風機能，還具備了暖氣、乾燥機能，所以經常被當做冬季時的暖房、或梅雨季節時的乾衣機使用。三溫暖則有乾式三溫暖與濕式三溫暖兩種。近年來，能將溫水以霧狀噴出，以維持約40℃室溫、近100%濕度的蒸氣式三溫暖也廣受歡迎。

還有，安裝防水電視與音響設備可營造出更加豐富的浴室生活。

◐ 圖1 系統浴室的布局

配備標準浴缸 **配備洗手台** **配備廁所與洗手台** **高級系統浴室的範例**

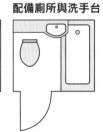
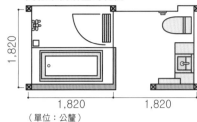

1,820

1,820   1,820

（單位：公釐）

適用於獨棟住宅一樓 **適用於獨棟住宅二樓** **半套式系統浴室**

上方的裝修材是
磁磚或木板等。

天花板可設置得比一般公寓
的天花板還高。且樣式相當
多樣化。

適用於二樓的格局。必須加
強底襯材。

只在下半部含有浴缸的是半
套式系統浴室。上半部可採
用與傳統泥作工程相同的步
驟來施工。

◐ 圖2 浴缸的種類與尺寸

和式（日式）浴缸 **洋式（西式）浴缸** **和洋折衷式浴缸**

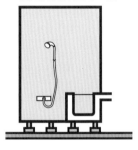
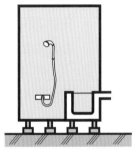
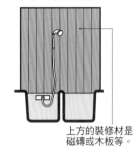

浴缸深度較深，使用時腳必
須彎曲。

腳可適度伸展、且能泡到肩部。

浴缸深度較淺，身體可適度伸展。

◐ 表1 浴缸使用的素材

素材	特徵
人造大理石	主要原料是壓克力樹脂。雖然價格昂貴，但顏色豐美、具有透明感與光澤度，所以廣受歡迎。
FRP（玻璃纖維強化塑膠）	聚酯樹脂以玻璃纖維強化後的產品。雖然容易損壞，但價格優惠、輕質、且施工性佳。
不鏽鋼	具有耐久性與耐熱性等較高的機能，但由於自由變化度不佳，所以需求較少。
鋼板琺瑯	顏色可自由變化，且硬度佳、耐久性優良，不過因為重量較重，所以施工上比較困難。
木質	具有檜木、花柏等樹木特有的質感，但必須注意耐久性與維護方面的問題。

馬桶・洗臉設備

Point 馬桶和洗臉設備在機能與材質上都持續地進步、創新。
此外，也要盡可能選用省水型等響應環保考量的產品。

馬桶設備

①馬桶的洗淨方式

馬桶每次的洗淨水量，在一九七〇年代為13公升。不過，近代的省水型馬桶已進化到只需6公升就能清洗乾淨。其中，無水箱的水壓式馬桶（Tankless Toilet）由於相當節省空間而廣泛用於狹小的廁所內，再加上清掃也很方便，所以銷售數量還在逐年攀升。不過，水壓式馬桶並沒有洗手的設備，所以得另外設置洗手台。

西式馬桶的洗淨方式，有沖落式（洗落式）、噴射虹吸式、與漩渦虹吸式等（表1）。

②馬桶座

近來，可洗淨的免治馬桶已成為主流，其機能相當多樣化，例如使用後可以溫風乾燥、在馬桶座上設置加熱器以隨時溫熱馬桶座等。甚至，還有省電型、自動洗淨功能、會發出聲音或香味等具備特殊機能的免治馬桶。

洗臉設備

①洗臉設備的種類

組合式洗手設備是由單體的洗臉盆、檯面、鏡子、收納櫃等部位組裝而成。

系統型的洗臉設備一般則稱為「洗臉化妝台」，是洗臉盆、檯面、鏡子、收納櫃、照明器具等一體化製成的設備。系統型的洗臉設備與系統廚房一樣，是將各種部材組合起來的類型，而且尺寸、顏色、材質的選擇範圍都相當廣泛。

②洗臉盆

由於大部分的人入浴時都會在洗手設備附近穿脫衣服，因此，事先設計可收納毛巾、貼身衣物等收納櫃較為方便。另外，為了使整裝或洗手、打掃等更有效率，最近很流行在主臥室或玄關也設置一處洗手設備。

表1 西式馬桶的洗淨方式

沖落式（洗落式）	虹吸式

利用水的高低落差產生水流作用，藉此將穢物沖淨的方式。因為排糞口的面積狹窄，所以水花較容易濺起。	透過虹吸作用將穢物排出的方式。因為排糞口的面積比較狹窄，所以有時候穢物會附著在乾燥面上。
噴射虹吸式	漩渦虹吸式
水會從設置在排水管中的噴射孔噴出，因噴射力道強，所以會產生虹吸作用將穢物排出。由於排糞口的面積較廣，所以不太會有臭味，穢物也幾乎不會附著在乾燥面上。	馬桶與水箱一體成型的樣式。是合併虹吸作用與漩渦作用來排出穢物的方式。

圖1 水壓式馬桶的範例

與傳統馬桶的不同之處在於後方沒有設置水箱（商品範例「SATIS－INAX」）。由於沒有水箱所以能節省空間，不僅可廣泛用於狹小的廁所內，而且清掃也很方便，因此銷售數量節節攀升。雖然必須另外設置洗手台，不過也可以設置與馬桶給水、排水管線相連的洗手台。

（照片：LIXIL）

圖2 洗臉盆範例

洗臉盆有陶器、FRP（玻璃纖維強化塑膠）、人造大理石、不銹鋼、琺瑯等材質。安裝方式分成下嵌式、上嵌式、半嵌式（如上圖）與檯面式。

（照片：LIXIL）

水龍頭具有各種不同的機能，如洗髮用的淋浴沖水機能、自動感應式水龍頭等。

（照片：LIXIL）

備註：洗手設備附近通常都會放置牙刷或化妝品等各種日常用品，建議事先規劃好收納空間。

圖3 洗臉化妝台範例

設置大型洗臉盆當做洗髮・洗臉台使用的範例。

（照片：LIXIL）

100
設備・配管・電力工程
通風設備

Point 為了避免發生病態建築物症候群，日本的法律規定每戶住家都有義務裝設可 24 小時全天候運作的通風設備。

室內空氣會因各式各樣的生活行為而遭到污染。另一方面，隨著新式住宅氣密化的傾向，空氣容易滯留於室內，因此必須更注意空氣的流通性，透過換氣來淨化空氣。甚至，日本的病態建築法（修正建築基準法）也制定了避免發生病態建築物症候群的對策，規定每戶住家有義務依法維持空間24小時全天候的通風[1]。總之，為了充分確保愉快舒適的生活空間，通風設備已是不可或缺的設備。

通風的種類

通風種類可分成利用機械動力來強制換氣的機械通風（圖1），以及透過風壓與空氣的溫度差來形成空氣流動的自然通風（圖2）。現代的住宅通常是以可維持24小時通風的機械通風為主，自然通風則做為輔助使用。

機械通風的方式

24小時的通風系統有兩種，其中，個別通風的方式是透過設置在各個房間裡的換氣扇來有效率地進行常態通風；而中央（集中）的方式，則是透過隱藏在天花板或牆壁裡的通風設備與通風管來進行住宅整體的通風。

個別通風的方式在機器設備的費用上比較低廉，施工也相對簡單。另一方面，集中通風的方式雖然設備費用昂貴，但無論內觀或外觀都收整得比較簡潔，而且因為是利用通風管來通風，所以從室外傳入的噪音也比較少。

不過，24小時的機械通風在盛夏或寒冬時，室內溫度會受到室外溫度的影響。這時，可利用以下提到的換氣扇通風的熱交換方式，就能做為有效的因應對策。

送風機（換氣扇）

較具代表性的送風機是軸流式風扇與離心式風扇（表1）。其他，還有節能型的熱交換方式。熱交換方式能夠在風扇進行給氣、排氣的同時，交換室內排氣與室外空氣的熱能，來避免因通風所產生的熱損失。

熱交換方式還可細分成只交換、調節溫度的顯熱交換方式，與同時交換、溫度和濕度的全熱交換方式兩種[2]。

译注：
1.台灣對於室內空氣的規範，可參見《室內空氣品質管理法》。
2.「顯熱」是指物質吸熱或放熱時所需的熱能，可直接造成溫度的升降變化；「潛熱」則是指當物質的狀態產生變化、但溫度不變時所吸收或散發的熱能（如溶解熱、蒸發熱以及昇華熱），和濕度有關；而「全熱」便是「顯熱＋潛熱」的總稱。

● 圖1 機械通風的種類

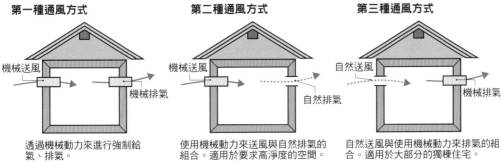

第一種通風方式

機械送風　→　機械排氣

透過機械動力來進行強制給氣、排氣。

第二種通風方式

機械送風　→　自然排氣

使用機械動力來送風與自然排氣的組合。適用於要求高淨度的空間。

第三種通風方式

自然送風　→　機械排氣

自然送風與使用機械動力來排氣的組合。適用於大部分的獨棟住宅。

● 圖2 自然（誘導式）通風

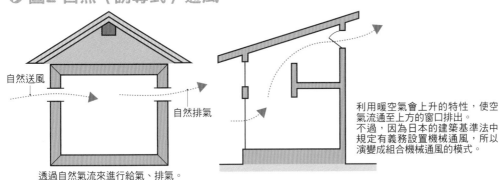

自然送風　→　自然排氣

透過自然氣流來進行給氣、排氣。

利用暖空氣會上升的特性，使空氣流通至上方的窗口排出。
不過，因為日本的建築基準法中規定有義務設置機械通風，所以演變成組合機械通風的模式。

● 表1　風扇的種類

	種類	形狀	扇葉	特徵	用途
軸流式風扇	螺槳式風扇			①在軸流式風扇中，是最容易製造的小型風扇。 ②雖然風量比較大，但因為靜壓低，大約只有0～30Pa(壓強單位)，所以當受到風管阻力時，風量就會大幅減少。 ③有可透過壓力計來接續風管的有壓換氣扇、以及可插入在風管之間的斜流扇等。	・裝設在廚房、廁所等的風扇 ・淺罩型抽油煙機
離心式風扇	渦輪式風扇			①附有寬度較寬、朝向後方的扇葉。 ②比起其他的風扇通風效率最好，適用於高速風管的通風機。	・空調風管 ・高速風管
	多翼式風扇			①扇葉輪上附有許多寬度較窄、且朝向前方的扇葉。和水車的原理相同。 ②高靜壓，適用於所有的通風機。	・空調風管 ・淺罩型抽油煙機

冷暖氣設備

Point 冷暖氣設備除了必須創造舒適的室內環境外，也要注意不能造成地球環境的負擔。

為了避免發生病態建築物症候群，日本特別針對瓦斯器具制定了因應的法律規範，希望以其他可保持室內環境的舒適、安全性高、又不會對地球環境造成負擔的設備，來取代傳統的燃燒器具。

冷暖氣設備

①冷氣設備

一般家庭裡的冷氣設備，大多屬於熱泵式冷氣機。熱泵式冷氣機可分成室內機與室外機分離的一對一分離式冷氣，與一台室外機對多台室內機的一對多分離式冷氣（圖1）。

②暖氣設備

住宅用的暖氣設備，主要可分成對流式電暖氣、輻射式供暖系統、熱水式供暖系統、熱風電暖氣。另外，暖氣的熱源來自於電力、瓦斯、及燈油；至於暖氣機器的種類，則有散熱器、燃燒器具、地暖設備等（表1）。

利用天然能源

目前，建築物的設計更加傾向有效利用天然能源。主要的方式，有利用太陽能的主動式太陽能加熱系統與被動式太陽能加熱系統、以及利用地中熱[3]的系統等。

主動式太陽能加熱系統，是透過裝設在屋頂上的太陽能集熱器來收集太陽能源，再將能源輸送至水槽或泵浦等機械設備的方法。另一方面，被動式太陽能加熱系統則不使用機械，而是藉由創造出室內環境具有暖空氣上升、冷空氣下降這一性質的建築物，使室內空氣能夠自然循環的方法（圖2）。雖然現在的蓄熱技術上仍有提升持久性的課題留待解決，但我們可從維護性的優劣與對環境的低污染性兩方面著手，嘗試各種方法來找尋解決之道。

至於利用地中熱的系統，則是使用一整年都維持在15℃上下、相當穩定的地中熱能源，夏季時將冷空氣導入室內，冬季時則將熱空氣導入室內，一整年都可維持舒適的室溫。

譯注：
3. 屬於地熱能源的一種，是地球表面淺層（約地下5～200公尺深）、較低溫的熱能。

◎ 圖1 熱泵的構造

熱泵的原理

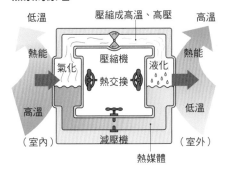

壓縮成高溫、高壓

低溫

熱能

氣化 壓縮機 液化

熱交換

高溫

（室內） 減壓機 （室外）

熱媒體

高溫

熱能

低溫

冷暖氣與熱水加熱器的整合系統

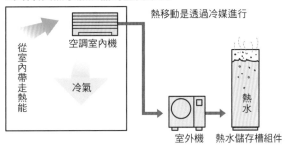

熱移動是透過冷媒進行

空調室內機

從室內帶走熱能

冷氣

室外機　熱水儲存槽組件

熱水

◎ 表1 主要的暖氣器具

種類	特徵
散熱器	可分成像空調、風扇加熱器、暖爐等，將空氣變暖、使空氣產生對流的「對流式」，以及如電熱板等以幅射熱來加熱的「幅射式」。
燃燒器具	一邊導入空氣，一邊燃燒石油或瓦斯等能源來加熱的方式。有瓦斯爐、石油暖爐等的「開放型」，柴爐、暖爐等的「半密閉型」，以及FF式（強制給排氣式）加熱器等的「密閉型」三種。因為開放型的燃燒器具會排出一氧化碳與二氧化碳等空氣污染物質，所以使用上必須特別留意。另外，燃燒時產生的水蒸氣也是造成結露的原因之一。
地暖設備	分成於地板下方埋入管路、使溫水循環流動以加溫的「溫水式」，與埋入發熱體的「電力式」兩種。因啟動後到真正開始加熱的時間較長，所以不適用於間歇供熱，但也因不是燃燒加熱所以比較安全。一般來說，鋪設面積只要達到地板面積的7～8成，就不需要使用輔助暖氣；不過，由於暖氣負荷會依照周圍房間的構造（如不是以牆壁隔間，而是以和室門窗來隔間的情況等）而異，所以是否需要輔助暖氣，仍須依照現場實際狀況而定。

◎ 圖2 被動式太陽能加熱系統的範例

直接利用熱風循環型

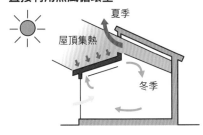

夏季

屋頂集熱

冬季

將雙層屋頂的南側塗成黑色，以便集熱。可藉此加熱雙層屋頂內部的空氣，使空氣在室內自然循環流通。夏季時，加熱後的空氣可由高窗排出。

直接利用蓄熱型

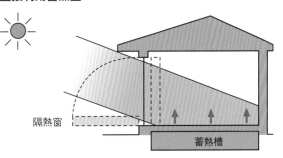

隔熱窗

蓄熱槽

使陽光從建築物南側的大型窗戶照射進來，以利室內地板蓄熱。晚間再將隔熱窗關閉，防止蓄熱槽的熱能流失。

熱水加熱設備

Point 儲水式的熱水器應留意容量、熱水供應能力、以及設置
場所。無論使用哪種能源,最好都考慮選用高效率型的
熱水加熱設備。

光是供應熱水的能源,在家庭消耗的總能源中,就占有三分之一的極高比例。可見在住宅的節能計畫中,熱水加熱設備的計畫具有高度的重要性。

熱水不只用來洗澡或洗滌物件,還可做為暖氣設備等的熱源而加以利用,因此,在選擇熱水加熱設備時,應該針對該設備能否因應必要的需求適時適量地供應熱水、能否達到節能的標準,加以謹慎評估、確認。

熱水器依照熱源,可將使用瓦斯、石油、電力的這三種類,與使用天然能源的種類大致區分開來。另外,從熱水的供應方式看來,還可細分成將水道中的水瞬間加熱的方式、以及將熱水儲存在熱水儲存槽內的方式。

電熱水器

電熱水器的種類,主要有利用價格優惠的夜間離峰電力來加熱熱水、再將熱水儲存在熱水儲存槽裡的電熱水器,以及應用自然冷媒的熱泵式熱水加熱器

(Eco-Cute熱泵熱水器)(圖1)。熱泵熱水器是以二氧化碳做為冷媒,由於對二氧化碳施以高壓後,可回收大氣中的熱能使水沸騰,能源效率比傳統型的電溫水器還高,再加上熱水供應能力較高,因此採用熱泵熱水器的全電化住宅正逐漸增加。

瓦斯熱水器

至於瓦斯熱水器,就瞬間加熱式熱水器而言熱水供應能力較高,具有熱水供應不會中斷的特徵。另外,若是採用高節能的潛熱回收式熱水器(高效率熱水器),還能提升能源效率(圖2)。

石油氣熱水器

石油氣熱水器的優點是運轉成本低,大多做為中央暖氣系統、或電暖板的熱源使用。另外,石油氣熱水器也與高效率熱水器一樣具有高效率,可響應環保概念。

◉ 圖1 利用自然冷媒的熱泵熱水器構造

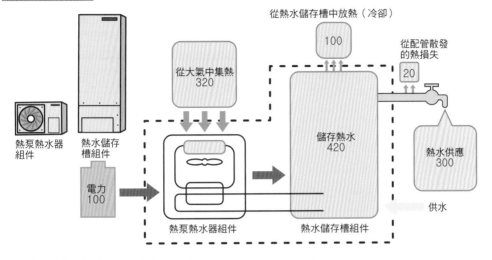

利用天然冷媒的
熱泵熱水器範例

從熱水儲存槽中放熱（冷卻）
100

從配管散發
的熱損失
20

從大氣中集熱
320

儲存熱水
420

熱水供應
300

熱泵熱水器
組件

熱水儲存
槽組件

電力
100

供水

熱泵熱水器組件　　　熱水儲存槽組件

・當使用的熱水量少、殘餘過多的熱水時，效率會因放熱（冷卻）而降低。
・必須確保有足夠的空間來設置熱泵熱水器組件與熱水儲存槽。
出處：『自立循環型住宅的設計指南』建築環境・節能機構（IBEC）

◉ 圖2 潛熱回收式熱水器（高效率熱水器）的構造

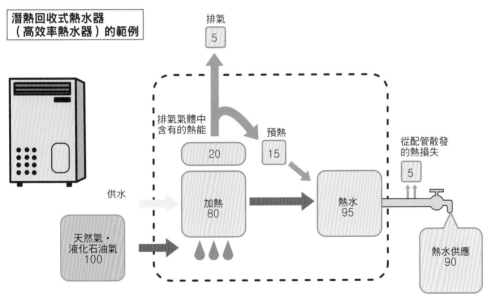

潛熱回收式熱水器
（高效率熱水器）的範例

排氣
5

排氣氣體中
含有的熱能
20

預熱
15

從配管散發
的熱損失
5

供水

加熱
80

熱水
95

天然氣・
液化石油氣
100

熱水供應
90

・將以往排氣氣體中捨棄不用的凝結熱（即氣體凝結成液體時放出的熱能），用來預熱水道中的水，藉此提升熱
　效率。
・熱水器的外觀、大小、以及設置條件，幾乎與傳統型的瓦斯熱水器相同。
出處：『自立循環型住宅的設計指南』建築環境・節能機構（IBEC）

天然能源的活用

Point 應活用天然能源，並與目前既有的技術結合，以持續發展可減少環境負荷的措施。

在減緩地球暖化的對策中最為必要的行動是，減少造成溫室效應的二氧化碳排放量。因此，在減少燃燒石化燃料的同時，對於可做為替代能源的太陽能、風力、與地熱等天然能源也應加以活用，持續進行技術導入。無論哪一種方法，都面臨須維持穩定供給能源的課題，所以就現今的發電系統而言，尤以蓄電池技術的發展最受眾人矚目。

太陽能發電系統

是將太陽能轉換成電力，做為家用電力的一部分來使用的設備。在沒有太陽能發電的夜晚、或因天候條件不佳而導致發電效率降低時，可向電力公司購買電力；至於白天期間的剩餘電力也能賣給電力公司（圖3），是一套可與商用電力系統併聯使用的市電併聯系統[4]。

太陽能熱水供應系統

以太陽能來加熱與供應溫水的太陽能熱水器，是利用太陽能且價格實惠、效率優良的方法。另外，關於太陽能熱水供應系統，一般會規劃搭配瓦斯熱水器或液化石油氣熱水器使用，依照試算值，熱水供應能源最多可減少約50％左右[※1]，是相當令人期待的方式（表1）。

其他技術

風力發電系統是只要有風、無關晝夜都能發電的系統。不過，由於家用小型風力發電機的發電量較小，只能做為家庭所需用電量的一部分、或是連結電池儲存起來做為緊急電源等。

另外，利用地中熱的熱泵系統，具備一整年幾乎維持在一定範圍內的地下溫度，是運作相當穩定的冷暖氣設備。這套系統是將熱泵交換機埋入地下約50～100公尺處，利用熱泵來回收熱能，做為冷暖氣的能源使用。

原注：
※1由自立循環型住宅開發委員會試算。
譯注：
4.台灣已於2009年公布通過《再生能源發展條例》，民眾也可在家中選擇安裝太陽能發電併聯型系統，並申請與台電供電系統併聯，細節可參考《台灣電力公司再生能源電能收購作業要點》及各年度「再生能源電能躉購費率及其計算公式」。

◉ 圖1 太陽能發電板的安裝位置與太陽能轉換效率

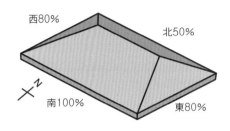

西80%
北50%
南100%
東80%

◉ 圖2 屋頂斜度與太陽能的能源利用效率

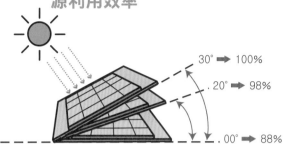

30° → 100%
20° → 98%
.00° → 88%

◉ 圖3 太陽能發電系統

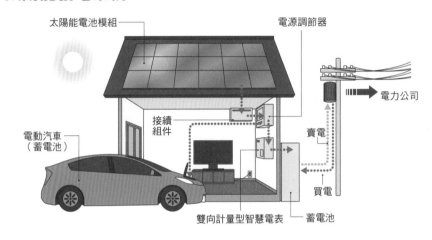

太陽能電池模組
電源調節器
接續組件
電力公司
電動汽車（蓄電池）
賣電
買電
雙向計量型智慧電表
蓄電池

◉ 表1 太陽能熱水供應系統的特徵

特徵 ＼ 方式	太陽能熱水器	太陽能熱水供應系統		
	自然循環式	自然循環式	強制循環式	
	直接集熱	直接集熱	直接集熱	間接集熱
集熱板的設置位置	屋頂	屋頂	屋頂	屋頂
熱水儲存槽的設置位置	屋頂	屋頂	地上	地上
熱水用途（輔助熱源）	・浴缸。 ・熱水器（須靠泵浦加壓）。	熱水器（當水壓高時，有時也會用泵浦輔助）。	熱水器（須靠泵浦加壓）。	熱水器（不須泵浦）。
防止凍結對策	凍結時停止使用。	凍結時，若無設置泵浦，則停止使用。當有設置泵浦時，透過循環可防止某些程度上的凍結（但是，必須要配置側配管，改成手動控制）。	可使用防凍液、以及利用泵浦進行循環，來預防凍結。但如此一來便需要動力能源（電力），不利於節能。	
節能效果	10%以上	30%以上	30%以上	30%以上

出處：『自立循環型住宅的設計指南』建築環境・節能機構（IBEC）

給水‧排水配管的方式

Point 在日本，應先向相關政府機關確認當地基礎設施的實際整備狀況後再擬定計畫，也應仔細考量、評估後續相關的維護方法。

在建築物裡供水的設備稱為給水設備，而將產生的廢水或雨水排出建築基地範圍外的設備，則稱為排水設備。

給水設備

舉凡從自來水供水系統中的供水管到水龍頭之間的供水配管、將熱水從熱水器輸送到用水器具的熱水供應配管、止水栓、以及水龍頭等，全部稱為給水設備。

一般來說，獨棟住宅是採用從水管直接給水的直接給水方式。至於中高層建築物，則有先將水儲存在受水槽後再以泵浦將水輸送到高架（屋頂）水槽內、以重力配水的重力給水方式，以及以泵浦向水管內的水加壓、透過壓力配水的加壓泵給水方式（圖1）。

至於配管方式，一般是採用從自來水主管分接出許多分歧管（支管）的方式（串聯式配管），但這種分式只要有兩處以上的用水器具同時用水，水壓就會降低，而且還有不容易維護等問題。因此，目前已開發出一種利用貫穿管與分流管（Header）來輸水的直接配管給水方式（並聯式配管），也就是預先將

供水管穿入設置好的樹脂製貫穿管中，不另外分接支管，而是從分流管起就直接透過貫穿管將水輸送到各個用水器具（圖2）。這種方式由於供水管並不相繼接續，所以不易產生漏水問題，配管的點檢與更新也相當方便。

排水設備

排水可依水的性質區分為廁所的污水、其他日常活動產生的生活雜排水、以及雨水。排水方式則有將上述三種一併排放的合流式，以及將污水與雜排水併為一類、與雨水分開排放的分流式（圖3）；而且，在日本可向當地的相關政府機關確認該地採用的是哪一種排水方式[5]。至於尚未整備下水道的地區，一般會設置淨化槽來處理排水，再將經過處理後的水透過側溝等設施排入河川中，或是浸透至建築基地的地底下。

在雨水的排放上，可引導雨水流向合流式的下水道、或流向雨水排水管與雨水側溝，也可以在建築基地範圍內設置排水井來處理等。為了避免雨水流向排水總管或河川而導致倒灌現象，建議最好能設置排水井來輔助排水。

譯注：
5.在台灣，中央主管機關為內政部營建署；地方下水道則由各縣市政府負責管理。

▶ 圖1 給水方式

直接給水式　　　　　**重力給水式**　　　　　**加壓泵給水式**

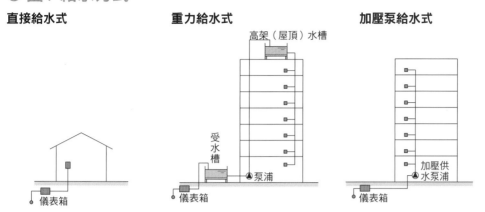

高架（屋頂）水槽

受水槽

泵浦

加壓供水泵浦

儀表箱　　　　　　儀表箱　　　　　　儀表箱

▶ 圖2 利用貫穿管與分流管來輸水的給水方式

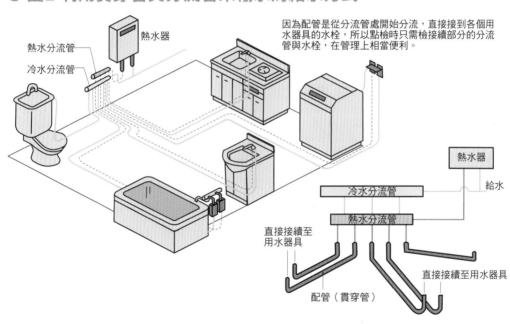

因為配管是從分流管處開始分流，直接接到各個用水器具的水栓，所以點檢時只需檢接續部分的分流管與水栓，在管理上相當便利。

熱水器

熱水分流管
冷水分流管

熱水器

冷水分流管

熱水分流管

給水

直接接續至用水器具

直接接續至用水器具

配管（貫穿管）

▶ 圖3 排水方式

合流式

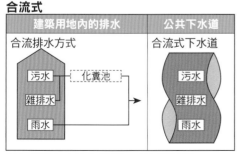

建築用地內的排水	公共下水道
合流排水方式	合流式下水道
污水 ---化糞池---	污水
雜排水	雜排水
雨水	雨水

污水+雜排水+雨水全都排放至合流式下水道。

分流式

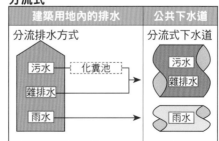

建築用地內的排水	公共下水道
分流排水方式	分流式下水道
污水 ---化糞池---	污水
雜排水	雜排水
雨水	雨水

污水+雜排水、與雨水分開，各自排放至分流式下水道。

給水・排水配管的種類

Point 選擇配管時可從材質方面著手判斷，對於耐久性、施工性、安全性、成本等方面也要仔細評估。

給水設備・配管

考量到給水配管有發生漏水或產生紅鏽水等問題，所以應選用耐久性良好的材質。舉例來說，有鋼管壁內部以樹脂塗覆的內襯聚氯乙烯（PVC）塑膠硬質管之鋼管，以及不鏽鋼鋼管、銅管、聚氯乙烯（PVC）塑膠硬質管等耐腐蝕性佳的配管。

熱水供應管是使用被覆銅管。其他像貫穿管與分流管工法（並聯式配管）所使用的高密度聚乙烯（HDPE）塑膠管與聚丁烯（PB）管，因為具有柔韌性與耐熱性，所以也可當成熱水供應管使用（表1）。

另外，像全自動洗衣機等器具在運作過程中會急速關閉水栓，此時配管內的壓力會急速上升而產生水錘作用（水擊），容易造成給水配管的損傷，所以設置時應加裝水錘吸收器來避免水錘。

排水設備・配管

擬定排水配管計畫時，不但要抑制漏水與臭氣產生，也要顧及各器具的排水效率。為了使排水自然順暢地流出，除了要確保管徑的大小適當外，排水配管的斜度也要維持1／50左右的比例。若想防止臭氣或昆蟲從下水道入侵水管，可設置存水彎來儲水隔絕（圖2）。另外，若為了調整立管內的氣壓，使水流安定以維持存水彎中的水封，則可設置通氣管。而當通氣管口位於室內時，在管口最上方可選擇安裝由瑞典Durgo公司發明的通氣閥（圖1）。

排水配管大多使用價格實惠、輕質的聚氯乙烯（PVC）塑膠硬質管。聚氯乙烯（PVC）塑膠硬質管有VU管、以及管壁較厚的VP管兩種（台灣代號為A管〔薄管〕和B管〔厚管〕），基於隔音考量在室內一般使用VP管。另外，在必須具備耐火性能的地方，應使用以纖維強化耐火泥被覆於VP管外側的耐火雙層管（TMP-VP管）較佳。

排水管合流的地方要設置排水井。至於狹窄、或不易施工的地方，則可利用聚氯乙烯製的小型口徑排水井，來取代傳統砂漿製的排水井（圖3、4）。

◐ 表1 配管的種類與適用部位

名稱	記號（日本）	給水		熱水供應管	水管・通氣管					滅火用水
		住戶用	公共用		污水管	雜排水管	雨水管	通氣管	排水管	
內襯聚氯乙烯（PVC）塑膠硬質管之鋼管	VLP	○	○							
耐衝擊硬質聚氯乙烯（PVC）塑膠管	HIVP	○	○							
聚氯乙烯（PVC）塑膠硬質管	VP	○	○		○	○	○	○	○	
耐熱性內襯聚氯乙烯（PVC）塑膠硬質管之鋼管	HTLP			○						
被覆銅管、銅管	CU			○						
耐熱性硬質聚氯乙烯（PVC）塑膠管	HTVP			○		○				
樹脂管（高密度聚乙烯〔HDPE〕塑膠管）	—	○		○						
樹脂管（聚丁烯〔PE〕管）	—	○		○						
不鏽鋼鋼管	SUS	○	○	○						
排水用內襯聚氯乙烯（PVC）塑膠硬質管之鋼管	DVLP				○	○	○	○	○	
耐火雙層管	TMP（VP）				○	○	○	○	○	
配管用碳鋼鋼管	SGP白（鍍鋅）						○	○		○

◐ 圖1 Durgo通氣閥

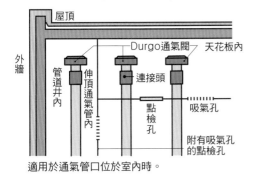

適用於通氣管口位於室內時。

◐ 圖2 存水彎各部位的名稱

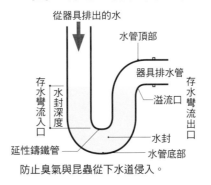

防止臭氣與昆蟲從下水道侵入。

◐ 圖3 沉砂池

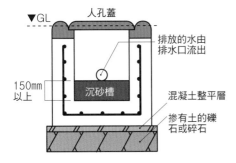

為了避免泥砂自雨水排水管流出所設置的沉砂池。

◐ 圖4 樹脂製排水井

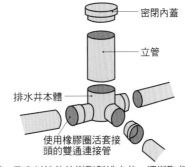

小型、且密封性佳的樹脂製排水井，逐漸取代傳統的砂漿製排水井。

106

設備・配管・電力工程

電力配線的種類

Point 為了因應多樣化的弱電設備，可利用資訊配電盤或資訊插座來進行集中管理。

電力的配線

供應住宅使用的電力，大部分是採用兩條電壓線（又稱電力線）搭配一條中性線的單相三線式來傳輸。利用一條電壓線與一條中性線來供電時，可使用100V（伏特）的電器產品；利用兩條電壓線來供電時，則可使用200V的電器產品。

建築年數較久的住宅，大多採用兩條電線、只限用100V的單相二線式。也因此，若想使用IH電磁爐等200V的家電用品時，就必須更改成單相三線式才行。

其他的電力傳輸方式，還有馬達、大型電冰箱等產業用、業務用大型機器所使用的三相三線式，採用此種方式時必須跟電力公司簽訂電燈電源與動力電源兩種契約。

另外，日本各家電力公司都設有夜間電費的優惠折扣。只要使用深夜電力並搭配夜間蓄熱式機器，就可減少熱水供應與暖氣的運轉成本[6]。

弱電設備

與通訊相關、且使用低電壓電路的設備，便稱為弱電設備。

在日本，一般住宅可使用的通訊與資訊服務，有地面數位播放、BS播放（日本BS衛星頻道）、CS播放（日本CS衛星頻道）、有線電視（Cable TV，簡寫CATV）、電話、網路等各式各樣的設備，也包含對講機與防盜系統的配線，因此，必須有計畫的安排配線，如設置可集中管理配線的配電盤等。

當各個房間都需要使用網路時，如果是木造住宅，可以安裝不需配線的無線區域網路（LAN），但是如果能將配線收整在牆壁內、再以資訊插座做為連結點，建構成家用區域網路的話則更理想。另外，如電話線或光纖電纜、專用光纖通訊的企業或有線電視的利用等，可利用的基礎設施種類也相當多元。

譯注：
6.台灣的台灣電力公司也有不同區段的「時間電價」，離峰時間的電價較為優惠，但主要提供商業與工業用電使用。一般家庭若想申請分段式計價，須換成「電子式電表」或「智慧電表」。

◉ 圖1 家用區域網路

LAN為Local Area Network的縮寫，是指連結多台電腦、或印表機等設備的網路。建構在住宅內時就稱為家用區域網路。以往大眾一般認為所謂的LAN只是家人間共享多台電腦的資訊而已，但隨著利用光纖的FTTH、及利用類比傳輸的ADSL、CATV（有線電視）等寬頻網路的普及，近年來可透過網路輕鬆使用電腦、電視、或IP電話（網路電話）等設備的人已大幅增加。雖然建構家用區域網路的方法很多，但基本上從進線位置、到設有須連結LAN的機器的房間之間，必須透過電纜將數據機[2]、路由器[3]、分享器[4]連通起來，進行LAN配線才行。

家用區域網路的構造圖

家用網路
建構家用網路的話，不只有電腦受惠，就連電視也能輕鬆連接到網路、或者撥打網路電話。

事先配線
在建構家中的資訊系統，應使用配電盤來彙整收納必要的機器，藉此事先進行配線，這樣一來後續要更新也比較方便。

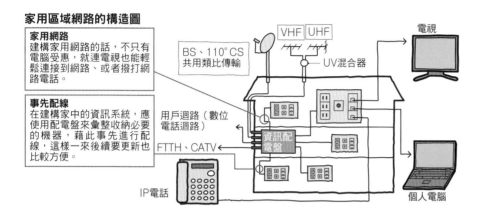

◉ 圖2 配電盤（弱電盤）的結構

配電盤（弱電盤）是指，將LAN端子台、分享器、及為了收看電視所使用的增幅器等元件組合成一體的裝置。雖然將以上各項元件個別設置在木板等位置的話，也可不必使用配電盤，但是使用已預先構成一體的配電盤，不但能減少複雜的配線以及施工的錯誤，就連外觀也能收整得簡潔美觀。

配電盤（弱電盤）裡的範例

（單位：公釐；ø：直徑）

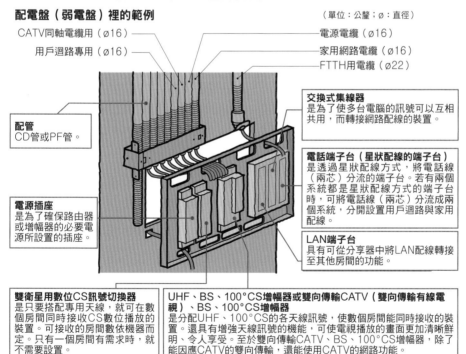

CATV同軸電纜用（ø16）
用戶迴路專用（ø16）
電源電纜（ø16）
家用網路電纜（ø16）
FTTH用電纜（ø22）

配管
CD管或PF管。

電源插座
是為了確保路由器或增幅器的必要電源所設置的插座。

交換式集線器
是為了使多台電腦的訊號可以互相共用，而轉接網路配線的裝置。

電話端子台（星狀配線的端子台）
是透過星狀配線方式，將電話線（兩芯）分流的端子台。若有兩個系統都是星狀配線方式的端子台時，可將電話線（兩芯）分流成兩個系統，分開設置用戶迴路與家用配線。

LAN端子台
具有可從分享器中將LAN配線轉接至其他房間的功能。

雙衛星用數位CS訊號切換器
是只要搭配專用天線，就可在數個房間同時接收CS數位播放的裝置。可接收的房間數依機器而定。只有一個房間有需求時，就不需要設置。

UHF、BS、100°CS增幅器或雙向傳輸CATV（雙向傳輸有線電視）、BS、100°CS增幅器
是分配UHF、100°CS的各天線訊號，使數個房間能同時接收的裝置。還具有增強天線訊號的功能，可使電視播放的畫面更加清晰鮮明、令人享受。至於雙向傳輸CATV、BS、100°CS增幅器，除了能因應CATV的雙向傳輸，還能使用CATV的網路功能。

原注：
※2以電話迴路將電腦數位資訊轉換成可通訊形態的裝置。，如一般電話迴路用的ADSL數據機、或CATV迴路用的CATV數據機等，依照使用迴路有各式各樣的種類。若要以光纖來進行通訊，則可使用ONU（迴路終端裝置）。
※3連接兩個以上的個別網路以傳輸資訊的機器。
※4使機器之間互相通訊的無線裝置。

107

設備・配管・電力工程

電力配線的施工

Point 透過有計畫的事先配線，不但可因應未來配線的增設，也能提高維護性。

電力的傳輸方式

　　電力公司所供給的電力，是從電線桿上經由輸電線傳輸到建築物內。電力公司負責的設備工程是將輸電線接到需要安裝的定點為止，至於後續工程則由建築工程來負責。

　　電力的傳輸方式，有直接傳輸到建築物內的方式、以及透過設置於建築基地地界線附近的電線桿來轉接、傳輸的方式。把從電線桿連接到建築物內的配線埋設於地下（稱為「地下輸電線路」）的話，建築物的周圍會較美觀（圖1）。另外，像電錶等設備雖然不設置在建築基地內，也不會妨礙輸電系統的順利運作。

室內配線的種類

　　接線傳輸的電力，可從配電盤分流到各個迴路。配電盤的容量、或迴路數量最好維持隨時在充裕的狀態（表1）。

　　屋內配線主要使用VVF電纜[5]與VVR電纜[6]。由於電纜的粗細會導致容許電流值的大小，所以要依照配線長度來選擇適合的直徑。另外，安裝配線時，大多會預先設置CD管與FEP管等做為絕緣體、可保護線路的電線導管（圖2）。而且，為了方便日後追加配線，也可使用彩色配管來輔助區分。

開關裝置的安裝

　　開關裝置的形狀，最好選用任何人都能一目了然、且操作方便的設計樣式。必要時，也可加入計時、或感應等機能。基於安全考量，插座的設置必須能充裕供應家電製品的用電量，至於洗衣機、微波爐、或電冰箱等特定機器則要使用附有接地線[7]的插座。另外，插座盒的四周應以隔熱材、或氣密性材料阻斷開來，縫隙處也要以氣密膠帶確實地密封好。

原注：
※5圓形600V聚氯乙烯（PVC）絕緣及被覆電纜（VVR）。
※6平形600V聚氯乙烯（PVC）絕緣及被覆電纜（VVF）。
譯注：
7.台灣是依照經濟部頒布的《屋內線路裝置規則》之規定。

● 表1 電力配管、配線的種類與使用部位

名稱	記號	外露、隱藏於室內	埋入於混凝土中	埋入於地板下或樑下	埋入於地中	外露於屋外
薄鋼電線管	CP	○	○			
無牙電線管	E	○	○			
厚鋼電線管	GP	○	○			○
PF管（埋入、露明兩用型合成樹脂可撓電線導管）	PF	○	○			
CD管（埋入用之合成樹脂可撓電線導管）	CD		○			
硬質聚氯乙烯（PVC）電線導管	VE			○		
耐衝擊性硬質聚氯乙烯（PVC）電線導管	HIVE				○	○
波形硬質聚乙烯（PE）管	FEP			○	○	
聚乙烯（PE）發泡被覆銅管	PE			○	○	○

名稱	記號	支線	一般幹線	一般動力	電燈、插座	緊急照明	控制	播放	對講機	TV共同收訊	火災警報、排煙	電話
600V聚氯乙烯（PVC）絕緣電線	IV	○	○	○	○	○	○	○				
600V耐熱聚氯乙烯（PVC）絕緣電線	HIV					○		○				
平形600V聚氯乙烯（PVC）絕緣及被覆電纜	VVF			○	○							
600V交連聚乙烯（XLPE）電纜	CVT·CV		○	○	○							
耐熱電纜	HP								○		○	
聚氯乙烯（PVC）絕緣及被覆控制電纜	CVV						○					
聚乙烯（PE）絕緣聚氯乙烯（PVC）被覆市內電話電纜	CPEVS								○	○		○
彩色聚乙烯（PE）絕緣及被覆電纜	CCP											○
屋內電纜（通信用）	EBT											○
TV用同軸電纜	S-5C-FB									○		
警報用聚乙烯（PE）絕緣電纜	AE									○	○	
屋內通信電線	TIVF								○			

電力配管材料（左側名稱欄分類）
電力配線材料（左側名稱欄分類）

● 圖1 電線桿

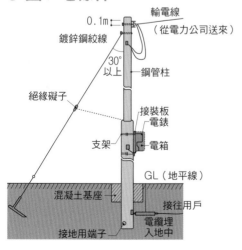

- 輸電線（從電力公司送來）
- 0.1m
- 鍍鋅鋼絞線
- 30°以上
- 絕緣礙子
- 鋼管柱
- 接裝板
- 電錶
- 支架
- 電箱
- GL（地平線）
- 接往用戶
- 混凝土基座
- 電纜埋入地中
- 接地用端子

● 圖2 電線導管的範例

CD管（埋入用之合成樹脂可撓電線導管）

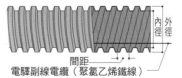

FEP管（波形硬質聚乙烯管）

- 內徑
- 外徑
- 間距
- 電驛副線電纜（聚氯乙烯鐵線）

如上所示，只要事先設置好保護電纜的電線導管，即使將來需要增加配線，也容易處理。

233

108
外構工程
外構裝修材料

Point 建築物的外部構造影響著建築物的完成度、以及在街廓中給人的印象，因此最好能用心地裝修。

擋土牆・護土牆

擋土牆通常是設置在有高低差的地方、或是用來做為地界的標記。建造的方式有現場澆置混凝土，在模板狀的混凝土空心磚內部灌入混凝土、使用混凝土製成的貼面磚等，或是堆砌石頭或磚塊等方式。

大門・圍籬・圍牆

住宅的大門、圍籬、以及圍牆的建造型式，除了取決於開放、封閉、或介於兩者之間的半開放等目的之外，同時也要考量到周邊環境、防盜、防音、隱蔽性、或通風性等需求。可使用的材料有金屬製或木製的圍籬、混凝土磚或現場澆置混凝土、或種植樹木形成樹籬等，種類相當豐富（圖1）。

路面鋪設・開放式無牆車棚

以柏油或混凝土鋪設的路面，雖然材料取得容易，但相對缺乏趣味，而且容易反射出逼人的熱氣。為了兼顧用途與氣氛，不妨利用礫石、植栽、或室外地磚、連鎖磚、石材等材料來加以組合搭配。

設計路面鋪設時，要決定如水流斜度等的集水與排水方法，並依照使用頻率來選擇耐磨的鋪設產品。在寒冷地區，還要考慮寒害導致的開裂與剝離現象。另外，有屋頂的無牆車棚，在日本的建築基準法裡必須列入建築面積或建坪的計算，這點也要特別注意。

木平台・棚架

如木平台等以木頭做成的外部構造，大多會使用高耐久性的南洋木材（像巴西紫檀、鐵樹等），不過，因為這些木材的鹼液很容易附著在外牆上，使用時應特別注意。另外，柏木、檜木、花旗松、防腐加工材等木材也常被使用，但對於花旗松的樹脂要特別留意。由於木平台每隔幾年就要進行維修，所以鋪設時得下足工夫，如在木平台下方鋪設防潮混凝土地板，並確保有充足的通氣高度等，以提升耐久性（圖2）。

◉ 圖1 各種外構裝修的施工範例

組合式的施工範例，不但有草坪，還鋪設了礫石、碎石、混凝土地板、石地、混凝土平板磚、木平台，並搭設木製開放式無牆車棚，使用了各式各樣的材料。

通道是黑色混凝土地板的形式（中間），鋪設淺色礫石（左方）、大圓石（右方），玄關前鋪設板岩（右後方）。

草坪（左方），鋪設礫石（中間）、木平台（右方），玄關前鋪設板岩。木平台的部分是施工於防潮混凝土地板上。

◉ 圖2 木平台的施工範例

木平台以高耐久性的混凝土樁向上撐高，使平台下方保持充分通風，以提升耐久性。平台部分都在已加注防腐劑的杉木（做為地板）、花旗松（做為托樑）上，再塗上防腐著色漆。至於建築基地內的其他木平台，則是以檜木做為地板材料。

照片：中村高淑建築設計事務所「蓼科的山莊」（攝影：K-est works）

造園・綠化

Point 正如「家庭」一詞是「家」與「庭院」的組合，為了發揮最大的綠化效用，不只建築物，庭院也相當重要。

造園・綠化的計畫

關於造園與綠化工程，在建築案例中大多會因預算、場所、日照、取得材料及植物的難易度等問題而被省略。

不過，若是購買植物幼苗的話，也有以一千日圓左右的預算就能買到的植物。要是沒有適合的場所，可以活用庭院或玄關門口兩側的空間，做成陽台菜園，或者只放置盆栽等也很好。另外，也有屋頂綠化、或牆面綠化等方法。即使日照條件差，也可選擇耐陰性強的樹木，或生長緩慢、不需施肥、也不易遭受病蟲害的植物種類，只要善用這些植物的特性，就能簡單地創造出綠化的環境。

造園・綠化的施工重點

首先，如日照較差的北邊、陽光西曬較強的地底、及正對停車場而直接受到空氣污染的地方等，對於栽種場所的條件、以及栽種目的應審慎考量，選擇合適的植物種類。另外，預先設想三、五年後植物的成長情況來擬訂計畫也相當重要。如大型植物必須遠離建築物栽種等，最好能在一開始設定種植密度時就預留一定程度的餘裕空間。

活用陽台

所謂的陽台綠化，一般是指植栽或盆栽等。像耐旱的迷迭香、橄欖、或柑橘類等植物都適合於陽台栽種。另外，選擇栽種小型蔬菜的例子也很多。

屋頂綠化的重點

由於用於改良土地的土壤（稱為「客土」）每1平方公尺、厚10公分的分量大約可重達140公斤左右，所以進行屋頂綠化作業時，務必先評估、確認屋頂的載重能力。此時，若選用輕質的人工土壤，可減輕將近一半的荷重。

另外，為了避免植物的根穿透防水層而造成破損，可鋪設抗根防水膜、FRP防水膜、或不鏽鋼防水膜等產品；總之，為了杜絕漏水情況發生，慎選適合的底襯材這點相當重要。

▶ 表1 較具代表性的陽性樹、陰性樹與中性樹

	喬木‧亞喬木	灌木‧地被
陽性樹	赤松、青剛櫟、梅樹、橄欖、真柏、桂花、櫸木、櫻花類、垂柳、冬青科	繡線菊、皋月杜鵑、吊鐘花、凌霄花、白萩、薔薇、迷迭香
中性樹～陽性樹	雞爪槭、連香樹、月桂樹、冬青、茶樹科、花水木、四照花	日本繡球花、寒椿、梔子花、薔薇屬灌木、雪柳
中性樹	無花果、梣屬、枇杷	土佐水木、大紫杜鵑、蠟梅
陰性樹～中性樹	小葉青岡、歐洲雲杉、日本紫莖	繡球屬、枹木屬、重瓣棣棠花
陰性樹	紅豆杉、齒葉冬青、冬青屬	青木、瑞香、八角金盤

陽性樹：需栽種在日照充足、空氣流通的樹種。
陰性樹：需栽種在日照少、濕氣重、且較暗場所的樹種。
中性樹：性質位於陽性樹與陰性樹之間，需栽種在具有適當日照、背陰場所的樹種。

▶ 表2 不需特別費心照顧的樹種範例

	喬木‧亞喬木	灌木‧地被
①生長緩慢的樹種	青剛櫟、紅豆杉、齒葉冬青、烏岡櫟、冬青、花水木、奧氏虎皮楠、冬青科、厚皮香屬、四照花	吉祥草、野扇花屬、日本鳶尾、厚葉石斑木、金粟蘭科、鋪地柏、富貴草、紫金牛、闊葉麥門冬
②不需施肥的樹種	青剛櫟、紅豆杉、齒葉冬青、烏岡櫟、小葉青岡、冬青、奧氏虎皮楠、冬青科、厚皮香屬、四照花	青木、六道木屬、金絲梅、禾本科山白竹屬、木藜蘆屬、金粟蘭科、鋪地柏、凹葉柃木、富貴草、珠砂根
③不易受病害、蟲害的樹種	青剛櫟、紅豆杉、齒葉冬青、烏岡櫟、小葉青岡、冬青、奧氏虎皮楠、冬青科、厚皮香屬、四照花	青木、六道木屬、金絲梅、木藜蘆屬、金粟蘭科、鋪地柏、凹葉柃木、富貴草、珠砂根、迷迭香

▶ 圖1 栽種配置的基本技巧

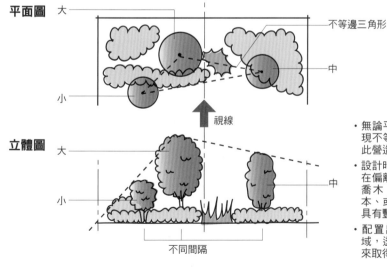

平面圖

不等邊三角形

中

小

視線

立體圖

大

中

小

不同間隔

- 無論平面或立體，樹木都呈現不等邊三角形的配置，藉此營造自然的感受。
- 設計時，將較高的樹木配置在偏離中心點的位置，搭配喬木、亞喬木、灌木、草本、或地被植物等，可呈現具有豐富變化性的樣貌。
- 配置出集中區域與稀疏區域，透過密集與稀疏的對比來取得平衡。

110
外構工程
無障礙空間

Point 身障者與一般民眾都方便使用的通用設計。

日本於二〇〇六年制定了有關無障礙空間的新法律，也就是「促進高齡者與身障者順暢移動的相關法律」。這條新法律結合了原有的無障礙建築物法與運輸工具無障礙空間法，目的在於方便視覺障礙者、高齡者、使用行動輔具之身障者等，無論在建築物內外都能夠順暢移動[8]。

導盲磚

一九六七年日本人發明了導盲磚，正式名稱為引導視覺障礙者專用地磚。導盲磚分成點狀導盲磚與條狀導盲磚（線形導盲磚）兩種。一開始的規格並沒有統一，直到二〇〇一年才由JIS制定統一規格，並且沿用至今。二〇一二年成為國際規格的基準。不過，點狀導盲磚不利於高齡步行者、輪椅或嬰兒車通行。由於JIS並沒有規定相關的色彩或材質，所以採用時應仔細考慮及衡量。

色彩通用設計

色彩運用得宜就能讓資訊變得容易傳遞、好懂，但這種方法卻不適用於所有人。舉例來說，分辨顏色的能力與一般人不同的色覺辨認障礙者（全色盲或不完全色弱）就無法分別文章中的紅色文字，還有也無法辨識家電的LED指示燈是紅色或綠色。而無障礙顏色與色彩通用設計就是理解了色覺辨認障礙者的困擾、為求迅速無誤地將資訊傳遞給每一個人所誕生的設計方法。

扶手等設施

有關個人住宅安裝扶手的位置等，必須個別考慮住戶的身障等級、或衡量未來身體狀況變化。因此，若事先能與住戶的主治醫師、醫療相關人員、職能治療師（OT）、物理治療師（PT）討論後再行設計，更能打造出最適合住戶的居家環境。

譯注：
8.台灣依照營建署頒布之《建築物無障礙設施設計規範》說明。

◑ 圖1 導盲磚

線形導盲磚（引導磚）
引導前進方向用

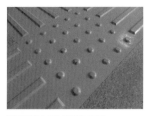

點狀導盲磚（警示磚）
顯示危險場所或引導路況（路口或轉彎）等的位置

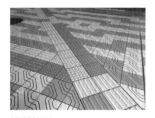

錯誤範例
鋪設導盲磚又鋪設磁磚會造成不易分辨

◑ 圖2 不同的色彩認知

視力正常者（C型：一般型色覺）

| 藍色 | 紫色 |

| 天空藍 | 粉紅 |

| 亮灰色 | 淡灰色 |

| 灰色 | 淡綠色 |

| 深綠色 | 茶色（淺咖啡色） |

| 深紅色 | 深咖啡色 |

| 紅色 | 綠色 |

| 黃色 | 黃綠色 |

相較於P型，較難分辨同色系的明暗

視障者（P型：紅色盲，第1型色覺）

| 藍色 | 紫色 |

| 天空藍 | 粉紅 |

| 亮灰色 | 淡灰色 |

| 灰色 | 淡綠色 |

| 深綠色 | 茶色（淺咖啡色） |

| 深紅色 | 深咖啡色 |

| 紅色 | 綠色 |

| 黃色 | 黃綠色 |

覺得深黃色與黃綠色、淡天空藍與粉紅色是同一種顏色

◑ 圖3 扶手的安裝方式

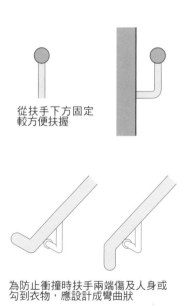

從扶手下方固定較方便扶握

為防止衝撞時扶手兩端傷及人身或勾到衣物，應設計成彎曲狀

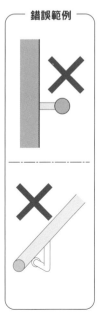

錯誤範例

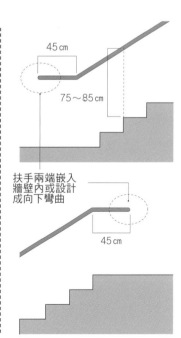

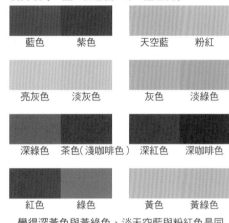

45 cm

75～85 cm

扶手兩端嵌入牆壁內或設計成向下彎曲

45 cm

column
電力工程

天線的使用方法

　　現代資訊通信的相關設備，有相當多的選擇項目。光以日本的電視機來說，播放方式就有地面數位播放、BS衛星播放、CS衛星播放、有線電視播放（CATV）這些豐富的種類可選擇。由於近年來已經能以電腦直接收看電視節目，因此這些通信設備在設計階段時，必須考慮產品是用在哪些場合、又該如何使用等問題。日本自二〇一一年（台灣則於二〇一二年七月起）電視播放的方式已全面改成數位播放，在家裡接收訊號的模式也跟著一起改變。資訊設備的計畫也隨著這一階段的發展而更具重要性。

　　為了連接電力與電話線，必須搭建電視天線才算完工的那個年代，提起來竟已恍如隔世。像直立蜻蜓般的VHF天線，也早已消失得無影無蹤。

　　說起來，計程車司機以前在晚上到了不熟悉的地方而需要分辨方位時，常常是透過BS、CS天線的朝向來找出正確的方位。「天線總是朝向南方啊。」人們總這麼說。當我一想到天線竟然可當成現代的指南針，即使是向來不怎麼喜歡的拋物面天線（碟型天線，俗稱「小耳朵」），便也不知怎麼、能夠感受到它的迷人可愛了。

詞彙翻譯對照表

中文	日文	英文	頁碼
數字・英文			
2×4 工法	ツーバイフォー構法	2 times 4 construction	56、57
ALC 板（高壓蒸氣養護輕質氣泡混凝土板）	ALC 板	Autoclaved Lightweight Concrete Panel	46、94、134、174
CD 管（合成樹脂可撓電線導管）	CD 管	Combined Duct conduit	112、231、232
FRP（玻璃纖維強化塑膠）	FRP	FRP	136、215、217、236
GL（地平線）	GL	Ground Line	20、31、95、117、229、233
IH 電磁爐	IH クッキングヒーター	IH cooking heater	212、230
KD 材（窯乾材）	KD 材	Kiln Dry	42、196
PC 板（預鑄混凝土板）	PC 板	Prestressed Concrete Board	94
PC 板（聚碳酸酯板）	ポリカーボネート	Polycarbonate	146、204
PF 管（合成樹脂可撓電線導管）	PF 管	Plastic Flexible conduit	231、233
PVC（聚氯乙烯）地磚	ビニル床タイル、塩ビタイル	PVC floor tile	188、212
PVC（聚氯乙烯）卷材地板	ビニル長尺シート、塩ビシート	PVC sheeting	188、212
BP 材（加厚實木木材）	BP 材（接着重ね材）	Binding Piling	44
SN 鋼材	SN 材	Steel New Structure	100
一劃			
一文字平鋪	一文字葺き		59、128、132
乙烯／乙酸乙烯酯共聚物系薄片（EVA 薄片）	エチレン酢酸ビニル樹脂	ethylene vinyl acetate copolymer	137
乙酸乙烯酯	酢酸ビニル	vinyl acetate	172
二劃			
丁雙（蝶型鉸鏈）	丁番（蝶番）	hinge	204、206
丁基橡膠類	ブチルゴム系	Isobutylene Isoprene Rubber	149
人造大理石	テラゾ	terrazzo	165、194、201、212、215、217
三劃			
三聚異氰酸樹脂	イソシアヌレートフォーム	isocyanurate foam	154
上冒頭	上桟	top rail	203
下冒頭	下桟	bottom rail	203
大倒角	大面	chamfer	82
大區域開挖	総掘り	overall excavation	22
小倒角	糸面	chamfer	82
三明治複層金屬板	金属サンドイッチパネル	metal sandwich panel	152
天花板格柵	野縁	ceiling joist	198、201
工程木材	エンジニアードウッド	Engineered Wood	44
四劃			
方塊狀木地板	フローリングブロック	Flooring Block	182
勾齒搭接	渡り腮掛け	cogging	50、67
內襯聚氯乙烯塑膠硬質管之鋼管	硬質ポリ塩化ビニルライニング鋼管	hard type polyvinyl chloride lined steel pipe	228
不規則鋪設	乱葺き		128
中塗	中塗り	intermediate coat	166、168、170
中央暖氣系統	セントラルヒーティング	Central Heating	222
中柱式	キングポストトラス	King Post Truss	73
中密度纖維板（MDF 板）	ミディアムデンシディファイバーボード, MDF	Medium Density Fiberboard	45、65
內部尺寸	内法	internal measurement	82、100、140

刨片機	ローターリーレース	rotary lathe	45、46
含矽丙烯酸樹脂	アクリルシリコーン樹脂	acrylic silicone resin	172
吸放濕性	吸放湿性	absorption and desorption of moisture	87、178、192、210
昂（尾垂木）	尾垂木		75
抗拉拔金屬支座	ホールダウン金物／引寄せ金物	hall down hardware	31、52、55、61
改質瀝青防水氈	改質アスファルトルーフィングシート	modified asphalt roofing felt	134、138
沉降緩衝空間	セトリングスペース	settling space	58
沉陷	沉下、セトルダウン	settle down	13、24、30、58
沖壓成型	プレス成形	press forming	146
角浪板	スパンドレル	Spandrel	160
貝諾托鑽孔工法	ベノト工法	Benoto Method	27
防潮石膏板	シージング石膏ボード	Gypsum Sheathing Board	64
八劃			
表層改良工法	表層改良工法	Surface Ground Improvement	24
金輪對接	金輪継ぎ	oblique scarf joint	50
岩棉	ロックウール	rockwool	86、94、99、155、190、201
乳膠	エマルション	emulsion	136、172、201
亞硫酸氣體（二氧化硫）	亜硫酸ガス	sulfurous acid gas	131
兩柱間的橫板	長押		79、199、209
定向刨花板	OSL	Oriented Strand Lumber	45
定向纖維板	OSB	Oriented Strand Board	45
底漆	プライマー　シーラー	primer	135、138、148、174、176
底襯、底襯材	下地、下葺き材	foundation	39、63、65、70、88、90、95、122、124、126、130、132、134、136、138、156、165、166、168、176、182、190、194、196、198、201、202、207、215、236
抿石子	リシン掻き落とし	close lightly pebble	174
油毯	リノリウム	linoleum	188、201
油壓阻尼器	オイルバンパー	oil damper	119、205
浪板	波板	corrugated sheet	65、131、146
爬升伸臂起重機	クライミングクレーン	Climbing Crane	34
矽藻土	珪藻土	kieselguhr	166、190、194
矽酸鈣板	ケイカル板、ケイ酸カルシウム板	Calcium Silicate Board	64、93、94、154、174
金屬網	ワイヤラス	wire lath	167、168
阻尼器	ダンパー	damper	119
雨淋板	下見板	clapboard	158
直交式集成板材（CLT）	CLT	Cross Laminated Timber	44
九劃			
垂直排水工法	バーチカルドレーン	Vertical Drain Method	24
垂花（吊筒）	丸桁		75
屋架	小屋／小屋組み	roof system	52、72、124、198
屋面板	野地板	roof sheathing	59、72、75、84、124、126、128、132、134、180

深井排水工法	ディープウェル	Deep Well Method	24
混凝土振動器	バイブレータ	vibrator	112
混凝土模板用合板	コンクリート型枠用合板	form plywood	45、62
粒片板	パーティクルボード	particle board	19、44、64、69、196
被動式太陽能加熱系統	パッシブソーラー	Passive Solar System	220
蛇首	鎌	gooseneck joint	49、50、66
連續基腳（連續基礎）	布基礎	Continuous Footing	30
連續壁工法	ソイルモルタル柱列壁工法	Soil Mortar Continuous Column Wall Method	23
酚醛發泡	フェノールフォーム	phenolic foam	86、154
陶瓷纖維氈	セラミック繊維フェルト	ceramic fiber felt	95
堆疊	重ねて	piling	46
剪斷	せん断	shear	54、104
混凝土磚（CB 造）	コンクリートブロック造	Concrete Block Construction	116
十二劃			
氯丁二烯	クロロプレン	chloroprene	201
測桿	ばか棒	boning rod	20
測定桿	ロッド	rod	13、14
無筋混凝土（純混凝土）	プレーンコンクリート	plain concrete	111
發泡性聚苯乙烯隔熱保溫板（EPS 發泡隔熱板）	ビーズ法ポリスチレンフォーム	bead method polystyrene foam	86
養護	養生	curing	22、110、112、114、154
硬質聚氨酯保溫板（硬質PU）	硬質ウレタンフォーム	rigid urethane foam	86、154
貼面合板	化粧合板	decorative plywood	45、62、183、192、201、208
陽極氧化處理	アルマイト処理	anodized aluminum	162
圍樑	胴差	girth	51、55、60、70、198
集水井	釜場	sump	22
集成材	集成材	laminated	42、44、46、54、96、183、192、196
單板層積材（LVL）	単板積層材	Laminated Veneer Lumber	96
十三劃			
塑膠緊固件	P コン、プラスチックコーン	plastic cone	109
填縫材	シーリング材	sealing compound	59、129、141、148、156
搭接	仕口	lap & butt joint	48、50、54、56、61、66
暗丁雙	ヒンジ	hinge	204、207
椽條	垂木 (たるき) / 竿縁	rafter	59、71、72、74、84、124、127、129、133
瑞典式探測試驗	スウェーデン式サウンディング試験	Method For Swedish Weight Sounding Test	12、14
腰果漆	カシュー樹脂塗料	cashew nut resin coating	173、194、202
隔熱板	インシュレーションボード	Insulation board	45、65、184、201
預拌混凝土	生コンクリート	liquid concrete	27、114
預製板工法	パネル工法	Panel Method	56、62、146
預鑄板	プレキャスト板	precast panel	18
預鑽孔工法（外掘式工法）	プレボーリング	Preboring Method	26
十四劃			
聚氯乙烯塑膠硬質管	硬質ポリ塩化ビニル管	rigid polyvinyl chloride pipe	228

磁磚	タイル	tile	164、194、201、212、214、239
鉸鏈	チェーン	chain	109、112
鉸鏈	ヒンジ	hinge	204、206
碳酸鎂板	炭酸マグネシウム板	magnesium carbonate board	64、69
綠建材石膏板	吸放湿石膏ボード	gypsum board-humidity control type	64
聚乙烯	ポリエチレン	polyethylene	90、228、233
聚丁烯管（PB管）	ポリブテン管	polybutene pipe	228
聚丙烯	ポリプロピレン	polypropylene	186
聚丙烯酸酯乳液	ポリアクリル酸エステルエマルション	polyacrylic ester emulsion	201
聚苯乙烯	ポリスチレン	polystyrene	94、170、184
聚氨酯樹脂	ウレタン樹脂	urethane resin	172、188、201
聚氨酯類	ポリウレタン系	polyurethane	134、137、149
聚烯烴	ポリオレフィン	polyolefin	136
聚硫化物類	ポリサルファイド系	polysulphide	149
聚氯乙烯	ビニル	polyvinyl	136、141、172、188、228、233
聚醋酸乙烯乳化漿	酢酸ビニル系エマルション型	polyvinyl acetate emulsion adhesives	200
對接	継手	joint	46、48、50、54、56、66、78、80、106、158
蝕刻底漆	エッチングプライマー	etching primer	176
十五劃			
噴砂處理	ショットブラスト、エアブラスト、サンドブラスト	blasting	162、177
噴塗（噴覆）	吹付け	spraying	86、94、137、138、174、177、178
撓曲性	たわみ率	flexibility factor	43、131、143、156
撓性管	フレキシブル管	flexible pipe	118
數控銑床	プレカット機械	Pre-Cut	48
樑柱構架式工法	在来軸組構法	Conventional Post And Beam Structure	46、50、54、56、58、60、63、78、88
模板隔件	セパレータ	separator	108
模板緊結器	フォームタイ	form tie	108、113
熱泵	ヒートポンプ	heat pump	220、222、224
熱浸鍍鋅鋼板	溶融亜鉛めっき鋼板	hot dip galvanizing steel sheet	131、160
熱貫流率的熱阻值	熱貫流抵抗値	resistance of heat transmission	142
熱變質作用	熱変成作用	thermal metamorphosis	165
輪式起重機	ホイールクレーン	Wheel Crane	34
醇酸樹脂塗料	フタル酸樹脂塗料	phthalic resin coating	173
鋁鋅鋼板	ガルバリウム鋼板	galvalume steel sheet	130、154、156、160、162
彎曲彈性模數	曲げヤング係数	bending Young's modulus	42、63
履帶式起重機	クローラクレーン	Crawler Crane	34
十六劃			
壁式鋼筋混凝土造	壁式鉄筋コンクリート	Wall Type Reinforced Concrete	30
導線測量（多角測量）	トラバース測量	traverse survey	16
樹脂膠膜	樹脂接着膜	adhesive film	144
橡膠	ゴム	rubber	113、136、138、188、204
橡化瀝青防水膠	ゴムアスファルト	rubber modified asphalt	136、138

國家圖書館出版品預行編目（CIP）資料

建築材料最新修訂版:從營建程序「基礎工程→結構工程→內外裝工程→設備外構工程」全覽材料特性、用途工法、現場施工細部全圖解 / Area045編著；洪淳瀅譯. -- 初版. -- 臺北市：易博士文化，城邦文化出版：家庭傳媒城邦分公司發行, 2021.04
248面；19*26公分. -- (日系建築知識；16)
譯自：世界で一番やさしい建築材料　最新改訂版
ISBN 978-986-480-147-3 (平裝)
1.建築　2.材料　3.營造工程
441.53   110003713

日系建築知識 **16**

建築材料最新修訂版
從營建程序「基礎工程→結構工程→內外裝工程→設備外構工程」全覽材料特性、用途工法、現場施工細部全圖解

原 著 書 名／世界で一番やさしい建築材料　最新改訂版
原 出 版 社／X-Knowledge
作　　　者／Area045
譯　　　者／洪淳瀅
選 書 人／蕭麗媛
編　　　輯／潘玫均、李佩璇、鄭雁聿

業 務 經 理／羅越華
總 編 輯／蕭麗媛
視 覺 總 監／陳栩椿
發 行 人／何飛鵬
出　　　版／易博士文化　城邦文化事業股份有限公司
　　　　　　台北市中山區民生東路二段141號8樓
　　　　　　電話：（02）2500-7008　傳真：（02）2502-7676
　　　　　　E-mail: ct_easybooks@hmg.com.tw
發　　　行／英屬蓋曼群島商家庭傳媒股份有限公司城邦分公司
　　　　　　台北市中山區民生東路二段141號11樓
　　　　　　書虫客服服務專線：（02）2500-7718、2500-7719
　　　　　　服務時間：週一至週五上午09:30-12:00；下午13:30-17:00
　　　　　　24小時傳真服務：（02）2500-1990、2500-1991
　　　　　　讀者服務信箱：service@readingclub.com.tw
　　　　　　劃撥帳號：19863813　戶名：書虫股份有限公司
香港發行所／城邦（香港）出版集團有限公司
　　　　　　香港灣仔駱克道193號東超商業中心1樓
　　　　　　電話：（852）2508-6231　傳真：（852）2578-9337
　　　　　　E-mail：hkcite@biznetvigator.com
馬新發行所／城邦（馬新）出版集團Cite(M) Sdn. Bhd.
　　　　　　41, Jalan Radin Anum, Bandar Baru Sri Petaling,
　　　　　　57000 Kuala Lumpur, Malaysia.
　　　　　　電話：（603）90578822　傳真：（603）90576622
　　　　　　E-mail：cite@cite.com.my

製 版 印 刷／卡樂彩色製版印刷有限公司

SEKAI DE ICHIBAN YASASHII KENCHIKU ZAIRYO SAISHIN KAITEI BAN
©AREA 045 2020
Originally published in Japan in 2020 by X-Knowledge Co., Ltd.
Chinese(in complex character only)translation rights arranged with X-Knowledge Co., Ltd.

■ 2021年04月13日初版1刷
ISBN 978-986-480-147-3

定價820元　HK $273